CorelDRAW 平面设计实例教程

第二版

高职高专艺术学门类
“十四五”规划教材

职业教育改革成果教材

主　编　许兴国　蒙启成
副主编　唐晓辉　马丽芳　郑蓉蓉　袁上杰　何雪苗
参　编　刘媛媛　严昶新　吴姝葭　吴生英　高伟伟

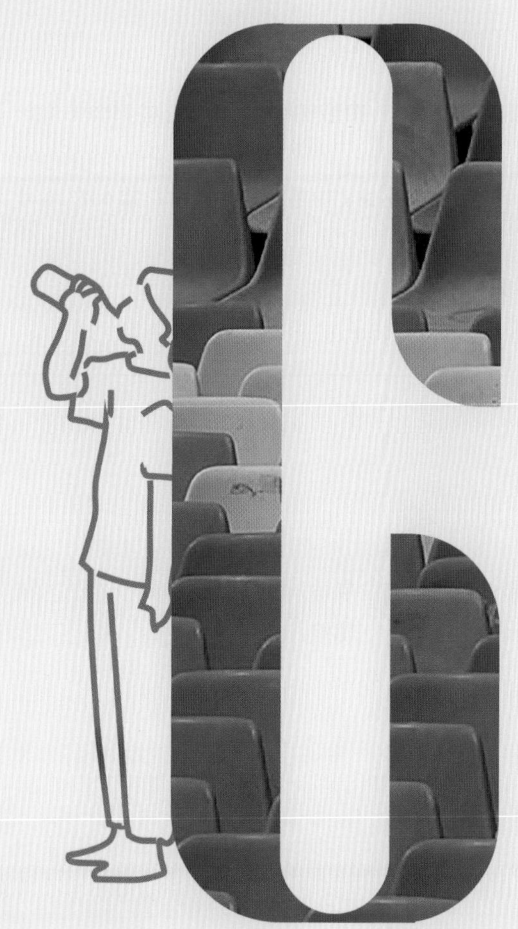

A R T D E S I G N

華中科技大學出版社
http://www.hustp.com
中国·武汉

内 容 简 介

本书以 CorelDRAW X4 为平台，通过任务驱动的方式，首先给出具体的任务目标，然后给出具体的操作步骤，从理论知识到实际操作都做了较详尽的讲解。本书以 12 个项目的篇幅，图文并茂地阐述了 CorelDRAW X4 在图形设计领域中的广泛应用。本书项目一为计算机印前基础知识，项目二为企业名片设计，项目三为 VIS 应用要素设计——车体外观制作，项目四为包装设计，项目五为报纸广告设计，项目六为商业宣传单设计，项目七为室内平面布置图设计，项目八为年历设计，项目九为舞台展板设计，项目十为书籍封面设计，项目十一为海报招贴设计，项目十二为 POP 广告设计。

图书在版编目(CIP)数据

CorelDRAW 平面设计实例教程/许兴国，蒙启成主编. —2 版. —武汉：华中科技大学出版社，2021. 3(2023.12重印)

ISBN 978-7-5680-6998-4

Ⅰ. ①C…　Ⅱ. ①许…　②蒙…　Ⅲ. ①平面设计-图形软件-教材　Ⅳ. ①TP391. 412

中国版本图书馆 CIP 数据核字(2021)第 037700 号

CorelDRAW 平面设计实例教程(第二版)　　许兴国　蒙启成　主编

CorelDRAW Pingmian Sheji Shili Jiaocheng(Di-er Ban)

策划编辑：彭中军

责任编辑：段亚萍

封面设计：优　优

责任监印：朱　玢

出版发行：华中科技大学出版社(中国·武汉)　电话：(027)81321913

武汉市东湖新技术开发区华工科技园　邮编：430223

录　　排：武汉创易图文工作室

印　　刷：湖北新华印务有限公司

开　　本：880 mm×1230 mm　1/16

印　　张：9.5

字　　数：308 千字

版　　次：2023 年12月第 2 版第 2 次印刷

定　　价：59.00 元

目录
Contents

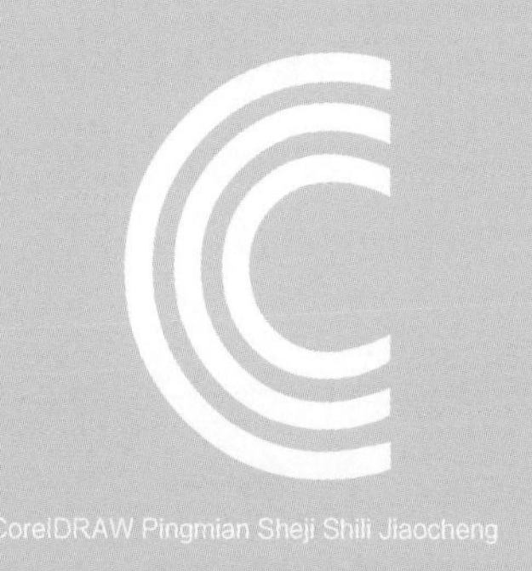

项目一

计算机印前基础知识

目标任务

掌握矢量图和位图的关系、常用文件格式、分辨率设置、常用图形图像色彩模式、印刷纸张开度及出血位设置、文字转换为曲线与打印设置、平面印刷成品输出流程等知识。

项目重点

项目重点为计算机印前基础知识。

任务一
矢量图和位图的关系

计算机中的图像都是以数字方式进行记录和存储的,分为矢量图形和位图图像两种,下面分别进行介绍。

一、矢量图

矢量图也称向量图,基于图形几何特性来描述图像,在保存矢量图形时,形状、颜色、位置、初始点、终点等组成图形的要素用数学公式定义并记录下来。矢量图的特点是放大后图像不会失真;将矢量图缩放到任意大小,其清晰度不变,也不会出现锯齿状的边缘;在任何分辨率下显示或打印,都不会损失细节。其缺点是逼真度低,要画出自然度高的图像需要很多的技巧,难以表现色彩层次丰富的逼真图像效果。

矢量图形的原始效果如图 1.1 所示,使用放大工具放大后,其清晰度不变,效果如图 1.2 所示。

图 1.1　原始效果的矢量图

图 1.2　放大后的清晰度不变

二、位图

位图也称点阵图,是由单个点组成的。每个像素点都有特定的位置和颜色值,像素点越多,图像的分辨率越高。像素点可以进行不同的排列和染色以构成图样。当放大位图时,呈现构成整个图像的无数单个方块。扩大位图尺寸的效果是增大单个像素点,缩小观察,位图图像的颜色和形状又显得是连续的。缩小位图尺寸也会使原图变形,因为此举是通过减少像素点来使整个图像变小的。位图的优点是色相层次丰富,图像元素处理效果显著,对象可任意编辑;缺点是当分辨率小或图像放大时,每个像素点变成一个小方块,产生锯齿形边界和类似马赛克的效果。

位图图像除可以通过扫描仪、数码相机以及位图图像素材光盘获得外，还可以通过图像处理软件如Photoshop、PhotoImpact 等生成。

位图的原始效果如图 1.3 所示，使用放大工具放大后，可以明显地看到锯齿状的图像边缘，效果如图 1.4 所示。

三、矢量图转换为位图

基于位图的软件可以处理矢量图，相反基于矢量图的软件也可以处理位图。

矢量图转位图的菜单：选择“位图”→“转换为位图”命令，弹出“转换为位图”对话框，如图 1.5 所示。

图 1.3　原始效果的位图

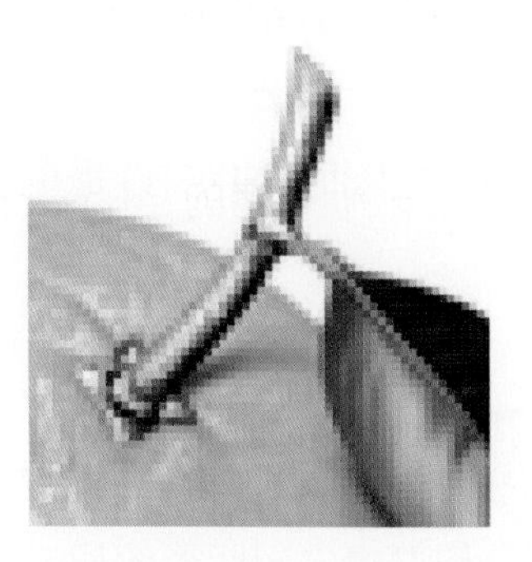

图 1.4　放大后的位图

图 1.5　“转换为位图”对话框

四、位图转换为矢量图

CorelDRAW 自带一个附件——Corel PowerTRACE，可以直接将位图转换成矢量图。位图转矢量图的菜单：选择“位图”→“快速描摹”命令。位图矢量化后，图像即具有矢量图的特性，可以对其形状进行调整，或填充渐变色、图案，添加透视点等。

任务二
常用文件格式

文件格式是指计算机为了存储文件信息而使用的对文件信息的特殊编码方式，用于识别内部储存的资料，比如储存图片、储存程序、储存文字信息。每一类信息，都可以一种或多种文件格式保存在计算机中。每一种文件格式通常会有一种或多种扩展名，扩展名可以帮助应用程序识别文件格式。

一、PSD 格式

PSD 格式是 Adobe 公司的图像处理软件 Photoshop 的专用格式。该格式可以存储 Photoshop 中所有的图层、通道、参考线、注解和颜色模式等信息。保存图像时，若图像中包含有层，一般采用 PSD 格式保存。

PSD格式在保存时会将文件压缩,以减少占用的磁盘空间。PSD格式所包含的图像数据信息较多。

二、CDR格式

CDR格式是绘图软件CorelDRAW的专用图形文件格式。由于CorelDRAW是矢量图形绘制软件,所以CDR可以记录文件的属性、位置和分页等。它的兼容性比较差,所有CorelDRAW应用程序中均能够使用,但其他图像编辑软件打不开此类文件。

三、AI格式

AI格式文件是矢量图形文件,是Adobe公司的Illustrator软件的输出格式。与PSD格式文件相同,AI格式文件也是一种分层文件,用户可以对图形内所存在的层进行操作,所不同的是AI格式文件是基于矢量图输出,可在任何尺寸大小下按最高分辨率输出,而PSD文件是基于位图输出。与AI格式类似基于矢量图输出的格式还有EPS、WMF、CDR等。

四、TIFF格式

TIFF格式是由Aldus和Microsoft公司为桌面出版系统研制开发的图像文件格式,被绘画、图像编辑和页面排版应用程序支持,桌面扫描仪可以生成该文件格式,主要用于出版和印刷行业。该格式支持多种编码方法,其中包括RGB无压缩、RLE压缩及JPEG压缩等。TIFF是现存图像文件格式中最复杂的一种,它具有扩展性、方便性、可改性。

在Photoshop中保存为TIFF文件格式时,可选择压缩与不压缩,选择LZW压缩可减少文件大小。LZW压缩是一种无损压缩,图像不会出现失真。TIFF格式文件支持RGB、CMYK、Lab、索引颜色和灰度等颜色模式。

五、JPEG格式

JPEG文件后缀名为".jpg"或".jpeg",是最常用的图像文件格式,是一种有损压缩格式,能够将图像压缩在很小的储存空间,图像中重复或不重要的资料会丢失,因此容易造成图像数据的损伤。尤其是使用过高的压缩比例时,将使最终解压缩后恢复的图像质量明显降低,如果追求高品质图像,不宜采用过高压缩比例。但是JPEG压缩技术十分先进,它用有损压缩方式去除冗余的图像数据,在获得极高的压缩率的同时能展现十分丰富生动的图像,换句话说,就是可以用最少的磁盘空间得到较好的图像品质。

JPEG格式压缩的主要是高频信息,对色彩的信息保留较好,适合应用于互联网,可缩短图像的传输时间,可以支持24位真彩色,也普遍应用于需要连续色调的图像。

六、EPS格式

EPS是跨平台的标准格式,扩展名在PC平台上是.eps,在Macintosh平台上是.epsf,主要用于矢量图像和光栅图像的存储。EPS格式采用PostScript语言进行描述,并且可以保存其他一些类型的信息,例如多色调曲线、Alpha 通道、分色、剪辑路径、挂网信息和色调曲线等，因此 EPS 格式常用于印刷或打印输出。Photoshop 中的多个 EPS 格式选项可以实现印刷打印的综合控制，在某些情况下甚至优于 TIFF 格式。

七、PDF 格式

PDF 文件格式是 Adobe 公司开发的电子文件格式。这种文件格式与操作系统平台无关，也就是说，PDF 文件不管是在 Windows、UNIX 还是在苹果公司的 macOS 操作系统中都是通用的。这一特点使它成为在 Internet 上进行电子文档发行和数字化信息传播的理想文档格式。越来越多的电子图书、产品说明、网络资料、电子邮件开始使用 PDF 格式文件。PDF 格式文件目前已成为数字化信息事实上的一个工业标准。PDF 格式的优点在于能跨平台保留文件原有格式，且因开放标准，开发者能免版税自由开发 PDF 相容软件。

任务三 分辨率设置

分辨率是屏幕图像的精密度，是指显示器所能显示的像素的多少。由于屏幕上的点、线、面都是由像素组成的，显示器可显示的像素越多，画面就越精细，同样的屏幕区域内能显示的信息也越多。可以把整个图像想象成一个大型的棋盘，而分辨率的表示方式就是所有经线和纬线交叉点的数目。

一、图像分辨率

图像分辨率是指图像中存储的信息量。图像分辨率有多种衡量方法，典型的是以每英寸的像素数(PPI)来衡量。图像分辨率和图像尺寸(高、宽)的值一起决定文件的大小及输出的质量，该值越大，图形文件所占用的磁盘空间也就越大。文件大小与其图像分辨率的平方成正比。分辨率也可以影响图像清晰程度。分辨率越高，图像就越清晰；分辨率越低，图像越模糊。分辨率为 72 像素/英寸的图像效果如图 1.6 所示，分辨率为 300 像素/英寸的图像效果如图 1.7 所示。

图 1.6　72 像素/英寸的图像效果

图 1.7　300 像素/英寸的图像效果

二、输出设备分辨率

输出设备分辨率指的是各类输出设备每英寸上可产生的点数，如显示器、喷墨打印机、激光打印机、绘图仪的分辨率。这种分辨率通过 DPI 来衡量，目前，PC 显示器的设备分辨率在 60～120 dpi 之间，而打印设备的分辨率则在 360～2400 dpi 之间。网屏分辨率又称网幕频率(是印刷术语)，指的是印刷图像所用的网屏的每英寸的网线数(即挂网网线数)，以 LPI 来表示。例如，150 lpi 是指每英寸加有 150 条网线。

三、屏幕分辨率

PC 显示器的分辨率一般约为 96 像素/英寸，Mac 显示器的分辨率一般约为 72 像素/英寸。图像像素被直接转换成显示器像素，图像分辨率高于显示器分辨率时，屏幕中显示出的图像比实际尺寸大。

任务四 常用图形图像色彩模式

在计算机的数字环境中，颜色可以通过各种不同的配色方式配制出来，不同的配色方式，我们称为色彩模式。色彩模式所能表示的颜色范围就是该色彩模式的色彩空间，也称为色域。各种色彩模式都有其各自的意义和适用范围。

一、CMYK 模式

CMYK 模式也称作印刷色彩模式。

C 代表青色，M 代表品红色，Y 代表黄色，K 代表黑色。

其中，C、M、Y 是 3 种印刷油墨名称的首字母：青色 cyan、品红色 magenta、黄色 yellow。而 K 取的是 black 的最后一个字母，之所以不取首字母，是为了避免与蓝色(blue)混淆。从理论上来说，只需要 C、M、Y3 种油墨就足够了，它们 3 个加在一起就应该得到黑色。但是由于目前制造工艺还不能造出高纯度的油墨，C、M、Y 相加的结果实际是一种暗红色。

二、灰度模式

灰度模式图像共有 256 个阶调，只表达单色信息，除黑、白二色外，还有 254 种不同深浅的灰色调，拥有丰富细腻的阶调，层次分明。灰度图像的亮度值为 0～255，其中 0 表示黑色，255 表示白色。该模式用于黑白图像。

黑白报纸或书刊内页黑白插图可选择这种色彩模式。

三、黑白(位图)模式

黑白图像色彩模式只有黑色和白色,又称黑白二值图像,包含的信息最少,因而色彩量也最小。它没有中间过渡影调,色彩单一,用于单色图片。

Photoshop 使用的位图模式只使用黑白两种颜色中的一种表示图像中的像素。黑白单色图片可选择这种色彩模式,印刷中只印黑色,白色部分做镂空处理,即纸张的固有色。

四、RGB 模式

RGB 是色光的色彩模式。R 代表红色,G 代表绿色,B 代表蓝色。

红、绿、蓝 3 种色彩叠加形成了其他色彩。因为这 3 种颜色都有 256 个亮度级,所以 3 种色彩叠加可以形成 1677 万余种颜色,也就是真彩色,足以表现绚丽的色彩世界。在 RGB 模式中,由红、绿、蓝相叠加可以产生其他颜色,因此该模式也叫加色模式。显示器、投影设备以及电视机等许多设备都是依赖于这种加色模式来实现的。

RGB 色彩模式使用 RGB 模型为图像中每一个像素的 RGB 分量分配一个 0～255 范围内的强度值。例如:纯红色 R 值为 255,G 值为 0,B 值为 0;灰色的 R、G、B 三个值相等(除了 0 和 255);白色的 R、G、B 值都为 255;黑色的 R、G、B 值都为 0。RGB 图像只使用 3 种颜色,将它们按照不同的比例混合,就可以在屏幕上呈现 16 777 216 种颜色。

五、Lab 模式

Lab 模式是由国际照明委员会(CIE)于 1976 年公布的一种色彩模式。

Lab 模式由三个通道组成,但不是 R、G、B 通道。它的一个通道是亮度,即 L;另外两个是色彩通道,用 a 和 b 来表示。a 通道的颜色从深绿色(低亮度值)到灰色(中亮度值)再到亮粉红色(高亮度值);b 通道则是从亮蓝色(低亮度值)到灰色(中亮度值)再到黄色(高亮度值)。因此,这种色彩混合后将产生明亮的色彩。

Lab 模式所定义的色彩最多,且与光线及设备无关,处理速度与 RGB 模式同样快,比 CMYK 模式快很多。Lab 模式在转换成 CMYK 模式时色彩没有丢失或被替换。因此,最佳避免色彩损失的方法是:应用 Lab 模式编辑图像,再转换为 CMYK 模式打印输出。

六、索引模式

索引颜色模式是 8 位颜色深度的颜色模式,它最多只能拥有 256 种颜色。索引颜色模式是网页和动画中常用的图像模式,当彩色图像转换为索引颜色的图像后包含近 256 种颜色。索引颜色图像包含一个颜色表。如果原图像中颜色不能用 256 色表现,则 Photoshop 会从可使用的颜色中选出最相近的颜色来模拟这些颜色,这样可以减小图像文件的尺寸。颜色表用来存放图像中的颜色并为这些颜色建立颜色索引,可在转换的过程中定义或在生成索引图像后修改。

七、多通道模式

多通道模式没有固定的通道数目,它可以由任何模式转换而来,当 RGB 模式或 CMYK 模式丢掉一个通道后,其余的通道也会转换成多通道模式。它只支持一个图层。多通道模式适用于有特别要求的输出。例如图像只由两个或三个单色混合而成,这样用多通道模式输出时可以在降低成本的情况下保证图像的输出效果。

在多通道模式中,每个通道都会用 256 灰度级存放图像中颜色元素的信息。该模式多用于特定的打印或输出。

八、双色调模式

双色调模式在图像制作时用灰色或彩色油墨来渲染灰度图像。对双色调模式的图像可以设定单色调、双色调、三色调和四色调。该模式可用于增加灰度图像的色调范围或用来打印高光颜色。在 Photoshop 中双色调被当作单通道、8 位的灰度图像处理。

双色调模式相当于用不同的颜色来表示灰度级别,其深浅由颜色的浓淡来实现。只有灰度模式能直接转换为双色调模式。当它用双色、三色、四色来混合形成图像时,其表现原理就像“套印”。

任务五
印刷纸张开度及出血位设置

一、印刷纸张开度

设计印刷文件尺寸时,要考虑纸张的尺寸和开法,因为印刷文件尺寸和纸张尺寸不统一、开法不合理就会造成浪费,确认规格,配合印刷纸张开度进行精确的尺寸设计,可以避免造成纸张损失,降低成本。

一张完整的纸张没有经过裁切时称为全开,将它从长边对折分为 2 张,等分后的纸张称为 2 开或对开(即一张全开纸有 2 张 2 开),再将对开从长边对折分为 2 张,等分后的纸张称为 4 开(即一张全开纸有 4 张 4 开)。依此方法,即可得到 8 开、16 开、32 开等,效果如图 1.8 所示。

二、出血位设置

出血位又称裁切位,就是裁切的预留位置(超出成品尺寸的部分)。比如我们常看到的印刷品,成品尺寸是 210 mm×285 mm,但制作的时候不能将这个尺寸设成成品尺寸,否则裁切的时候会因为裁不准而留下白边。因此制作的时候应该在成品四周多设 3 mm，即 216 mm×291 mm，多出部分就叫出血位，效果如图 1.9 所示。

图 1.8 常用大度纸张开度示意图

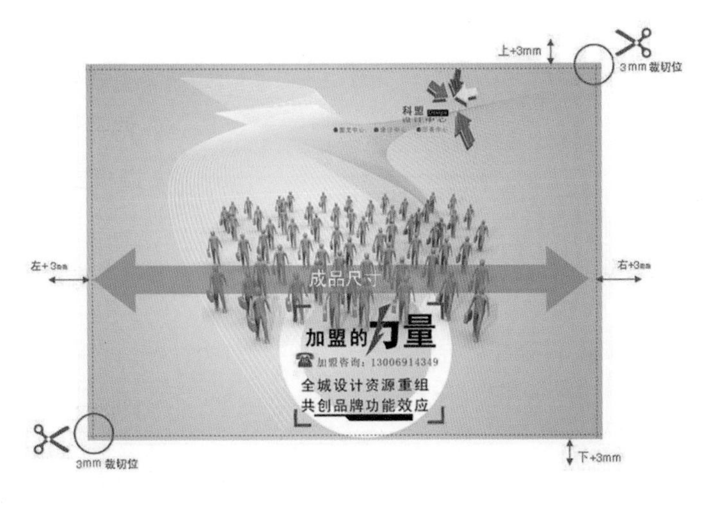

图 1.9 出血位示意图

任务六
文字转换为曲线

一、文字转换为曲线的原理

文字转换为曲线，指的是把文字打散，变成路径，不再受字库影响，可自由编辑。在 CorelDRAW 软件里因为文件在更换为其他计算机操作时，对方计算机可能没有相同的字体，会对该文件造成字体丢失、位移或乱码，故要求把文字转换为曲线。

二、文字转换为曲线的方法

选择“排列”→“转换为曲线”命令，或按下“Ctrl＋Q”组合键，将文本状态转成曲线形态，如图 1.10 所示。

转曲线　转曲线

图 1.10 文字转换为曲线

任务七
导出小样稿与打印设置

一、导出小样稿

CorelDRAW 文件可导出小样稿让客户对照计算机文件进行校对，确认图像、色彩、文字、尺寸等版面内容无误，最后由客户签字，保证印刷文件的正确，即可付印。也可导出其他软件所支持的文件格式，以便进行编辑。

绘制图形后，选择“文件”→“导出”命令，或按下“Ctrl＋E”组合键，弹出“导出”对话框，如图 1.11 所示。选择文件存放路径，按下“Enter”键，即可导出文件。

二、打印设置

CorelDRAW“打印”对话框可协助用户进行打印工作流程设计，对话框中的每个选项组都是按照文件的打印作业方式组织而成的，如图 1.12 所示。

在“打印”对话框选项中，可以选择不同类型的打印机，指定要打印的页码和份数，设定文件的页面大小与方向，按比例缩放文件尺寸。选择需要的选项，就可以在此对话框中打印文件。

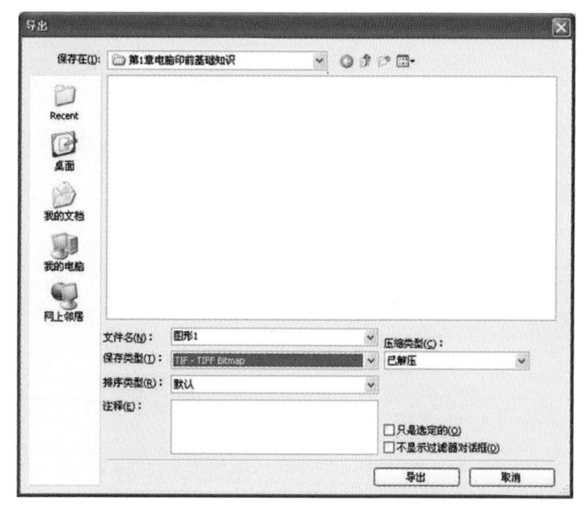

图 1.11 “导出”对话框

图 1.12 “打印”对话框

充分利用打印机的有效打印面积方法举例：把单张名片复制到 A4 纸张上拼版，调整名片的横向或纵向排版方向，指定名片之间的间距大小，将名片合理调整到相同比例的幅面进行拼版打印。

(1)打开 CorelDRAW X4 软件，选择“文件”→“打开”命令，选择“第一章计算机印前知识素材”→“原文件”→“名片.cdr”文件，效果如图 1.13 所示。

(2)选择“文件”→“打印预览”命令，弹出对话框，单击“否”按钮 否(N) ，如图 1.14 所示。

图 1.13　打开文件

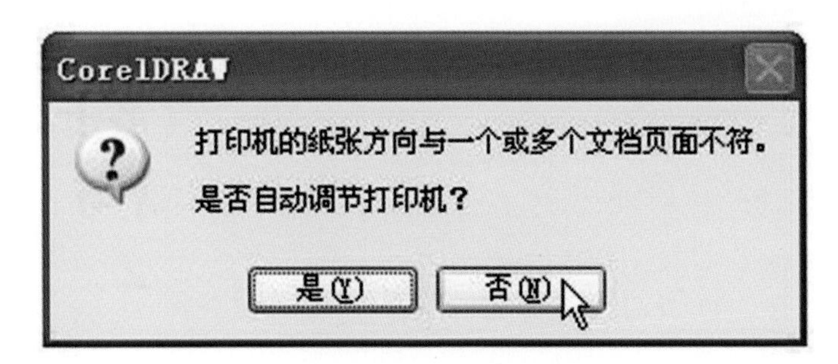

图 1.14　单击“否”

(3)单击工具箱中的“版面布局工具”按钮,页面变为灰色编辑状态,效果如图 1.15 所示。

(4)在属性栏框中,交叉/向右页数输入数值 2,交叉/向下页数输入数值 5,按下“Enter”键,名片共 10 份,效果如图 1.16 所示。

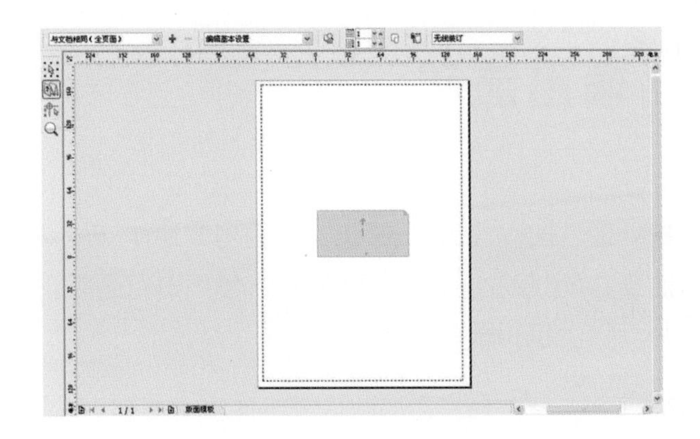

图 1.15　页面编辑状态

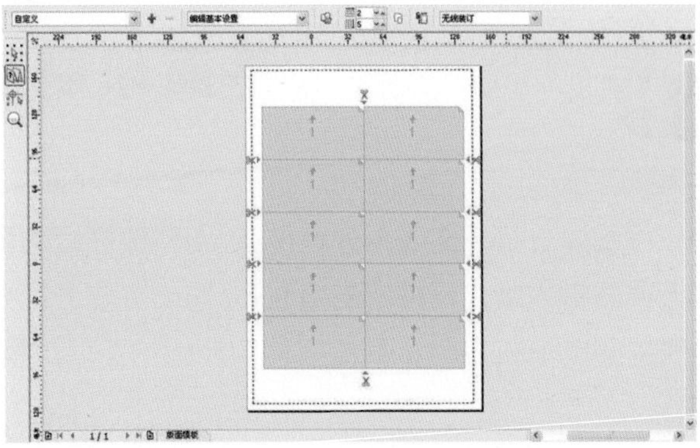

图 1.16　复制 10 份

(5)左键单击垂直栏间距,栏间距呈红色垂直线显示,效果如图 1.17 所示。设置“装订线大小”值为 3.0 mm,按下“Enter”键,名片分为左右两列,效果如图 1.18 所示。使用相同方法将水平栏间距值设为 3.0 mm,名片分为 5 排,效果如图 1.19 所示。

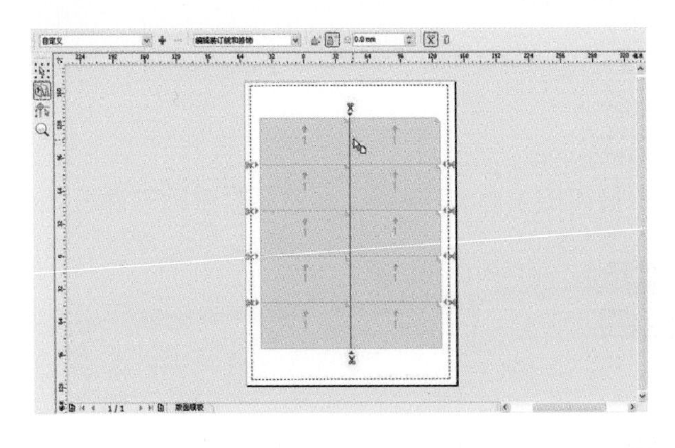

图 1.17　垂直栏间距

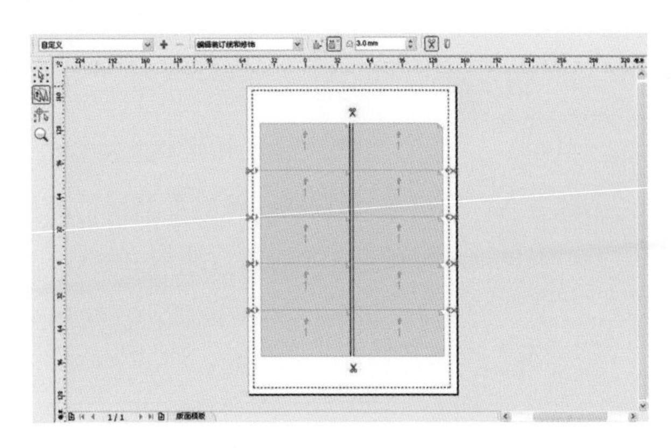

图 1.18　左右两列

(6)单击工具箱中的“挑选工具”按钮,页面名片由灰色编辑状态变为全色效果状态,效果如图 1.20 所示。名片完成拼版,可选择打印或其他方式输出。

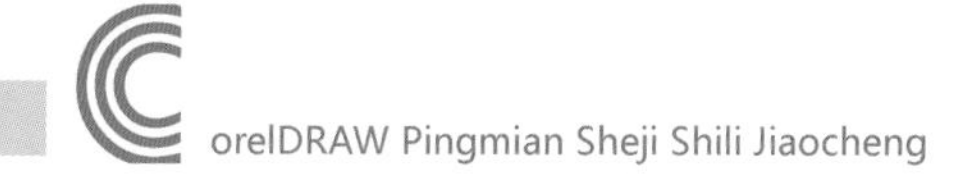

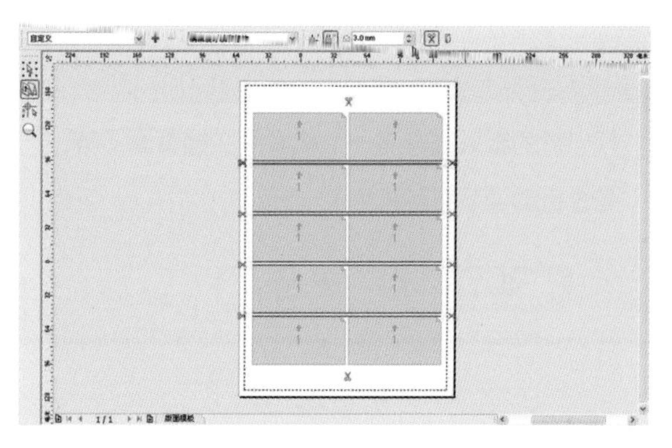

图 1.19　水平栏间距

图 1.20　完成拼版

任务八
平面印刷成品输出流程

将图片进行扫描置入计算机，运用软件进行图像效果处理、排版。把编辑好的文字输出成校样，确认校样无误后拼大版。将拼好的版面，经输出中心进行激光照排，输出胶片后，得到正负底片，然后进行晒版，并由底片晒成 PS 印版，即完成了印前制版的工艺过程，之后可以上机印刷。

一、图像输入

将排版所需的图像素材通过扫描仪扫描或数码相机拍照成像之后传入计算机，进行版面编辑。

滚筒扫描仪是将原稿装贴在扫描滚筒上做快速旋转生成图像，扫描精度很高，但速度比较慢，用于精美画册和高档印刷品的制作。

二、计算机编辑

图像导入计算机后，转换成计算机平面设计软件所能接收的信息文件格式，通过平面设计软件在计算机中进行设计、制作，输入文字后进行编辑、排版。

三、输出胶片

计算机把印刷文件制作好后，输入激光照排机，由其激光照排系统把数字文件转换成点阵图，然后映射到胶片上，方便之后的图像成像处理。

胶片就是银盐感光胶片，也称菲林，由 PC/PP/PET/PVC 等材料制作而成，指的是印刷制版中的底片。

四、晒版

将胶片放置到晒版机里，通过紫外线曝光晒成 PS 印版，然后将印版置于印刷机上印刷。

PS 版是印刷用的铝版，PS 版分为光聚合型和光分解型两种。光聚合型用阴图原版晒版，图文部分的重氮感光膜见光硬化，留在版上，非图文部分的重氮感光膜见不到光，不硬化，被显影液溶解除去。

五、印刷

PS 印版上机之后，将印版上的图文通过印刷机转移到承印物上，从而完成对原稿的大量复制。由印刷机进行单色、双色、四色印刷等，就完成了平面印刷品制作，如海报、宣传单、包装盒、书籍或杂志等。

练习题

简述本项目主要内容。

CorelDRAW Pingmian Sheji Shili Jiaocheng

项目二
企业名片设计

目标任务

主要学习在 CorelDRAW 中绘制标志，添加并编辑文字，制作标准字和名片。

项目重点

项目重点是使用“贝塞尔工具”、“形状工具”和“移除前面对象”按钮，制作帆船图形；使用“椭圆形工具”、“渐变填充”工具、“交互式透明工具”、“使文本适合路径”等绘制图形及添加文字；使用“文本工具”和“图框精确剪裁”等制作名片。

任务一 设计理论要点

一、名片设计的基本要求

名片在设计上要讲究艺术性，但它同艺术作品有明显的区别。它不像其他艺术作品那样具有很高的审美价值，可以去欣赏、去玩味。它在大多情况下不会引起人的关注和追求，而是便于记忆，具有很强的识别性，让人在最短的时间内获得所需要的信息。因此，名片设计必须做到文字简明扼要，字体层次分明，强调设计意识，艺术风格新颖。

名片设计的基本要求应强调 3 个字：简、功、易。

(1)简：名片传递的主要信息要简明清楚，构图完整明确。

(2)功：注意质量、功效，尽可能使传递的信息明确。

(3)易：便于记忆，易于识别。

二、名片的构成要素

1. 属于造型的构成要素

(1)插图：象征性或装饰性的图案，形成名片特有的色块构成。

(2)标志：图案或文字造型的标志。

(3)商品名：商品的标准字体，又叫合成文字或商标文字。

(4)饰框、底纹：美化版面，衬托主题。

2. 属于文字的构成要素

(1)公司名：包括公司中英文全名与营业项目。

(2)标语：表现企业风格的完整短句。

(3)名片持有人：中英文职称、姓名。

(4)通讯方式:中英文地址、电话、手机、传真号、网址。

3. 其他相关要素

(1)色彩:色相、明度、彩度的搭配。

(2)编排:文字、图案的整体排列。

在一个完整的名片构图中,各个具体要素按照其形态、大小的不同,归纳出相应的点形、线形、面形,从点、线、面及其相互关系来调整其方位、比例等,从而丰富和完善画面的构图,也使得设计者在把握构图时易得其法。

三、名片构图

一般名片的尺寸为 90 mm×50 mm,名片构图方式主要有以下几种:横版构图、竖版构图、长方形构图、椭圆形构图、半圆形构图、斜置构图、三角形构图、对位编排构图。

名片的构图在名片的设计中是至关重要的,构图可以使名片呈现不同的风格,给人带来不同的视觉感受,可以说名片设计的成功与否首先取决于构图的好坏。

四、名片的色彩

色彩在平面设计中千变万化,掌握色彩的情感对名片的设计有所帮助。

有的色彩给人以华美、高贵的感觉,如白色、金色、银色等;有的色彩给人以朴素、雅致的感觉,如灰色、蓝色、绿色等。一般纯度高的色彩华丽,纯度低的色彩朴素;明亮的色彩华丽,灰暗的色彩朴素。在名片设计中,我们可以依据持有人的身份及工作特性来确定应用华丽的色彩还是朴素的色彩。色彩的情感是非常丰富的,它可以表现人与自然界的丰富情感与环境气氛。所以,设计名片时要发挥想象,利用微妙的色彩情感,恰如其分地完善设计。

五、名片的文案编排

1. 文案的版式

(1)主题文案与辅助说明文案要主次分明。主题文案与辅助说明文案在字体的运用上要有区别,在字体的尺寸上要有所不同。

(2)文案的版式段落要编排整齐、美观大方。

(3)从视觉上讲,行距一定要大于字距,这样可以使文字的排列整齐清晰。

2. 文字的编排设计

在名片的设计中,在文字的安排上要有节奏,文字的排列要有层次,要讲究点、线、面的区域划分,画面要有视觉重点,讲究字体形态的变化,有轻重缓急。文字在名片设计中有齐头、齐尾、虚实、前后、居中、分割、组合等多种编排形式。

3. 名片的文案与空白的对比关系

名片的文字与空白是相互衬托的关系。一张名片包括标志、色彩、主题文案、辅助说明文案等,这些内容要有一个整体规划、主次安排，既要形成统一画面又要注意对比关系。而文案与空白的对比关系同样非常重要。有的名片设计过分夸大名片的主题文案，不考虑画面的整体要素，以为这样可以使名片的主题更明确；其实不然，读者对名片的阅读是对名片的整体感受，这种整体构图更多的是名片的文案与空白的对比形成的。名片的文案在整体的构图中一般归纳成各类几何形，如等边三角形、直角三角形、正方形、长方形、圆形、椭圆形等。这样文案就被整体化了，与空白处形成整体的区域对比，这样可使画面的整体构图更加明确，使主题文案更突出。

另外，文案与空白的对比关系还可以加强画面的韵律感。一般空白保留在画面的四周或与画面形成体块穿插，避免留在画面中心，这样可以避免主题文字离心而降低注意力。至于空白占多大比例合适，应视具体情况而定。

任务二 案例流程图与制作步骤

一、案例流程图

企业名片设计流程图如图 2.1 所示。

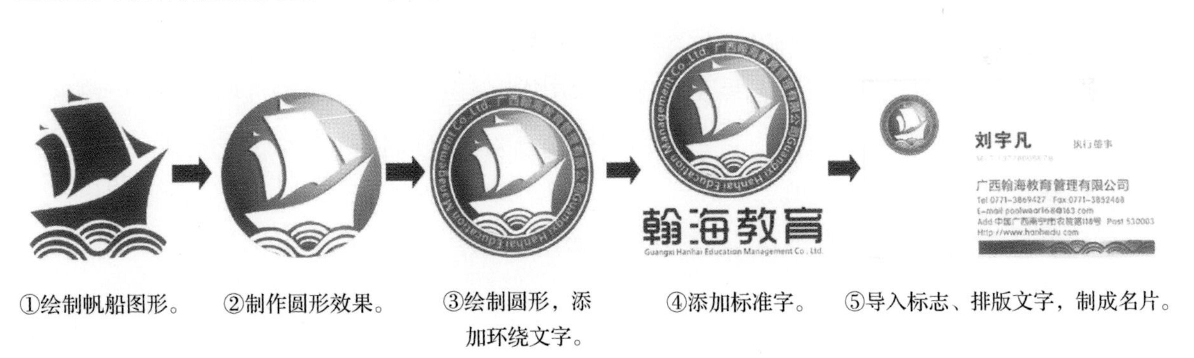

图 2.1　企业名片设计流程图

二、制作步骤

1. 制作标志图形

(1)打开 CorelDRAW X4 软件，选择“文件”→“新建”命令或按下“Ctrl+N”组合键，新建一个 A4 页面，如图 2.2 所示。

(2)选择“贝塞尔工具”，在页面中单击鼠标绘制不规则图形，如图 2.3 所示。

(3)选择“形状工具”，框选全部节点，单击鼠标右键，在弹出的快捷菜单中选择“到曲线”命令，如图 2.4 所示。在空白处单击鼠标，取消对全部节点的选择。

(4)用"形状工具"选取需要的节点,如图 2.5 所示。在属性栏中单击"平滑节点"按钮,转换节点类型。将光标放在该节点右侧控制线的控制点上拖曳,如图 2.6 所示。

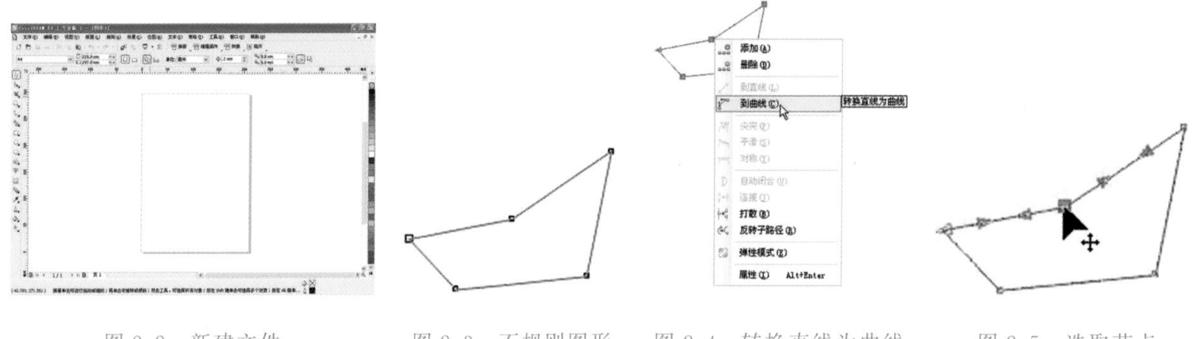

图 2.2 新建文件　图 2.3 不规则图形　图 2.4 转换直线为曲线　图 2.5 选取节点

(5)将光标放在需要的曲线上,单击鼠标拖曳,如图 2.7 所示。适当调整曲线形状,得到如图 2.8 所示效果。

(6)选择"贝塞尔工具",在页面中单击鼠标绘制四边形,如图 2.9 所示。

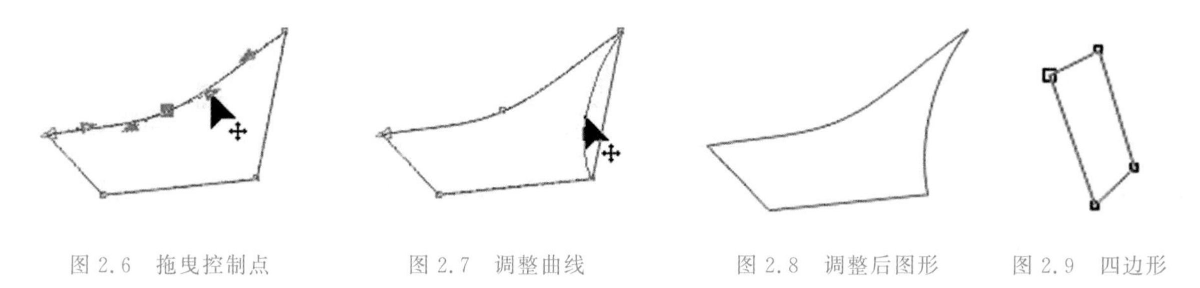

图 2.6 拖曳控制点　图 2.7 调整曲线　图 2.8 调整后图形　图 2.9 四边形

(7)选择"形状工具",框选全部节点,单击鼠标右键,在弹出的快捷菜单中选择"到曲线"命令。在空白处单击鼠标,取消对全部节点的选择。在按下"Shift"键的同时选取需要的节点,单击右键,在弹出的快捷菜单中选择"平滑"命令,如图 2.10 所示。

(8)用与步骤(4)、步骤(5)相似的方法调整曲线形状,用"挑选工具"适当调整图形位置,与步骤(5)所得图形组合,得到如图 2.11 所示效果。

(9)选择"贝塞尔工具",在页面中单击鼠标绘制多边形,如图 2.12 所示。用与步骤(3)至步骤(5)相似的方法,调整多边形形状,得到如图 2.13 所示效果。

图 2.10 转换节点类型　图 2.11 组合图形　图 2.12 绘制多边形　图 2.13 调整后图形

(10)选择“贝塞尔工具”，在页面中单击鼠标绘制三角形，如图 2.14 所示。

(11)选择“形状工具”，单击如图 2.15 所示位置，在属性栏单击“转换直线为曲线”按钮，单击鼠标拖曳线段，如图 2.16 所示。

(12)选择“贝塞尔工具”，在页面中单击鼠标绘制多边形，如图 2.17 所示。在属性栏中单击“选择全部节点”按钮，再单击“转换直线为曲线”按钮，完成直线的转换。取消对全部节点的选择，重新移动光标至线段上，当光标显示图形时，单击拖曳鼠标，调整曲线的平滑度，如图 2.18 所示。

图 2.14　绘制三角形

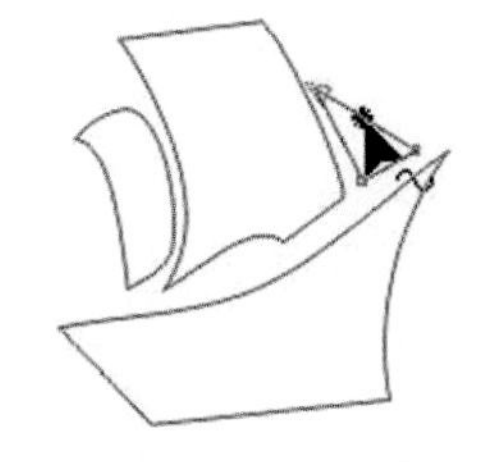

图 2.15　转换直线为曲线

图 2.16　调整曲线

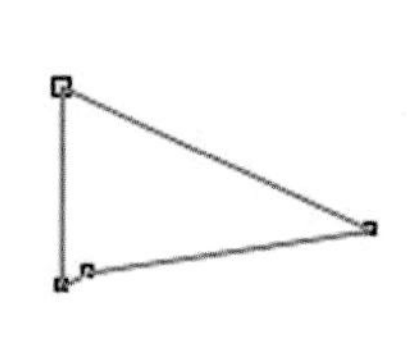

图 2.17　绘制多边形

(13)按空格键切换到“挑选工具”，按数字键盘中的“＋”键，原位复制出一个图形，并适当缩小。将两个图形拖曳到适当位置，如图 2.19 所示。

(14)双击“挑选工具”，选择页面中全部对象，按下“Ctrl＋G”组合键，进行群组。

(15)单击标准属性栏中的“导入”，或按下“Ctrl＋I”组合键，弹出“导入”对话框，选择“第二章配套素材”→“水波图形. cdr”文件，单击“导入”，在页面中导入素材文件，效果如图 2.20 所示。

(16)移动水波图形位置，与帆船图形组合，如图 2.21 所示。选择“贝塞尔工具”，单击鼠标创建节点，再次单击并拖曳鼠标创建曲线，同时节点两侧出现控制手柄，如图 2.22 所示。通过单击和单击并拖曳的方法，创建闭合图形，如图 2.23 所示。

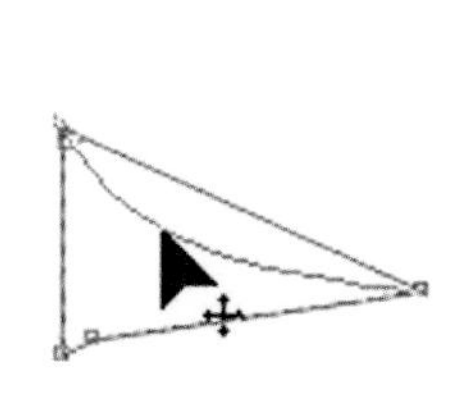

图 2.18　调整曲线

图 2.19　组合帆船图形

图 2.20　水波图形

图 2.21　组合图形

(17)选择“形状工具”，单击选取需要的节点，当节点两侧出现控制手柄时，移动光标到其中一个控制手柄上的控制点上，单击拖曳，调整曲线的平滑度，如图 2.24 所示。适当地选取需要的节点，拖曳鼠标改变节点的位置，最终调整效果如图 2.25 所示。

(18)按空格键切换到“挑选工具”，按下“Shift”键，选择帆船图形，如图 2.26 所示。在属性栏中单击“移除前面对象”按钮，得到如图 2.27 所示效果。

图 2.22　创建曲线

图 2.23　闭合图形

图 2.24　调整曲线

图 2.25　调整后效果

(19)双击“挑选工具”，选择页面中所有对象，按下“Ctrl+G”组合键完成群组。单击 CMYK 调色板中的“蓝”色块并右键单击“无填充”，填充蓝色，设置无外框，得到如图 2.28 所示效果。

(20)在群组图形被选择的状态下，按数字键盘上的“+”键，在原地复制一个副本。按方向键中的向上键和向右键各数次，得到如图 2.29 所示的层叠效果，再按“Ctrl+G”组合键进行群组。

图 2.26　选择两个对象

图 2.27　移除前面对象后效果

图 2.28　蓝色图形效果

图 2.29　复制层叠效果

2. 绘制圆形及添加标准字

(1)选择“椭圆形工具”，按下“Ctrl”键，在页面中绘制大小合适的圆形，如图 2.30 所示。

(2)选择工具箱中的“填充”，在弹出的工具条中选择“渐变填充”工具，弹出“渐变填充”对话框。在类型下拉列表中选择“射线”渐变类型，在“中心位移”栏中设置水平为 17%、垂直为 18%，并设置边界为 15%。勾选“颜色调和”栏中的“自定义”单选项，在颜色条上方双击鼠标，添加一个小三角形颜色色标，并拖曳小三角形，设置其位置为 40%，用同样的方法再添加一个色标，位置设置为 70%，如图 2.31 所示。

(3)单击选取颜色条中 0%色标，在右侧调色板中单击“蓝”色块，如图 2.32 所示。用同样的方法，依次设置 40%色标颜色为“天蓝”，70%色标颜色为“冰蓝”，单击“确定”按钮，得到如图 2.33 所示效果。

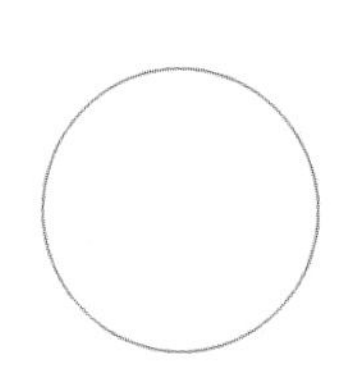
图 2.30　绘制圆形

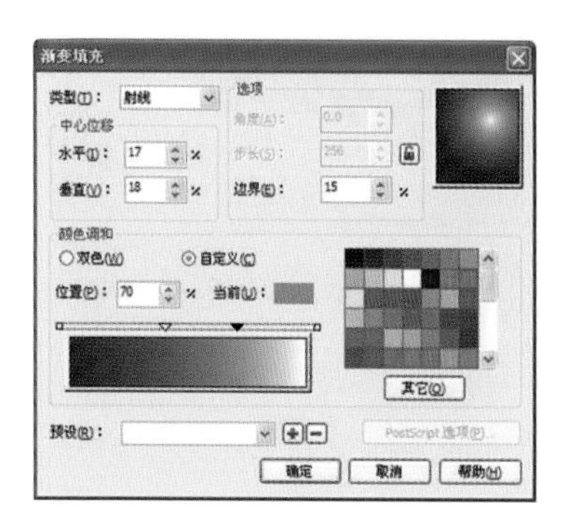
图 2.31　“渐变填充”对话框

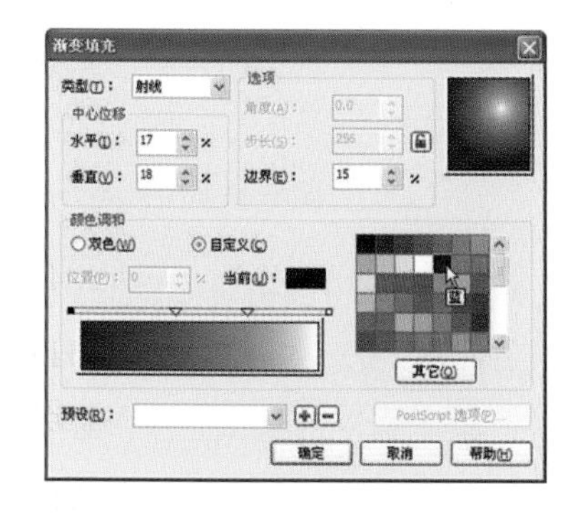
图 2.32　设置色块颜色

图 2.33　渐变填充圆形

(4)用“挑选工具”选择渐变填充后的圆形,右键单击 CMYK 调色板中的“无填充”,设置圆形无轮廓。单击选取图 2.29 所示的层叠帆船图形,选择“效果”→“图框精确剪裁”→“放置在容器中”命令,当光标显示➡图形时,在圆形上单击,如图 2.34 所示。

(5)选择“效果”→“图框精确剪裁”→“编辑内容”命令,进入编辑状态,如图 2.35 所示。选择层叠帆船图形,适当调整位置,单击鼠标右键,在弹出的快捷菜单中选择“结束编辑”命令,得到如图 2.36 所示效果。

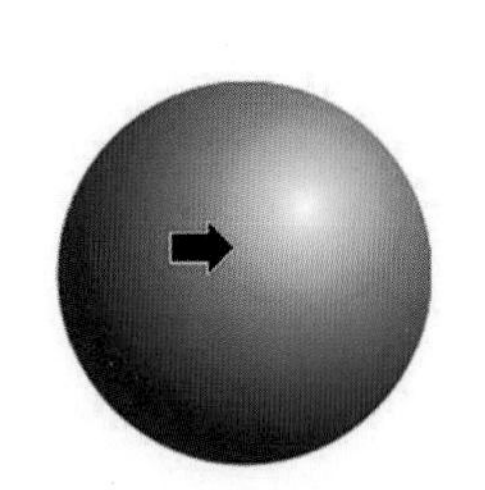

图 2.34 光标指示效果

图 2.35 图框精确剪裁编辑状态

图 2.36 图框精确剪裁效果

(6)选择“椭圆形工具”,按下“Ctrl”键,在页面中绘制大小合适的圆形,右键单击 CMYK 调色板上的“无填充”。双击状态栏右侧上的“填充”按钮,弹出“均匀填充”对话框,设置颜色值为 C9、M2、Y9、K0,单击“确定”按钮,得到如图 2.37 所示效果。

(7)选择“交互式透明工具”,在圆形被选中的状态下,单击鼠标拖曳,如图 2.38 所示。双击“挑选工具”,选中全部对象,按下“Ctrl+G”组合键完成群组,如图 2.39 所示。

图 2.37 圆形

图 2.38 添加透明效果

图 2.39 透明效果

(8)选择“椭圆形工具”,按下“Ctrl”键,在页面中绘制大小合适的圆形,设置无轮廓,填充颜色值为 C100、M87、Y0、K0,如图 2.40 所示。按下“Shift”键,把光标移动到右上角控制点上,单击拖曳鼠标到合适位置,按下鼠标右键,得到一个缩小的同心圆,为其填充白色,如图 2.41 所示。

(9)用与步骤(8)相似的方法,复制两个同心圆,分别填充颜色值为 C100、M87、Y0、K0 和白色,如图 2.42 所示。

(10)选择“文本工具”字,将光标放在如图 2.43 所示圆形的边沿上,当光标显示I字形状时,单击鼠标,输入文字“广西翰海教育管理有限公司 Guangxi Hanhai Education Management Co.,Ltd.”,选择“挑选工具”,在属性栏中设置与路径距离为 2 mm、水平偏移为 400 mm,并设置合适的字体和字号,如图 2.44 所示。按下“Ctrl+Q”组合键,将文字转成曲线,最终得到如图 2.45 所示效果。

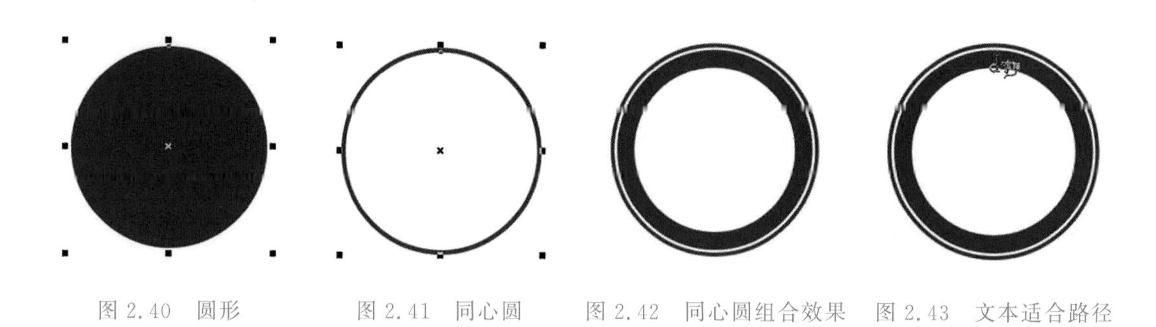

图 2.40　圆形　　图 2.41　同心圆　　图 2.42　同心圆组合效果　　图 2.43　文本适合路径

图 2.44　属性栏

(11)选择图 2.39 所示群组对象,按下“Shift＋Page Up”组合键,将其调到图层前面,拖曳鼠标,适当调整其位置和大小,得到如图 2.46 所示效果。圈选全部对象,按下“Ctrl＋G”组合键完成群组。

(12)选择“文本工具”字,在页面中分别输入文字“翰海教育”和“Guangxi Hanhai Education Management Co. ,Ltd. ”,按空格键切换到“挑选工具”,在属性栏分别设置字体为“时尚中黑简体”和“微软雅黑”,并设置适当的字号,按下“Ctrl＋Q”组合键将文字转成曲线,得到如图 2.47 所示效果。按下“Ctrl＋S”组合键,将文件保存为“标志. cdr”。

图 2.45　环绕文字效果

图 2.46　标志效果

图 2.47　标志和标准字

3. 制作名片

(1)按下“Ctrl＋N”组合键,新建一个 A4 页面。在属性栏中单击“横向”按钮。选择“版面”→“页面背景”命令,打开“选项”对话框,如图 2.48 所示,在“背景”面板中选择“纯色”单选项,单击下拉按钮,在下拉调色板中选择 10％黑,得到如图 2.49 所示效果。

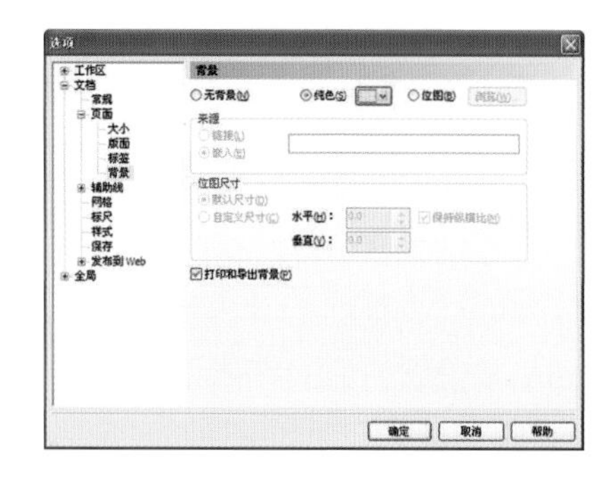

图 2.48　“选项”对话框

图 2.49　灰色背景

(2)选择“矩形工具”，绘制一个矩形，填充白色，外框为无，设置属性栏“对象大小”框中的数值为 90 mm、50 mm，按下“Enter”键，如图 2.50 所示。

(3)按下“Ctrl+I”组合键，弹出“导入”对话框，选择“第二章配套素材”→“标志.cdr”文件，单击“导入”，在页面中导入素材文件。按下“Ctrl+U”组合键，取消群组，选择标准字，按下“Delete”键删除。将标志移动到页面合适位置，如图 2.51 所示。

(4)选择“文本工具”字，在页面的合适位置分别输入文字“刘宇凡”、“执行董事”和“M－T:13778005678”，用“挑选工具”分别选择文字，设置适当的字体和字号。给文字“M－T:13778005678”设置红褐色填充效果，如图 2.52 所示。

图 2.50　白色矩形

图 2.51　导入标志

图 2.52　主题文字效果

(5)选择“文本工具”字，在页面适当位置输入其他文字，并设置合适的字体和字号，如图 2.53 所示。选择所有文字，按下“Ctrl+Q”组合键，将所有文字转成曲线。

(6)选择“矩形工具”，在名片下方绘制一个矩形，如图 2.54 所示。用“挑选工具”选择矩形，选择“编辑”/“复制属性自”命令，弹出“复制属性”对话框，在对话框中勾选“轮廓色”和“填充”复选框，如图 2.55 所示。

图 2.53　辅助说明文字效果

图 2.54　绘制矩形

图 2.55　“复制属性”对话框

(7)单击“复制属性”对话框中的“确定”按钮，当光标显示➡图形时，单击标志上的渐变圆形，如图 2.56 所示，得到如图 2.57 所示效果。

图 2.56　箭头指示

图 2.57　复制填充效果

(8)按下"Ctrl+I"组合键,弹出"导入"对话框,选择"第二章配套素材"→"水波图形.cdr"文件,单击"导入" 导入 ,在页面中导入素材文件。用"挑选工具"选择水波图形,适当缩小,按数字键盘上的"+"键两次,在原地复制两个副本,移动位置,排列成如图 2.58 所示效果。

图 2.58　水波图形

(9)用"挑选工具"圈选全部水波图形,按下"Ctrl+G"组合键进行群组。选择"效果"→"图框精确剪裁"→"放置在容器中"命令,当光标显示➡图形时,单击步骤(7)所得的矩形,得到如图 2.59 所示效果。

(10)单击鼠标右键,在弹出的快捷菜单中选择"编辑内容"命令,进入编辑状态,用"挑选工具"选择水波图形,适当调整位置,如图 2.60 所示。选择"效果"→"图框精确剪裁"→"结束编辑"命令,最终得到如图 2.61 所示名片效果。

图 2.59　图框精确剪裁效果

图 2.60　编辑内容状态

图 2.61　最终名片效果

练习题

房地产咨询公司名片设计

要点提示:在 CorelDRAW 中,使用"矩形工具"设置名片规格;用"贝塞尔工具"和"矩形工具"绘制标志,用"文本工具"输入主题文字及辅助说明文字,并调整到适当的位置,设置合适的字体和字号,排版成如图 2.62 所示效果。

图 2.62　名片

CorelDRAW Pingmian Sheji Shili Jiaocheng

项目三

VIS应用要素设计

——车体外观制作

目标任务

主要学习在 CorelDRAW X4 中使用“形状工具”“贝塞尔工具”绘制车体，使用“填充”工具给车体的图案填充颜色，使用“焊接”命令焊接多个图形，使用“导入”命令调整素材，以制作车体外观效果图并添加企业的标志及其他相关信息。

项目重点

项目重点是“形状工具”、“贝塞尔工具”、“填充”工具、“交互式透明工具”及“焊接”命令的使用。

任务一 设计理论要点

一、CIS

CIS 即企业识别系统，这个系统由三部分组成：

(1)MIS(理念识别系统)：mind identity system——MIS 是 CIS 的大脑和灵魂。

(2)BIS(行为识别系统)：behaviour identity system——BIS 是 CIS 的骨骼和肌肉。

(3)VIS(视觉识别系统)：visual identity system——VIS 是 CIS 的外表形象。

企业文化则是供血系统，企业文化一旦形成，CI 系统就有了生命力。

二、企业导入 CIS 的动机

企业导入 CIS 的动机：合并或成立新的企业；经营路线和经营者的变更；事业的扩大化；新产品的推广；为了打入国际市场；产品的品牌名称和企业名称的统一；经营的环境和时代发生了变化；增强企业自身的竞争能力；各类经济区域的 CIS 战略。

三、VIS

VIS 将企业深层的精神、文化、信仰和哲学进行视觉化的体现，实现企业视觉信息传递的各种形式的统一化，亦即具体化、视觉化的传达形式，根本的目的是对企业的所有视觉信息传达实行控制。在整个 CI 系统中，VIS 的队伍最庞大，面积最广，效果最直接。VIS 主要包括企业名称、品牌标志、标准字、标准色、象征图案、办公用品、车辆、广告、产品包装、员工制服等，这些视觉识别都是非常重要的外部设备表现，公众对其认识程度和理解程度，决定了企业在公众心目中的地位。视觉识别的实施，是传播企业经营理念、提高企业知名度、塑造企业形象的快速便捷途径。

四、VIS 的组成

VI 系统作为 CI 体系中一个相对独立的系统，主要由两大部分组成，即基础识别部分和应用识别部分。

1. 基础识别部分的内容

基础识别部分主要包括标志图形、标准字、标准色彩、象征图形、标准组合及禁用范例。基础识别部分是整个 VI 设计系统最核心的部分，尤其是标志、标准字和标准色，是整个 VI 设计体系的灵魂。基础部分的设计直接决定了该导入系统的形象特征。

2. 应用识别部分的内容

应用识别部分是基础识别要素在组织所有传播载体和应用环境中的具体体现。应用识别部分主要包括办公用品类、交通工具类、票证类、大众传播广告类、商品包装类、专卖店及商场识别类、环境导示类、职业服装类、出版印刷类、待客用品类等。

任务二
案例流程图与制作步骤

一、案例流程图

车体外观制作流程图如图 3.1 所示。

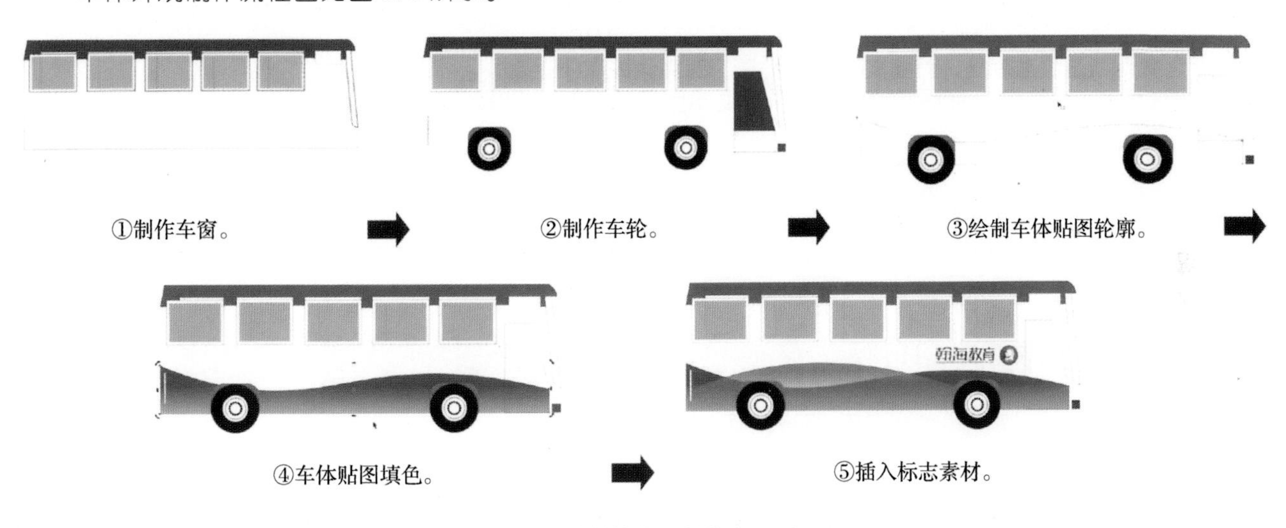

图 3.1 车体外观制作流程图

二、制作步骤

1. 制作车体

(1)打开 CorelDRAW X4 软件，按“Ctrl+N”组合键，新建一个页面，进入如图 3.2 所示的绘图窗口；在属性栏的纸张宽度和高度栏中分别设置宽度为 420 mm、高度为 297 mm，按“Enter”键，页面尺寸显示为设置的大小，如图 3.3 所示。

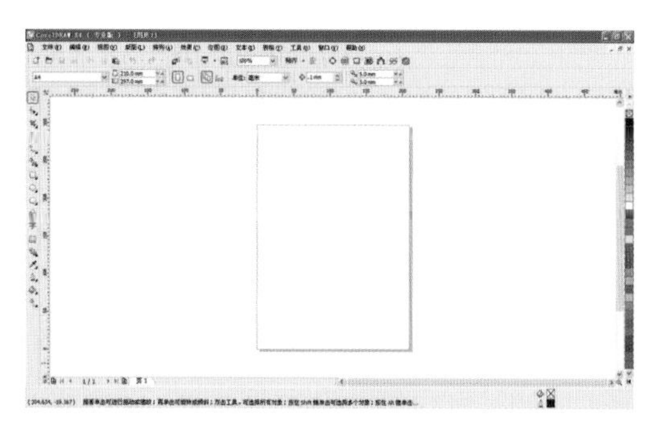

图 3.2　新建文件

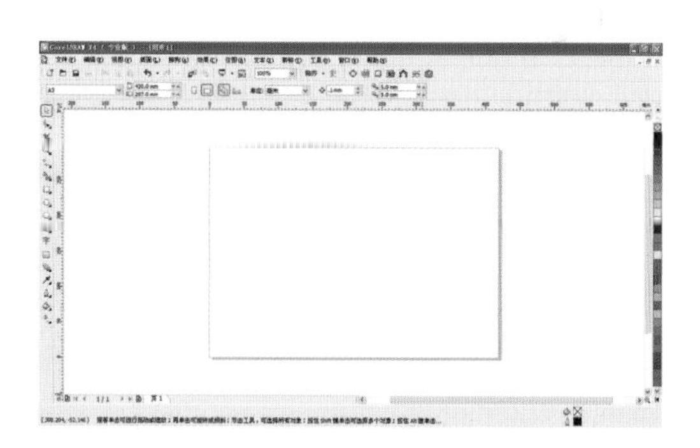

图 3.3　设置文件规格

(2)先制作车体顶部,选择“矩形工具”,在页面中绘制一个长方形,在属性栏的纸张宽度和高度栏中分别设置宽度为 380 mm、高度为 12 mm,如图 3.4 所示,按“Enter”键,矩形尺寸显示为设置的大小,如图 3.5 所示。

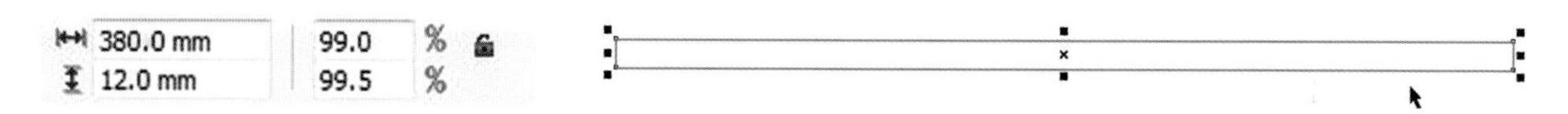

图 3.4　设置车顶尺寸

图 3.5　绘制车顶部分长方形

(3)选择“挑选工具”,点选长方形,双击工作界面右下角“填充”,弹出“均匀填充”对话框,设置 CMYK 数值为 C100、M80、Y30、K0,如图 3.6 所示;设定好数值后点击“确定”按钮,得到的效果如图 3.7 所示。

(4)选择“挑选工具”,点击选择矩形,在工作界面右边调色板顶端的“无填充”上单击鼠标右键,去掉轮廓线;框选矩形,单击鼠标右键,在展开的菜单里选择转换成曲线,或按住“Ctrl+Q”组合键转换成曲线,如图 3.8 所示。

(5)选择“形状工具”,对该矩形的上端进行调节,使该矩形适当产生斜角,如图 3.9 所示;在调节矩形左边时,增加两个节点,并向下拖曳,点击属性栏中的“添加节点”或“删除节点”即可增加或删除节点,如图 3.10 所示;调节矩形右边时,选择右下方的节点,点击属性栏中的“转换直线为曲线”按钮,调节节点,车顶部分制作完毕,效果如图 3.11 所示。

图 3.6　设置 CMYK 颜色值

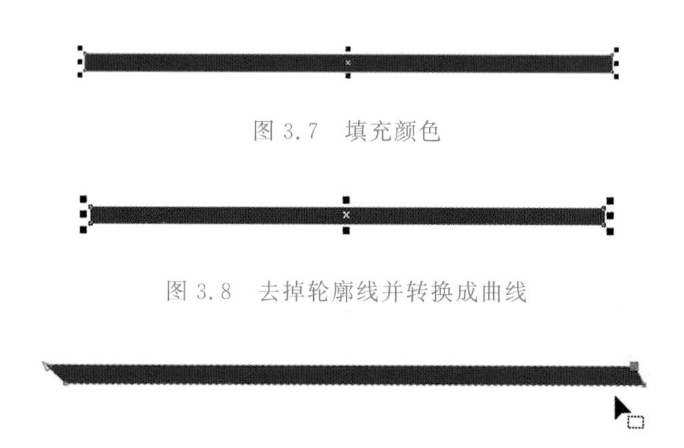

图 3.7　填充颜色

图 3.8　去掉轮廓线并转换成曲线

图 3.9　调整节点

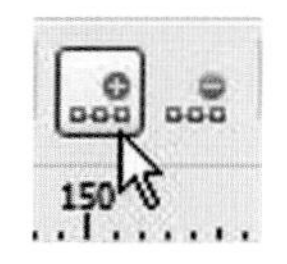

图 3.10　增加和删除节点工具

图 3.11　车顶部分

(6)制作窗户,选择“矩形工具”,绘制一个矩形,在属性栏中设置尺寸,如图 3.12 所示。选择“填充”工具,CMYK 颜色值为 C0、M0、Y0、K30,如图 3.13 所示,填充后效果如图 3.14 所示;选择“挑选工具”,框选矩形,按住键盘上的“+”键,复制一个矩形,对准矩形单击鼠标右键,在展开的菜单里选择“顺序”中的“到页面后面”或按住“Ctrl+End”组合键。再按住“Shift”键,等比例放大,在工作界面右边的 CMYK 调色板里选择白色进行填充,如图 3.15 所示;单击属性栏中的群组工具群组两个矩形,摆放在车顶尾部下方,如图 3.16 所示。

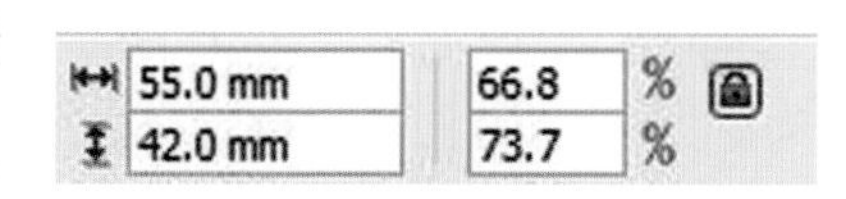

图 3.12　绘制窗户

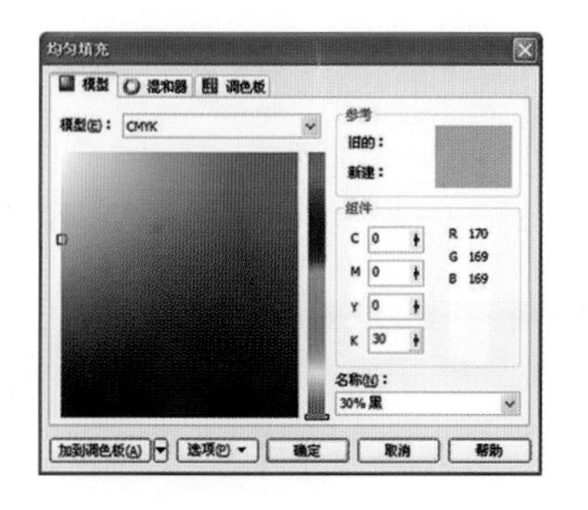

图 3.13　“均匀填充”对话框

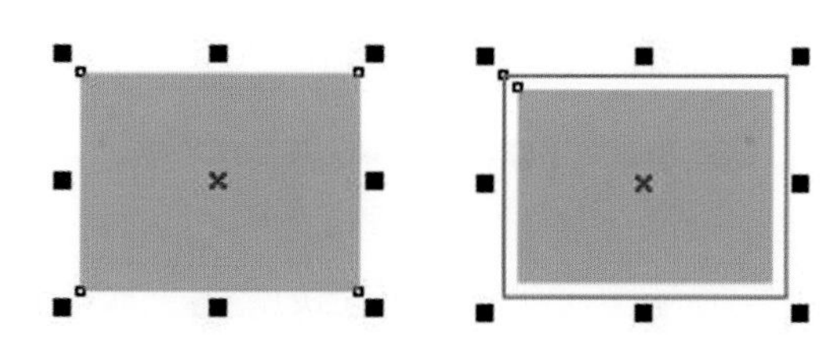

图 3.14　填充颜色　图 3.15　复制矩形并填充白色

图 3.16　放置窗户

(7)选择“手绘工具”,在窗户的适当位置绘制一条直线,作为窗户的边框,选择“挑选工具”,框选两个矩形,按住“Ctrl+G”组合键进行群组,如图 3.17 所示。

(8)进行群组后,按住键盘上的“+”键,复制 4 份,也可以按住“Ctrl+C”和“Ctrl+V”组合键复制粘贴再水平移动,摆放位置如图 3.18 所示。

(9)选择“矩形工具”绘制一个矩形,选择“填充”工具,CMYK 颜色值设为 C0、M0、Y0、K30,尺寸如图 3.19 所示;选择“挑选工具”,点击选择矩形,在工作界面右边调色板顶端的“无填充”上单击鼠标右键,去掉轮廓线;把该矩形摆放在两个窗户之间,位置如图 3.20 所示;按住键盘中的“+”键把该矩形复制 5 份,摆放位置如图 3.21 所示。

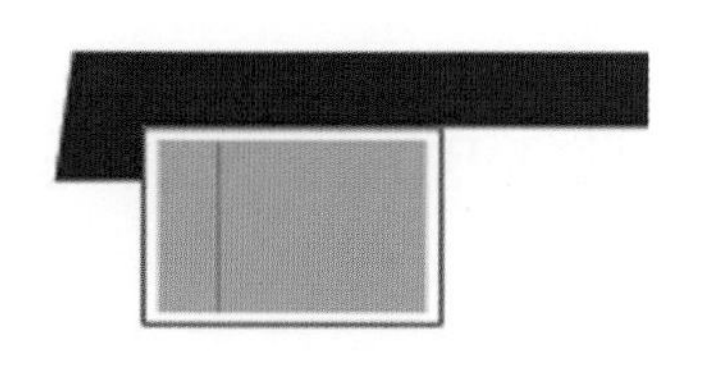

图 3.17　手绘线条

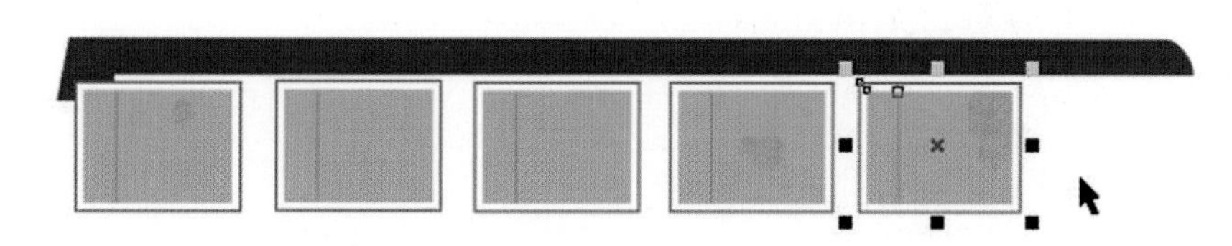

图 3.18　复制窗户

图 3.19　设置尺寸

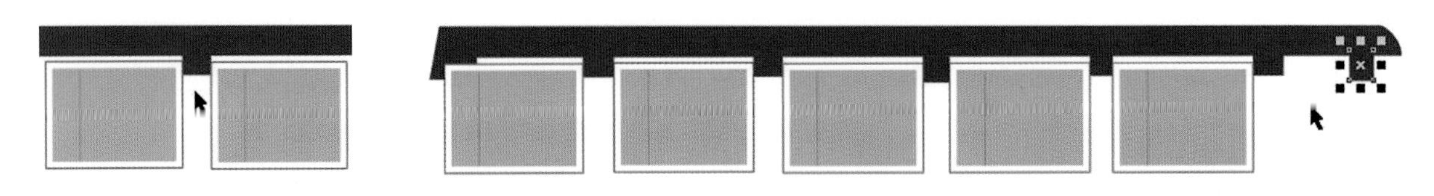

图 3.20　矩形摆放位置　　　　图 3.21　复制并摆放矩形

(10)选择“矩形工具”绘制一个矩形,尺寸如图 3.22 所示;摆放位置如图 3.23 所示。

(11)在画面中车顶下方制作车身,选择“矩形工具”,绘制一个矩形,尺寸如图 3.24 所示;在工作界面右边的 CMYK 调色板中选择白色,并单击鼠标左键填充,轮廓线颜色为 50%的黑色,对准矩形单击鼠标右键,在展开的菜单中选择“顺序”中的“到页面后面”或按住“Ctrl+End”组合键,如图 3.25 所示;对准车身单击鼠标右键,在展开的菜单里选择“转换为曲线”或按住“Ctrl+Q”组合键,选择“形状工具”,在矩形的右边增加一个节点,单击属性栏中的“添加节点”或“删除节点”按钮即可增加或删除节点,如图 3.26 所示;增加节点后,拖动右上角的节点,使它往左边适当倾斜,效果如图 3.27 所示。

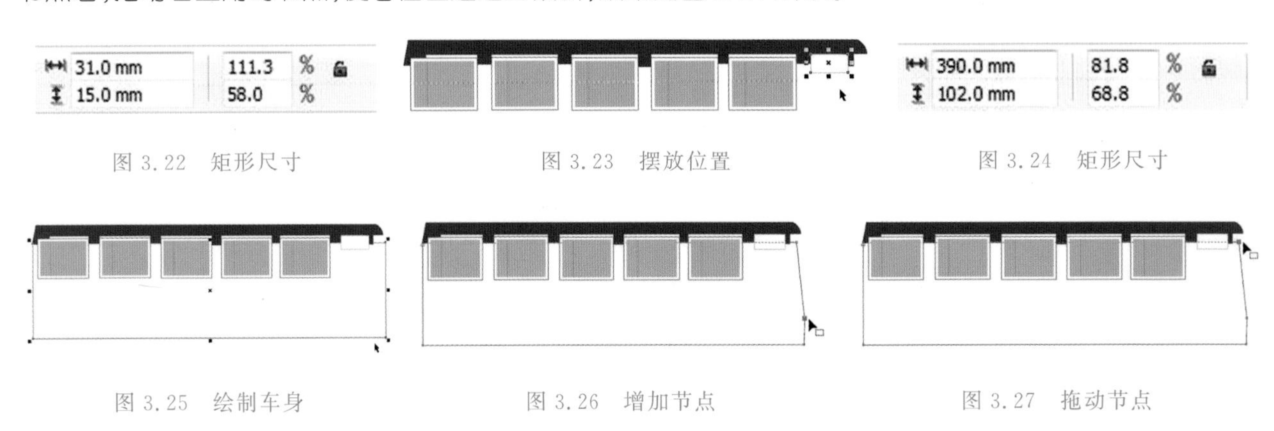

图 3.22　矩形尺寸　　　　图 3.23　摆放位置　　　　图 3.24　矩形尺寸

图 3.25　绘制车身　　　　图 3.26　增加节点　　　　图 3.27　拖动节点

(12)选择“贝塞尔工具”,在步骤(11)中拖曳的斜线处绘制一个矩形,如图 3.28 所示;选择“形状工具”进行调节,适当增加节点,如图 3.29 所示;调节后整体效果如图 3.30 所示。

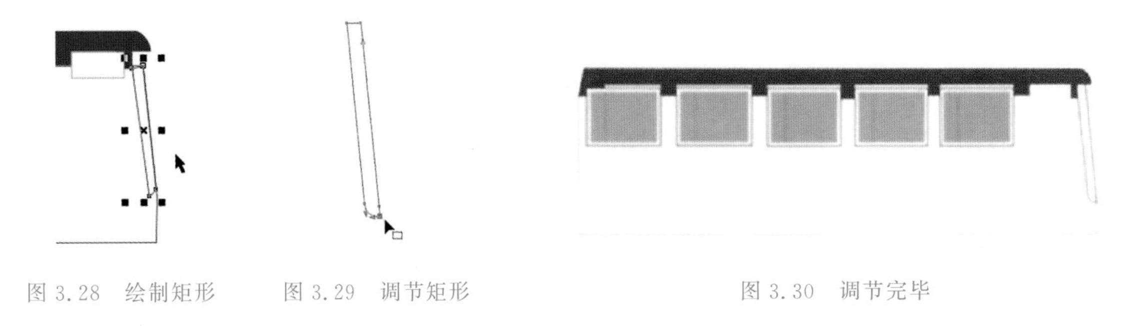

图 3.28　绘制矩形　　图 3.29　调节矩形　　　　图 3.30　调节完毕

(13)选择“矩形工具”,在页面中绘制一个矩形,在属性栏中设置尺寸,如图 3.31 所示;把它摆放到车体画面的适当位置,如图 3.32 所示。

(14)对准矩形单击鼠标右键,在展开的菜单里选择“转换为曲线”或按住“Ctrl+Q”组合键,转换成曲线后,选择“形状工具”进行节点调节,把右上方的节点往左边适当水平拖动,如图 3.33 所示;选择“填充”工具,在弹出的“均匀填充”对话框中设置 CMYK 颜色值为 C100、M80、Y30、K0,按 确定 键填充,填充完毕后,在工作界面右边 CMYK 调色板顶端的“无填充”上单击鼠标右键,去掉轮廓线。车门玻璃部分制作完毕，效果如图 3.34 所示。

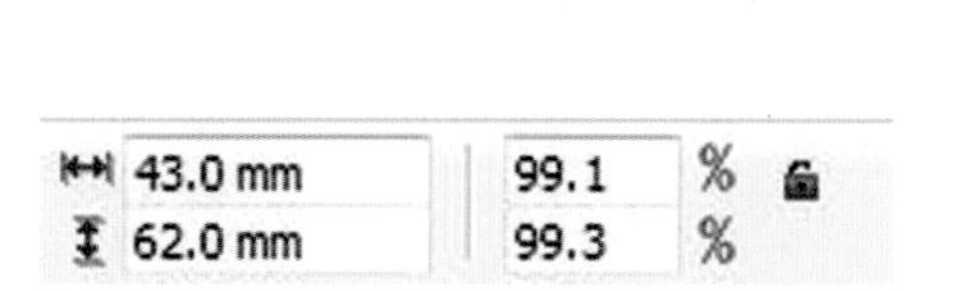

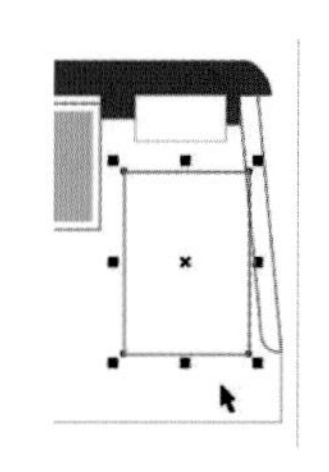
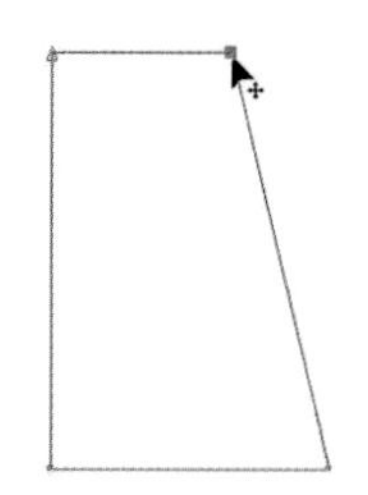

图 3.31 设置尺寸　　图 3.32 摆放位置　　图 3.33 拖曳节点

(15)选择“矩形工具”，绘制一个矩形，在属性栏中设置尺寸，如图 3.35 所示；摆放矩形，车门下半部分制作完毕，如图 3.36 所示。

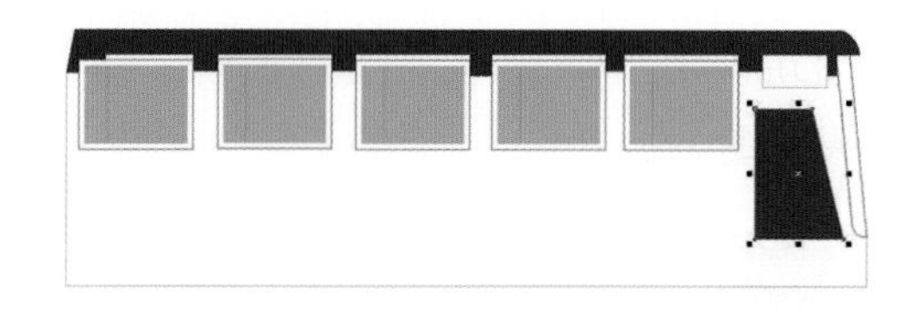

图 3.34 填充颜色

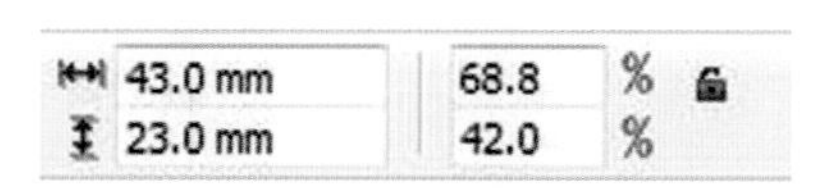

图 3.35 设置尺寸

(16)选择“矩形工具”，绘制一个小矩形，在属性栏中设置尺寸，如图 3.37 所示；并在属性栏中设置矩形的边角圆滑度，当显示为“全部圆角”时，把该矩形的四个边角圆滑度全部设置为 15，如图 3.38 所示；选择“填充”工具，在弹出的“均匀填充”对话框中设置 CMYK 颜色值为 C100、M80、Y30、K0，按确定键填充，填充完毕后，在工作界面右边 CMYK 调色板顶端的“无填充”上单击鼠标右键，去掉轮廓线；摆放到车体的右下角，车灯部分制作完毕，效果如图 3.39 所示。

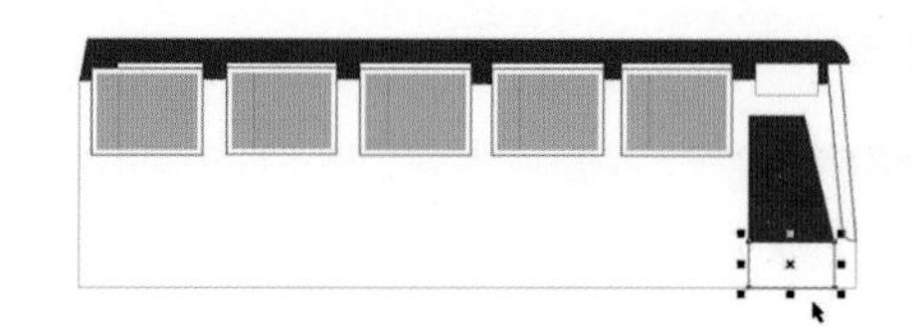

图 3.36 摆放位置

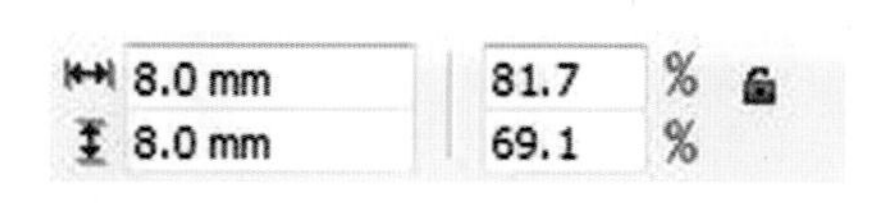

图 3.37 设置尺寸

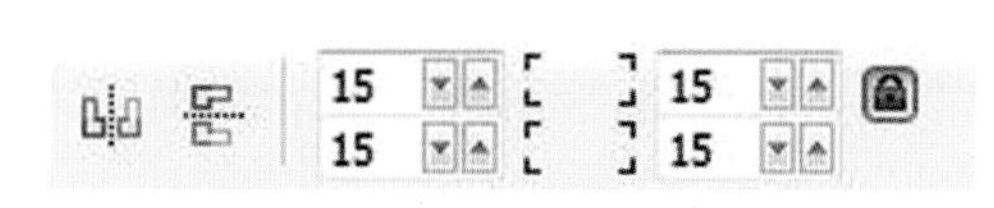

图 3.38 设置边角圆滑度

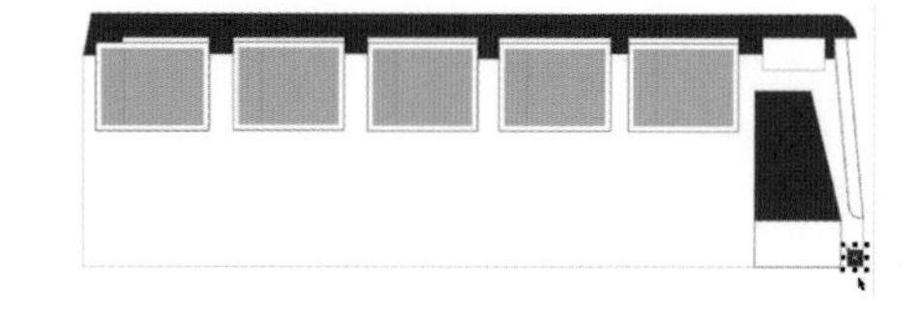

图 3.39 摆放位置

(17)选择“矩形工具”，绘制一个细长的矩形，在属性栏中设置尺寸，如图 3.40 所示；在工作界面右边的 CMYK 调色板中选择白色并单击鼠标左键填充，摆放到车体的左下角，散热窗制作完毕，位置如图 3.41 所示。

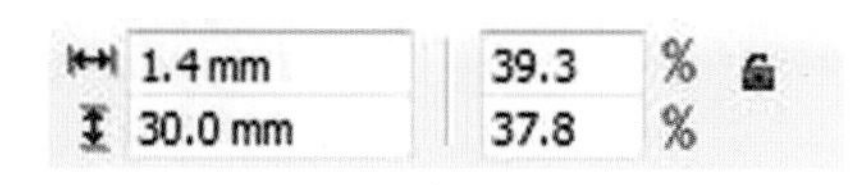

图 3.40 设置尺寸

(18)选择“矩形工具”，绘制一个矩形，在属性栏中设置尺寸，如图 3.42 所示；在属性栏中设置矩形的边角圆滑度单击“解除锁定”，把该矩形的左上角和右上角的边角圆滑度设置为 80，如图 3.43 所示；选择“填充”工具，在弹出的“均匀填充”对话框中设置 CMYK 颜色值为 C0、M0、Y0、K60，按确定键填充，填充完毕后，在工作界面右边 CMYK 调色板顶端的“无填充”上单击鼠标右键，去掉轮廓线；摆放到车体的下方，如图 3.44 所示。

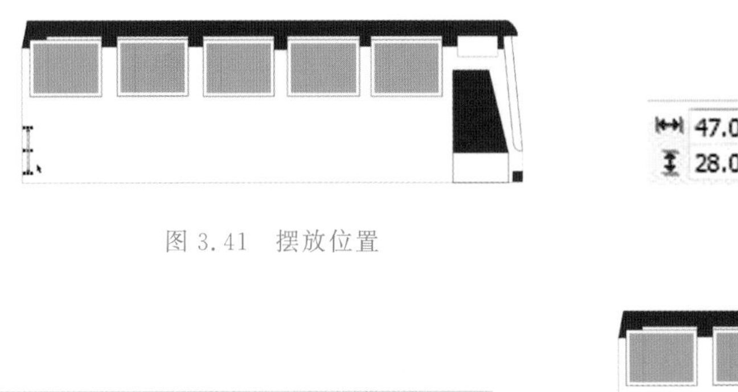

图 3.41　摆放位置

图 3.42　设置尺寸

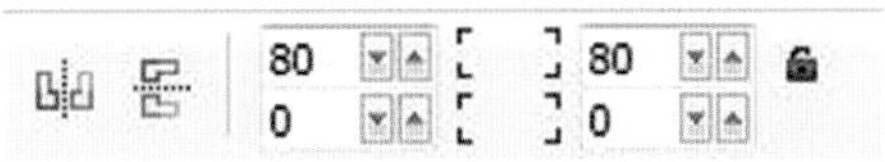

图 3.43　设置边角圆滑度

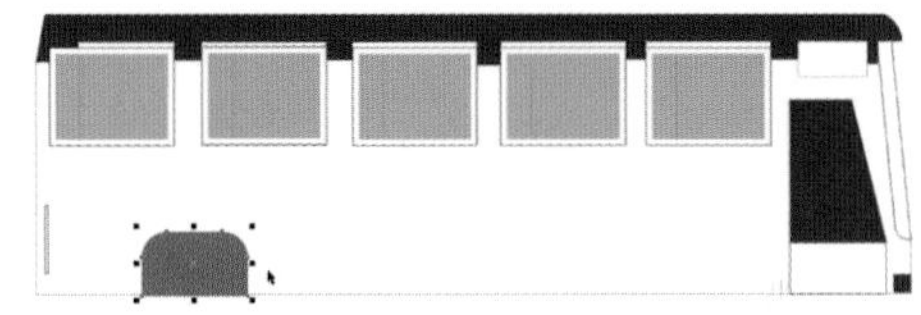

图 3.44　摆放位置

(19)选择“椭圆形工具”，按住“Ctrl”键，绘制一个正圆形，在工作界面右边的 CMYK 调色板中选择黑色并单击鼠标左键填充，在属性栏中将对象大小设置为 30.8 mm 30.8 mm，在“选择轮廓宽度或键入新宽度”处设置轮廓宽度为 16.0 mm，效果如图 3.45 所示。

(20)选择“椭圆形工具”，按住“Ctrl”键，绘制一个正圆形，在工作界面右边的 CMYK 调色板中选择白色并单击鼠标左键填充，在属性栏中将对象大小设置为 25.0 mm 25.0 mm，把该圆形摆放到步骤(19)绘制的圆形中，框选两个图形并单击属性栏中的群组工具进行群组，效果如图 3.46 所示。

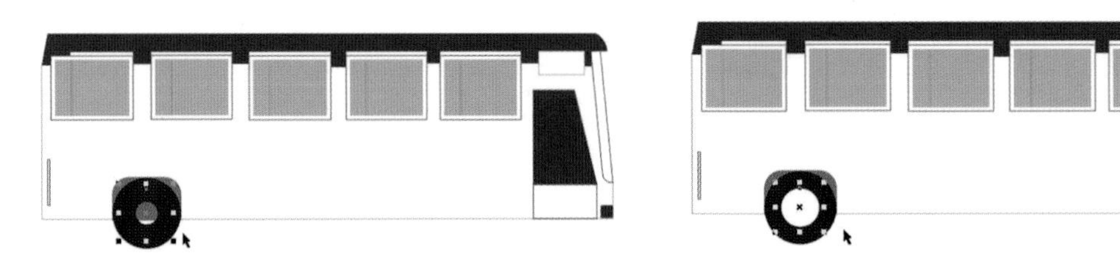

图 3.45　制作车轮　　　　图 3.46　摆放圆形

(21)选择“椭圆形工具”，按住“Ctrl”键，在步骤(20)绘制的圆形中间绘制一个正圆形，在属性栏中将对象大小设置为 20.5 mm 20.5 mm，在“选择轮廓宽度或键入新宽度”处设置为“发丝”，如图 3.47 所示。按“Ctrl+C”和“Ctrl+V”组合键，复制一个正圆形，在属性栏中将对象大小设置为 19.0 mm 19.0 mm，如图 3.48 所示。用相同的方法再复制一个，在属性栏中将对象大小设置为 11.5 mm 11.5 mm，效果如图 3.49 所示。

(22)选择“椭圆形工具”，按住“Ctrl”键，绘制一个正圆形，在工作界面右边的 CMYK 调色板中选择黑色并单击鼠标左键填充，如图 3.50 所示；选择“挑选工具”，框选该正圆形，按数字键盘上的“+”键，复制图形，并再次单击图形，使其处于旋转状态，拖曳旋转中心到适当位置，如图 3.51 所示；然后拖曳鼠标将其旋转到适当位置，如图 3.52 所示；按住“Ctrl”键，再连续按“D”键，复制出多个图形，效果如图 3.53 所示。

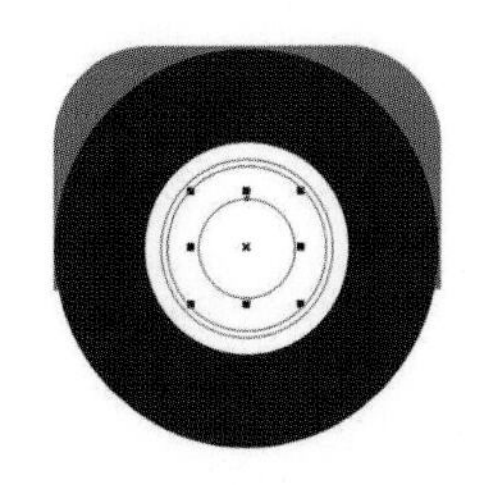

图 3.47　绘制车轮细节　　图 3.48　绘制车轮细节　　图 3.49　绘制车轮细节

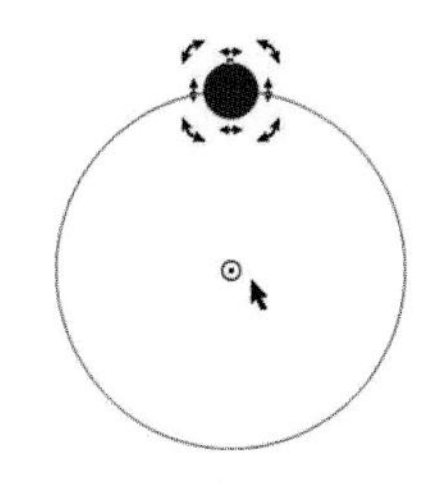
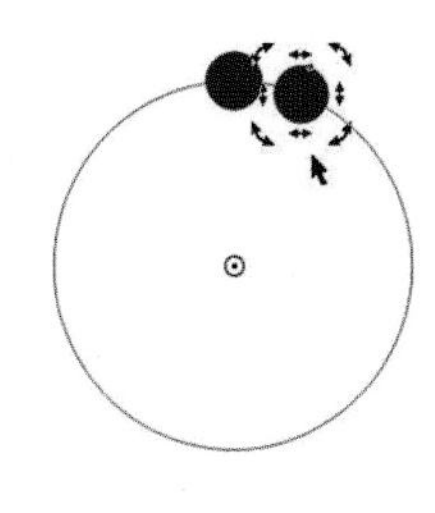
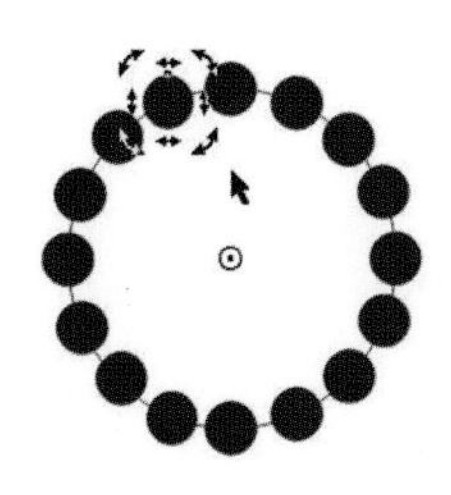

图 3.50　绘制圆形　　图 3.51　拖曳旋转中心　　图 3.52　复制圆形　　图 3.53　复制完成

(23)选择“挑选工具”，选中整个车轮，按住“Ctrl+G”组合键进行群组，按住“+”键复制一个，水平移动到适当位置，框选两个车轮并单击属性栏中的群组工具群组车轮，车体制作完毕，效果如图 3.54 所示。

2. 制作车身贴图

(1)选择“挑选工具”，框选车顶已填充颜色部分，单击属性栏中的“焊接”按钮进行焊接，如图 3.55 所示。选择“填充”工具，在弹出的“均匀填充”对话框中设置 CMYK 颜色值为 C95、M55、Y2、K0，按确定键填充企业 VI 标准色，如图 3.56 所示。再框选车门玻璃已填充颜色部分，单击工作界面右边的“无填充”，如图 3.57 所示。

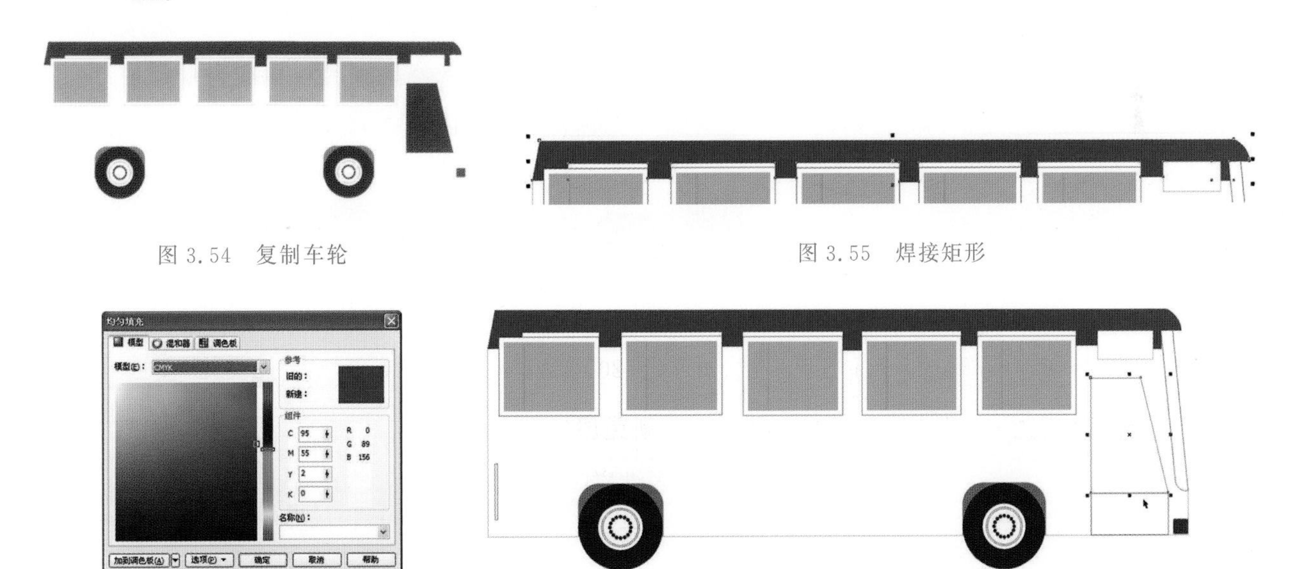

图 3.54　复制车轮　　图 3.55　焊接矩形

图 3.56　“均匀填充”对话框　　图 3.57　去掉颜色

(2)选择“贝塞尔工具”，在车身上绘制一个多边形，如图 3.58 所示；选择“形状工具”，单击多边形的适当位置，选择属性栏中的“转换直线为曲线”，调节多边形上出现的控制手柄，效果如图 3.59 所示；选

择“填充”工具，在弹出的“均匀填充”对话框中设置 CMYK 颜色值为 C95、M55、Y2、K0，按确定键填充，如图 3.60 所示；选择“交互式透明工具”，在属性栏中的“透明度类型”中选择“线性”，在多边形中单击拉出控制杆，调整透明度控制点，对准工作界面右上角的“无填充”，单击鼠标右键，去掉轮廓线，效果如图 3.61 所示。

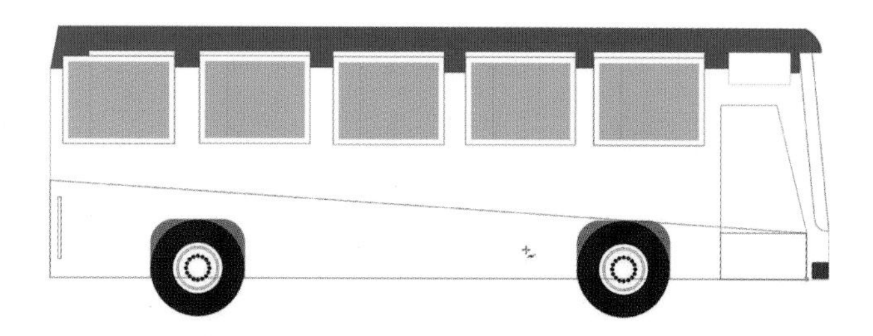

图 3.58　绘制多边形

图 3.59　调整多边形

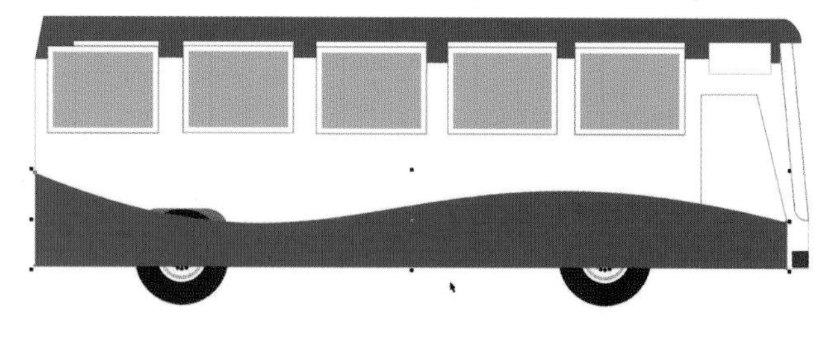

图 3.60　填充颜色

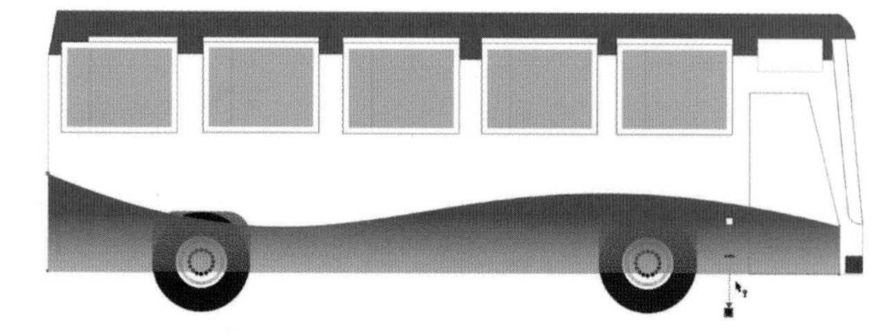

图 3.61　调整透明度

(3)选择“挑选工具”，单击绘制的图形，单击鼠标右键，选择“顺序”中的“置于此对象后”，如图 3.62 所示；当出现➡时，对准车轮单击鼠标左键，图形便置于车轮下方，如图 3.63 所示。

图 3.62　调整前后顺序

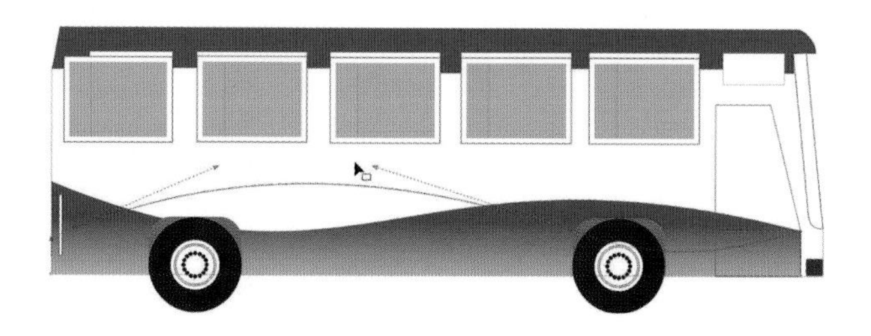

图 3.63　调整完毕

(4)选择“贝塞尔工具”，在车身上再绘制一个多边形并调整它的形状，效果如图 3.64 所示；选择“填充”工具，在弹出的“均匀填充”对话框中设置 CMYK 颜色值为 C64、M22、Y9、K0，按确定键填充；选择“交互式透明工具”，在属性栏中的“透明度类型”中选择“线性”，在多边形中单击拉出控制杆，调整透明度控制点，效果如图 3.65 所示。

(5)选择“挑选工具”，单击绘制的图形，单击鼠标右键，选择“顺序”中的“置于此对象后”，当出现➡时，对准车轮单击鼠标左键，图形便置于车轮下方，如图 3.66 所示。

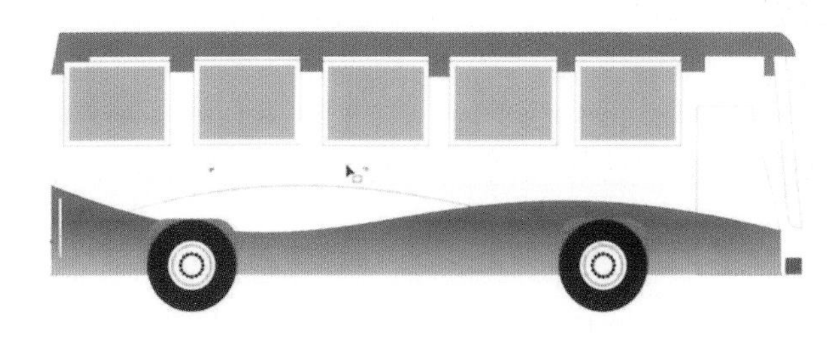

图 3.64 调整多边形

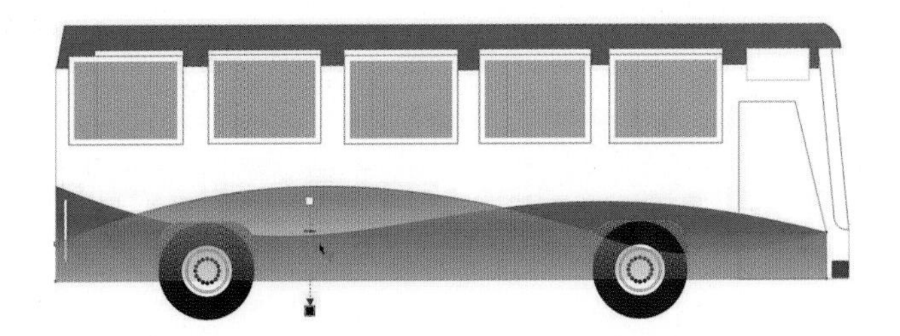

图 3.65 填充颜色并调整透明度

(6)导入企业的 LOGO 和标准字，摆放到车体的适当位置，效果如图 3.67 所示。

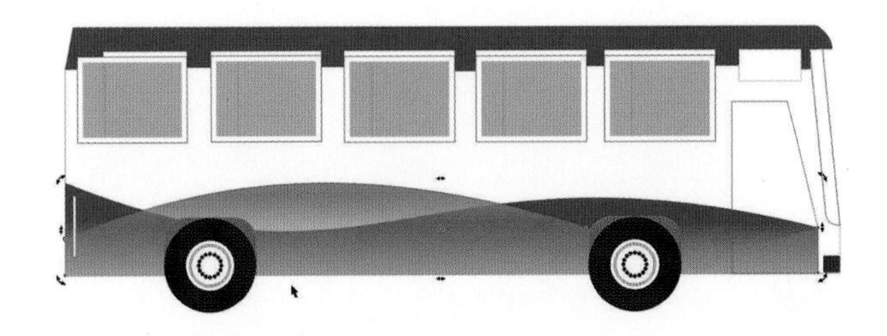

图 3.66 调整顺序

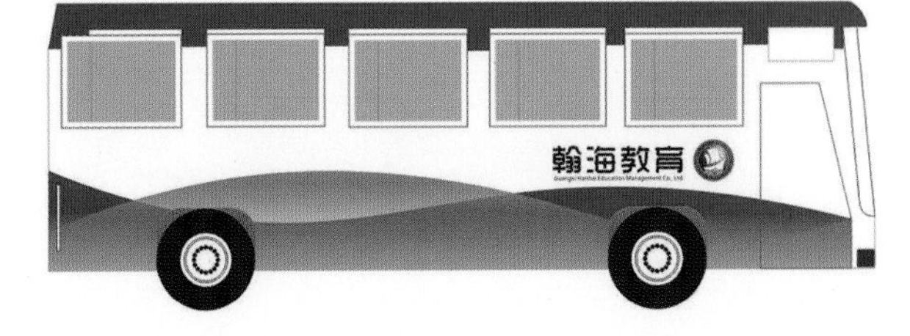

图 3.67 导入标志

(7)按住“Ctrl+S”组合键，弹出“保存绘图”对话框，将制作好的图像命名为“VI 交通工具使用规范”，保存为 CDR 格式，单击“保存”按钮，将图像保存。

练习题

VIS 应用要素设计——企业服装设计

要点提示：在 CorelDRAW 中，使用“贝塞尔工具”绘制服装造型，使用“形状工具”调整服装轮廓，使用“交互式填充工具”对衬衫进行渐变填充，效果如图 3.68 所示。

图 3.68 企业服装设计效果图

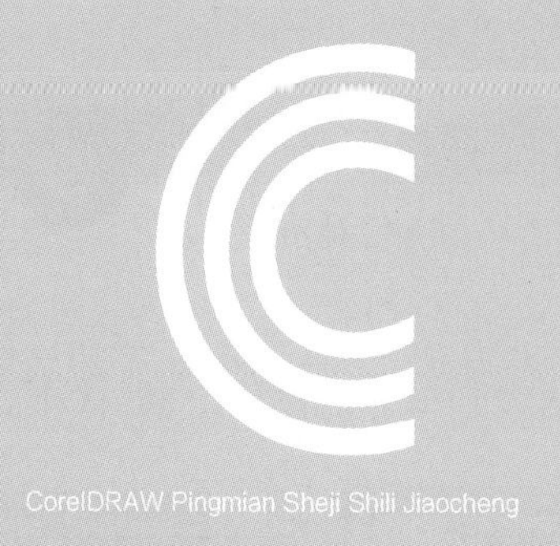

CorelDRAW Pingmian Sheji Shili Jiaocheng

项目四

包装设计

目标任务

主要学习在 CorelDRAW X4 中使用“辅助线”“矩形工具”“形状工具”制作包装展开图，使用“导入”命令调整素材，使用“结合”命令将所有的图形结合。

项目重点

项目重点是拖曳“辅助线”作为包装的结构线，使用“形状工具”选取需要的节点进行编辑，使用“钢笔工具”制作标志，使用“结合”命令将所有的图形结合。

任务一
设计理论要点

一、包装的定义

包装为包裹、包扎、安装、填放、装饰之意，即在流通中保护产品、方便运输、促进销售，按一定技术方法而采用的容器、材料及辅助物的总体名称。

包装设计是产品进入市场的一个重要环节，包装设计是包装的灵魂，是包装成功与否的决定因素。它包含了设计领域的平面构成、立体构成、文字构成、色彩构成及插图、摄影等知识，是一门综合性很强的设计专业学科。

二、包装的功能

1. 保护功能

包装最基本的功能是保护商品，使商品不受损坏。保护功能是指保护内容物，使其不受外来冲击，防止因光照、湿气等造成内容物的损伤或变质。

2. 销售性功能

由于消费市场的饱和与超市的兴起，人们购买商品的方式与商品的陈列方式发生了巨大的变化，商品包装的好与坏直接影响着商品的销售。因此，我们说包装是商品的 “无声的推销员”。

3. 便利性功能

好的包装应该方便生产、方便装填、方便储运、方便陈列和销售、方便开启、方便使用、方便处理并在仓储时能够牢固地存放。

三、包装的分类设计特征

1. 食品类包装

食品是消费市场的主要部分，是体现一个国家商业发展水平最可靠的证明。现代食品包装设计需要追求便利性、品质化与健康关怀的理念。

2. 酒类与饮料类包装

进行酒类与饮料类包装设计时，商品的特色必须能以适当的图形表现出来，且能为广大消费者接受和了解。

3. 医药类包装

医药类包装必须符合卫生部门的规定。

4. 化妆品包装

化妆品包装不只起到促销作用，还要兼顾消费者的视觉诉求，设计的出发点在于追求对消费者的吸引力。

5. 家庭用品与五金类包装

家庭用品的包装必须具有完整的内涵，起到向消费者传达信息的附加作用，如说明书、简介、产品结构等。

6. 电子产品类包装

计算机及周边设备等电子产品或家庭电子产品的包装设计均具有高科技的风格，在包装上可通过几何图案及大胆的基本色彩和渐变色彩的使用，提高产品的艺术品位。

7. 娱乐、运动器材与文教类包装

娱乐、运动器材与文教类包装不能只体现理论上的资料，如尺寸、颜色、制造者与价格，还必须与产品背后的经验、文化联系在一起，激发消费者的购买欲望。

8. 手提袋类包装

手提袋类包装应追求其功能的合理性，选择适合商品的重量、形态与特质的材料和构造，要求构造简单、容易提拿、成本低、图案新颖且具有促销及宣传功能。

任务二 案例流程图与制作步骤

一、案例流程图

饮料包装盒设计流程图如图 4.1 所示。

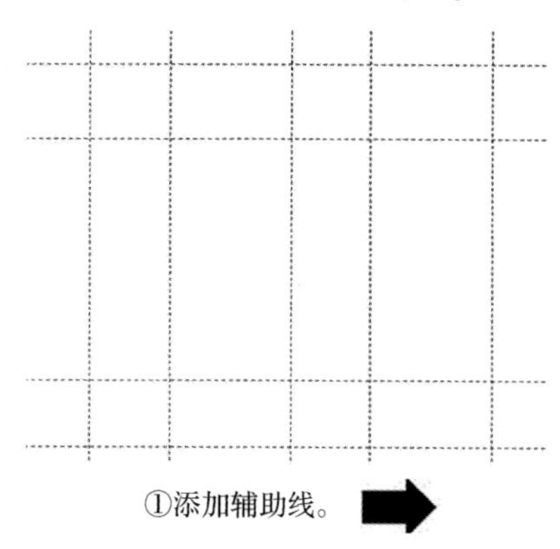

①添加辅助线。

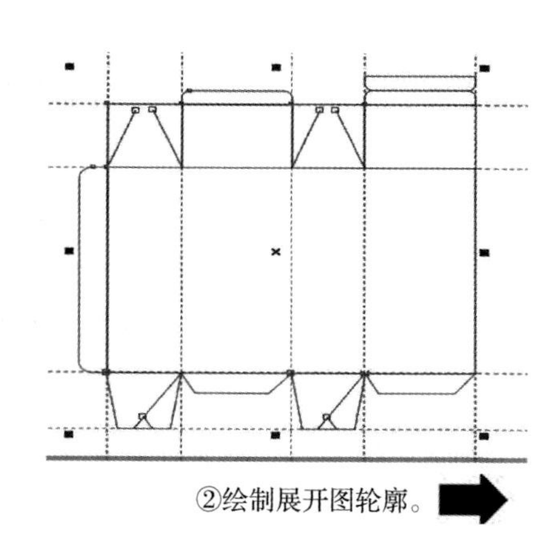

②绘制展开图轮廓。

图 4.1　饮料包装盒设计流程图

③制作标志并添加素材。

④添加说明文字。

⑤制作立体效果图。

续图 4.1

二、制作步骤

1.制作包装结构图

(1)打开 CorelDRAW X4 软件,按"Ctrl+N"组合键,新建一个页面,进入如图 4.2 所示界面;在属性栏的纸张宽度和高度栏中分别设置宽度为 420 mm、高度为 297 mm,按"Enter"键,页面尺寸显示为设置的大小,如图 4.3 所示。

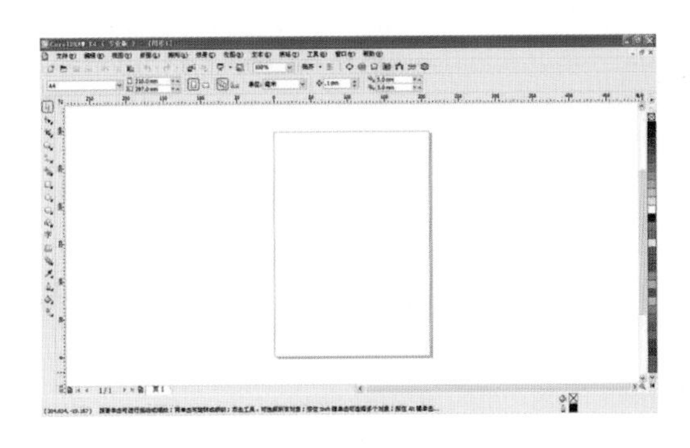

图 4.2 新建文件

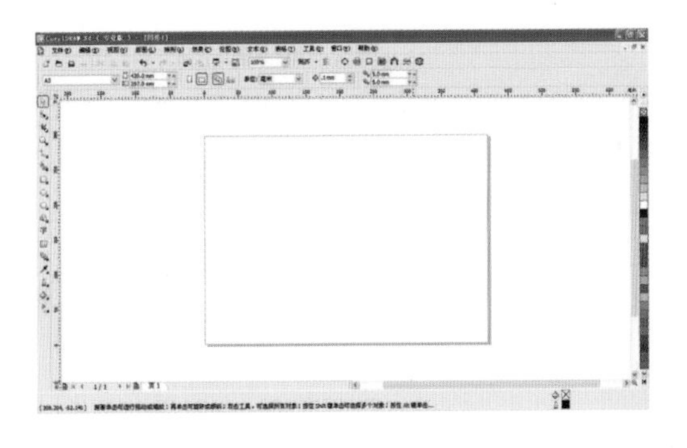

图 4.3 设置文件规格

(2)按"Ctrl+J"组合键,弹出"选项"对话框,选择"文档"中的"辅助线"→"水平"选项,设置数值为 250 mm,如图 4.4 所示,单击"添加"按钮,在页面中添加一条水平辅助线。再用相同方法分别添加数值为 205 mm、60 mm、40 mm 的水平辅助线,单击"确定"按钮,如图 4.5 所示。

(3)按"Ctrl+J"组合键,弹出"选项"对话框,选择"辅助线"→"垂直"选项,设置数值为 110 mm,如图 4.6 所示,单击"添加"按钮,在页面中添加一条垂直辅助线。再添加数值为 150 mm、210 mm、250 mm、310 mm 的垂直辅助线,单击"确定"按钮,效果如图 4.7 所示。先绘制盒身,选择"矩形工具",在页面绘制一个矩形,效果如图 4.8 所示。

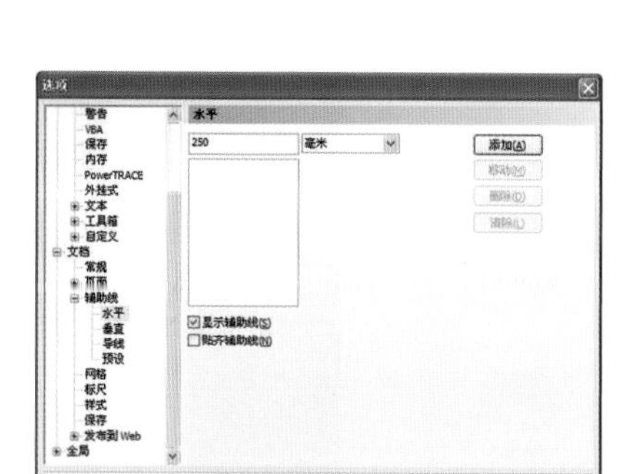

图 4.4 “选项”对话框

图 4.5 添加辅助线

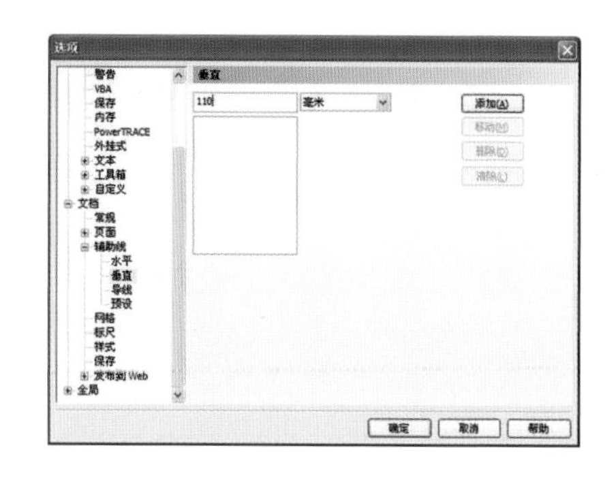

图 4.6 “选项”对话框

图 4.7 添加辅助线

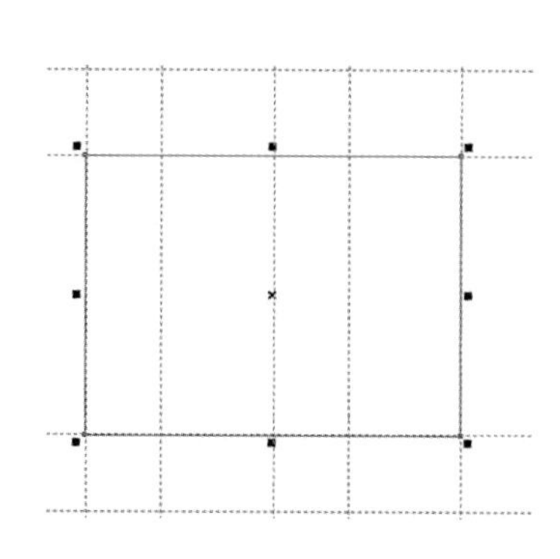

图 4.8 绘制盒身

(4)绘制顶盖部分,选择“矩形工具”,在盒身上方绘制一个矩形,如图 4.9 所示。用同样的方法再绘制 3 个矩形,如图 4.10 所示。

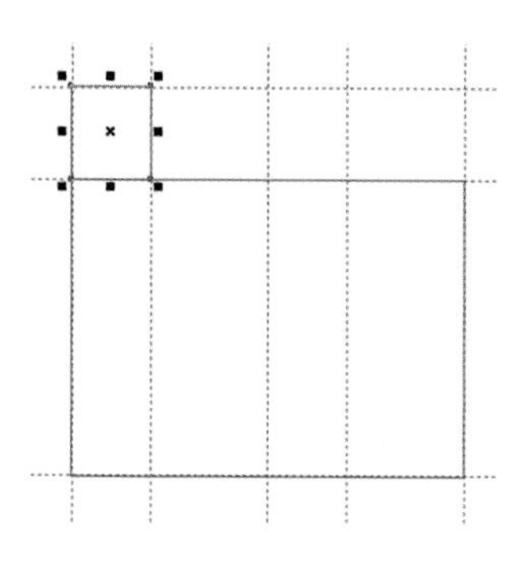

图 4.9 绘制矩形

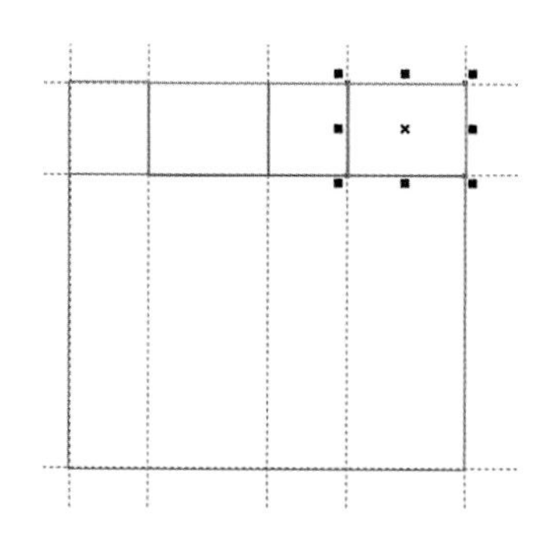

图 4.10 绘制矩形

(5)选择“矩形工具”,在其中一个顶盖上绘制一个矩形,并在属性栏中的边角圆滑度框中将左上矩形的边角圆滑度和右上矩形的边角圆滑度的数值均设为 100,如图 4.11 所示,按“Enter”键确认,圆角矩形如图 4.12 所示。

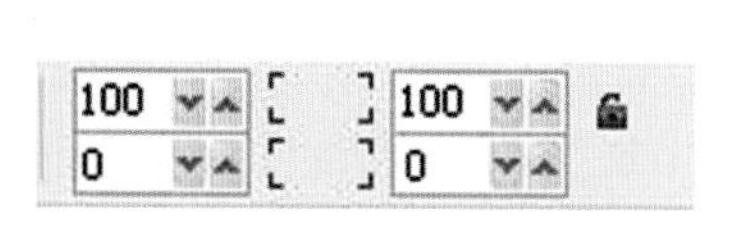

图 4.11 设置边角圆滑度

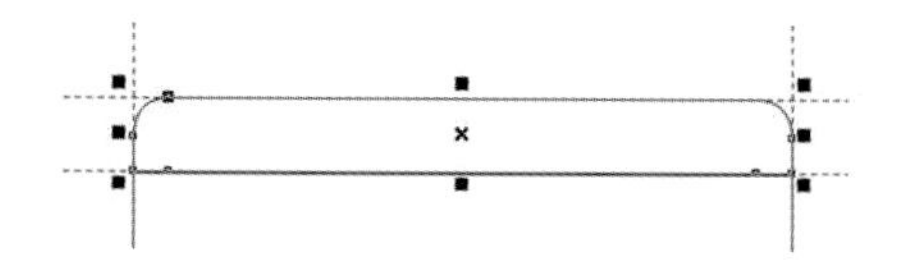

图 4.12 圆角矩形

(6) 选中绘制好的圆角矩形,按“Ctrl+C”和“Ctrl+V”组合键复制粘贴,水平移动 100 mm,如图 4.13 所示;再按“Ctrl+V”组合键,同样水平移动 100 mm,再垂直移动 10 mm,调整方向,如图 4.14 所示。

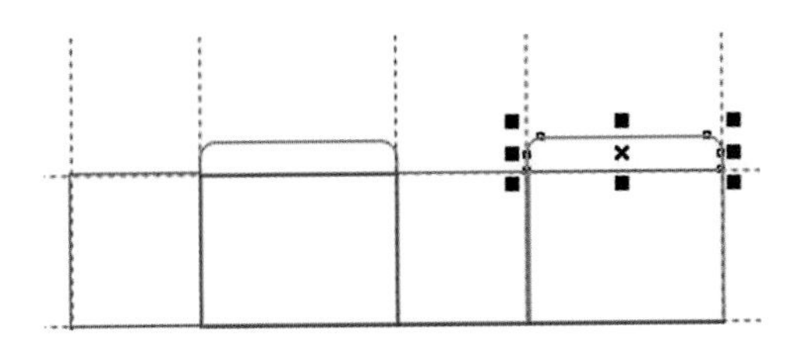

图 4.13　复制粘贴圆角矩形

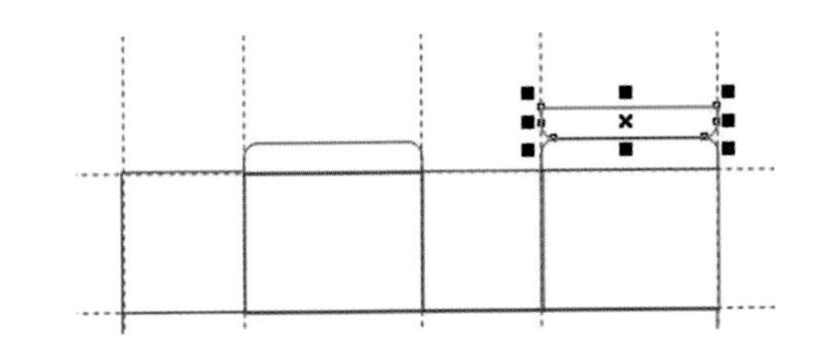

图 4.14　复制粘贴圆角矩形

(7)选择“矩形工具”，在页面中绘制一个矩形，并在属性栏中的边角圆滑度框中将左下矩形的边角圆滑度和右下矩形的边角圆滑度的数值均设为 100，按“Enter”键确认，粘贴处绘制完毕，如图 4.15 所示。

(8)选择“矩形工具”，在盒身底部适当位置绘制矩形，如图 4.16 所示。按“Ctrl＋Q”组合键，将图形转为曲线；选择“形状工具”，选取左边的节点，拖曳到适当的位置，用相同的方法选取右下角的节点，并拖曳到适当的位置，效果如图 4.17 所示。

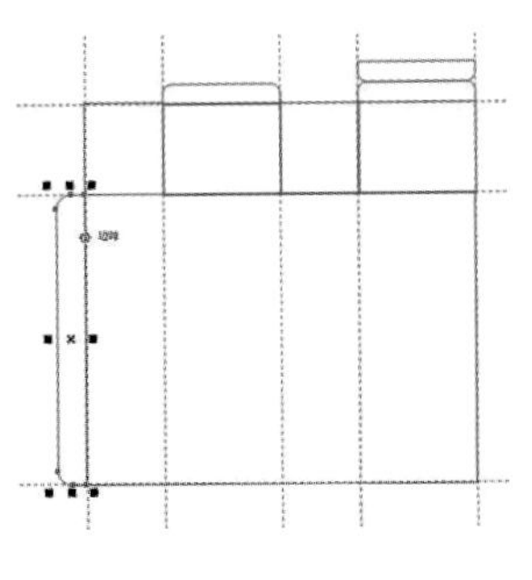

图 4.15　绘制圆角矩形

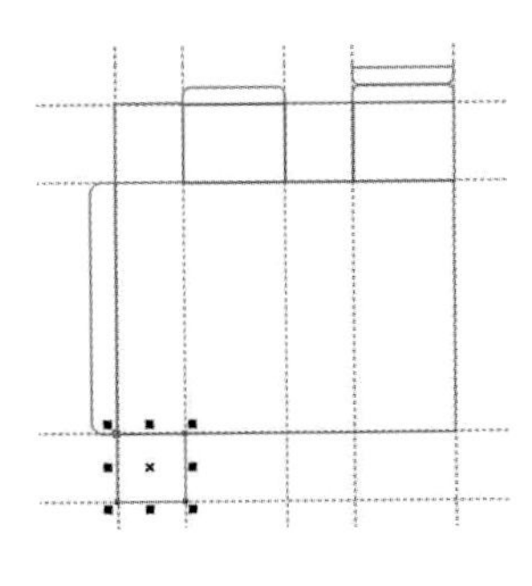

图 4.16　绘制矩形

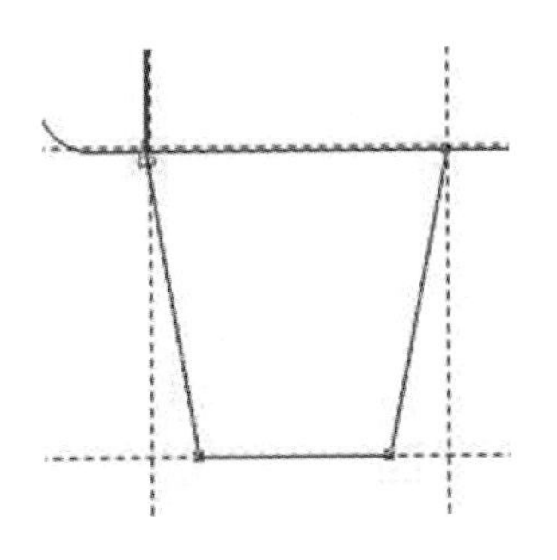

图 4.17　拖曳节点

(9) 选择“手绘工具”中的“钢笔工具”，作一条斜线，如图 4.18 所示；按住“Ctrl”键，右击鼠标结束斜线编辑。再在属性栏里钢笔工具的“轮廓样式选择器”中选择虚线，如图 4.19 所示；选择完毕，效果如图 4.20 所示。

(10)选择“手绘工具”中的“钢笔工具”，绘制一个三角形，如图 4.21 所示。

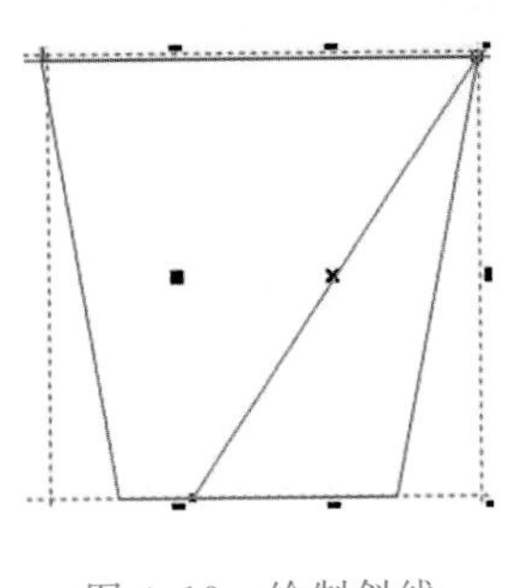

图 4.18　绘制斜线

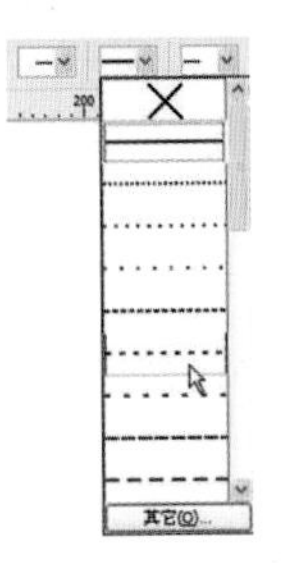

图 4.19　选择虚线

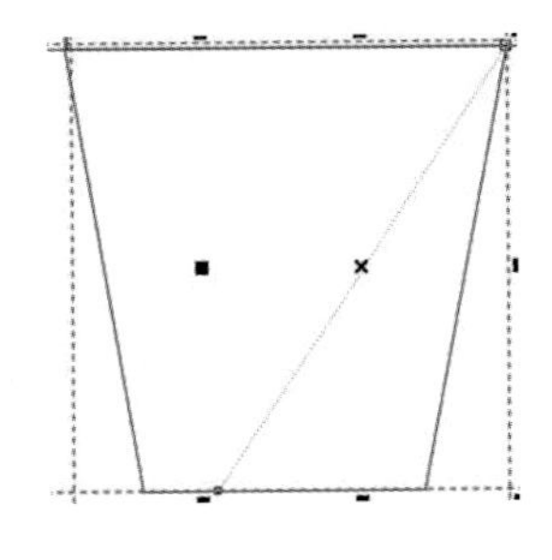

图 4.20　制作虚线

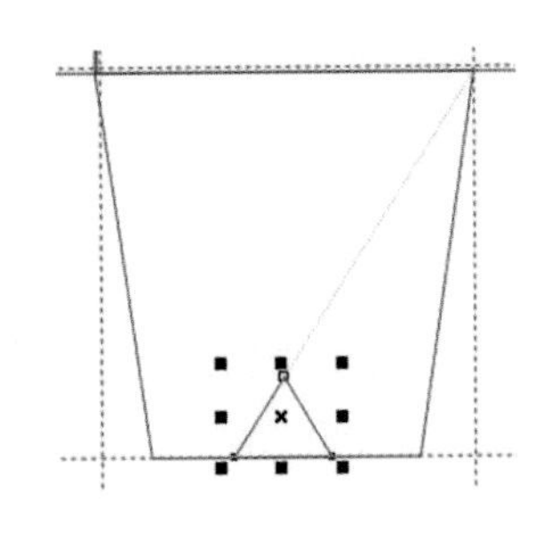

图 4.21　绘制三角形

(11)选择“矩形工具”，在页面中适当的位置绘制一个矩形，按“Ctrl＋Q”组合键，将图形转为曲线，选择“形状工具”，选取需要的节点，并拖曳到适当的位置，效果如图 4.22 所示。

(12) 选择“挑选工具”，按住鼠标左键不要放开，框选图形，如图 4.23 所示，按“Ctrl＋C”和“Ctrl＋V”组合键复制粘贴，再水平移动 100 mm，效果如图 4.24 所示。

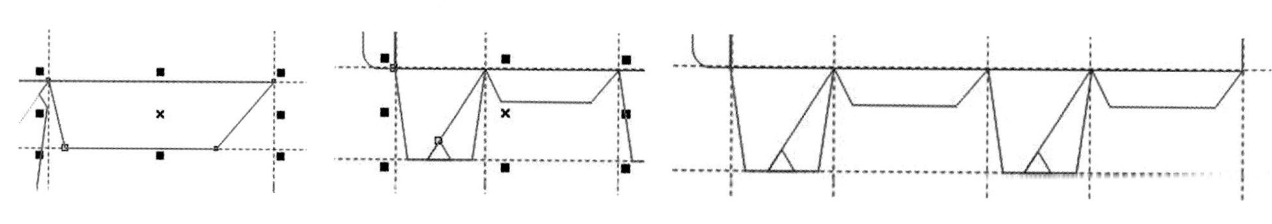

图 4.22　拖曳节点　　图 4.23　框选图形　　图 4.24　水平移动图形

(13) 选择“手绘工具”中的“钢笔工具”,在步骤(6)绘制的矩形中绘制 2 条斜线,如图 4.25 所示,按住“Ctrl”键,右击鼠标结束斜线编辑。再在“轮廓样式选择器”中选择虚线,效果如图 4.26 所示。

(14)用与步骤(13)相同的方法,绘制右边矩形的 2 条虚线,如图 4.27 所示。

提示:框选图形,按“Ctrl+C”和“Ctrl+V”组合键复制粘贴再水平移动 100 mm,也可得到同样的效果。

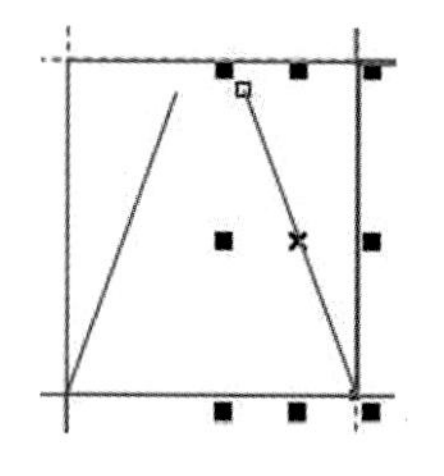

图 4.25　绘制斜线

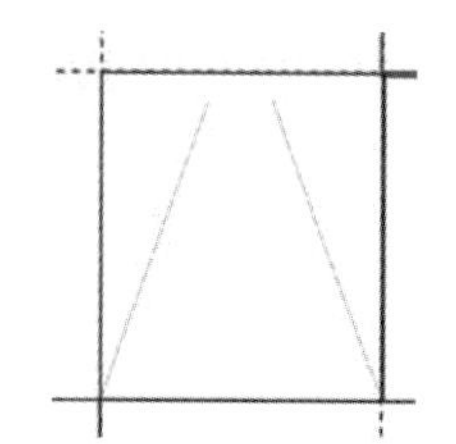

图 4.26　把斜线设置成虚线

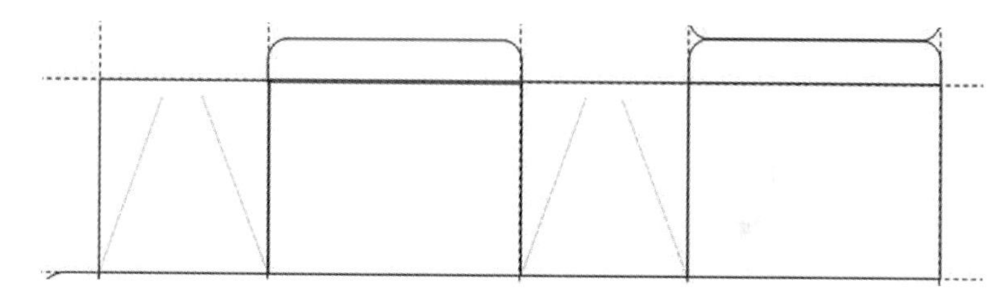

图 4.27　绘制斜线

(15)双击“挑选工具”,框选全部图形,如图 4.28 所示,双击工作界面右下角的“填充”,弹出“均匀填充”对话框,设置 CMYK 数值为 C0、M100、Y0、K24,如图 4.29 所示。设定好数值后单击“确定”按钮,效果如图 4.30 所示。

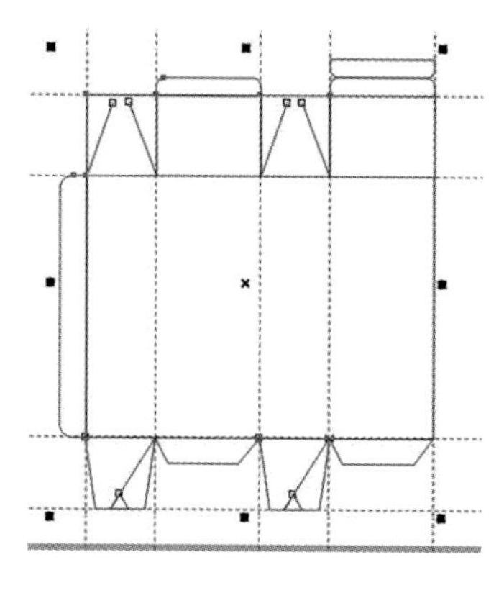

图 4.28　框选全部图形

图 4.29　设置 CMYK 数值

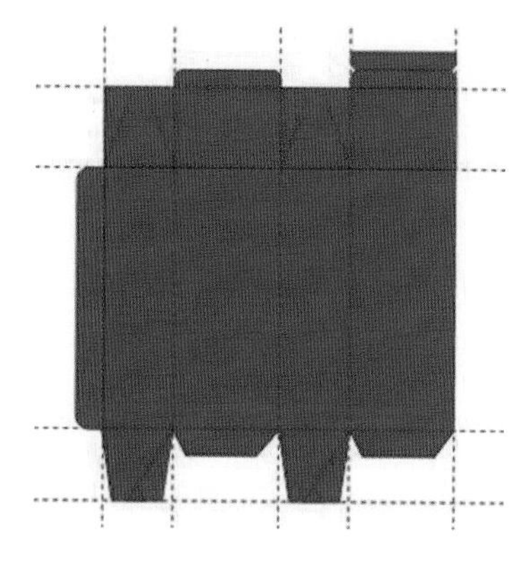

图 4.30　填充颜色

(16) 选择“椭圆形工具”,按住“Ctrl”键不要放开,同时按住鼠标左键也不要放开,绘制一个正圆形,如图 4.31 所示;双击工作界面右下角“填充”,弹出“均匀填充”对话框,设置 CMYK 数值为 C0、M0、Y0、K0,如图 4.32 所示,单击“确定”按钮,效果如图 4.33 所示。

(17)选择“手绘工具”中的“钢笔工具”,绘制如图 4.34 所示的线条。使用界面右边的调色板,选中白色,单击鼠标左键,将其填充为白色,CMYK 数值为 C0、M0、Y0、K0,如图 4.35 所示。

(18) 选择右下角的“轮廓颜色”黑发丝,双击弹出“轮廓笔”对话框,如图 4.36 所示,在“宽度”处选择“无”,如图 4.37 所示,单击“确定”按钮便可去除轮廓线,效果如图 4.38 所示。

图 4.31　绘制圆孔

图 4.32　设置 CMYK 数值

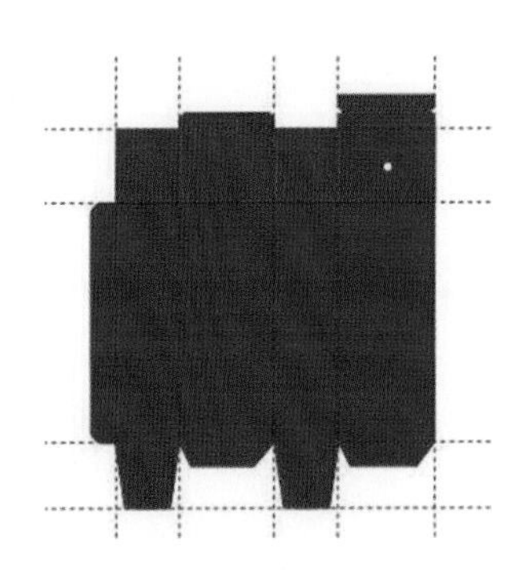

图 4.33　填充颜色

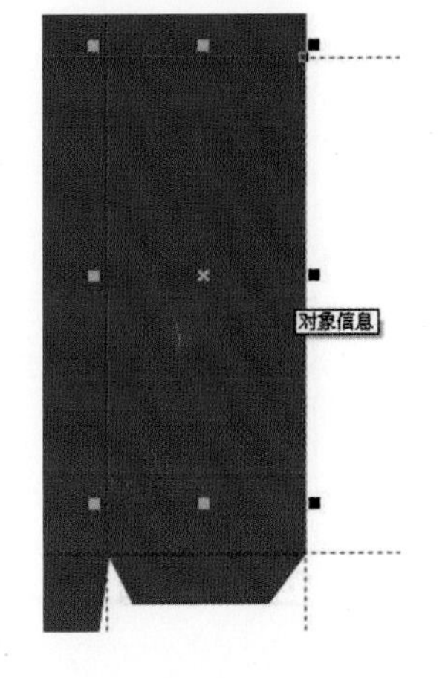

图 4.34　绘制图形线条

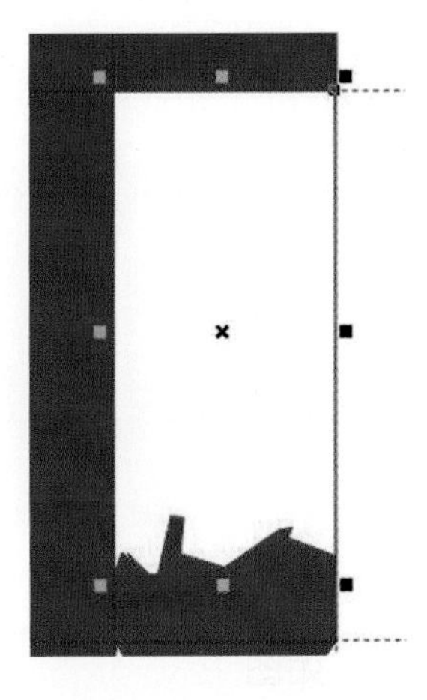

图 4.35　填充颜色

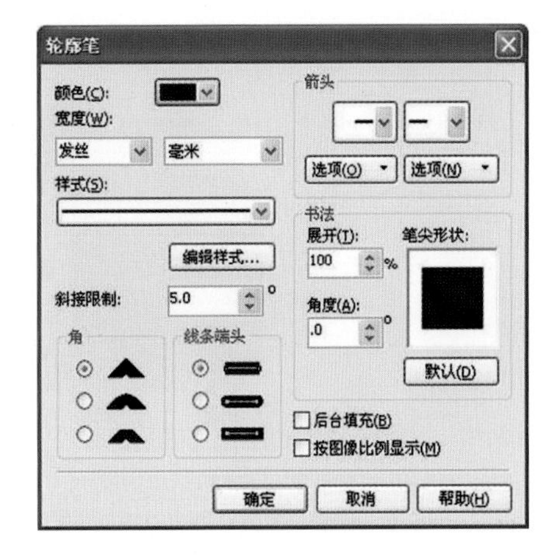

图 4.36　“轮廓笔”对话框

(19)选择“形状工具”，单击图形，按“Ctrl＋Q”组合键将图形转化为曲线。选中其中一个点，单击属性栏中的“转换直线为曲线”按钮，将直线转换为曲线，再单击“平滑节点”按钮，使节点平滑，效果如图 4.39 所示。

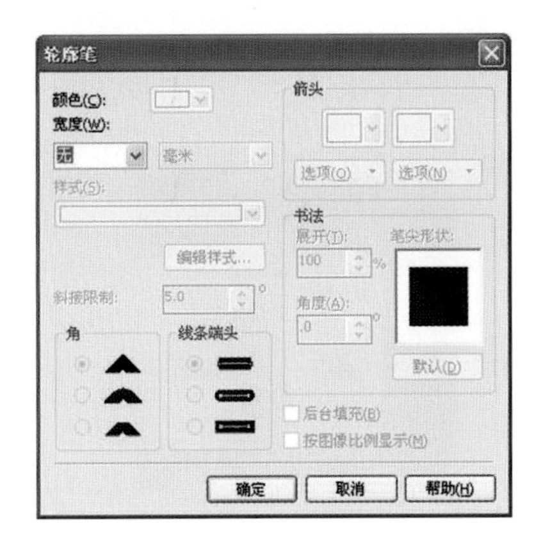

图 4.37　设置轮廓线

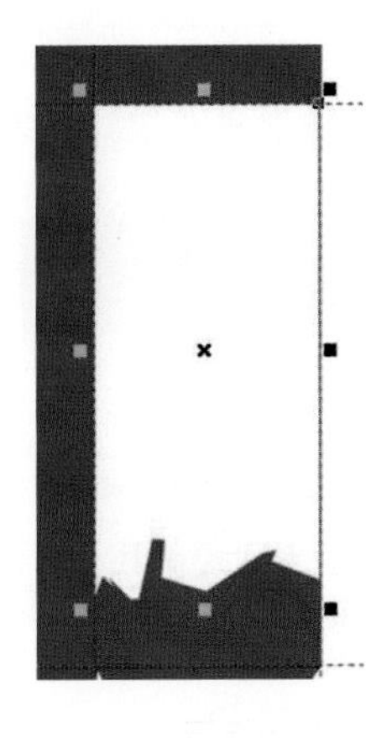

图 4.38　去除轮廓线

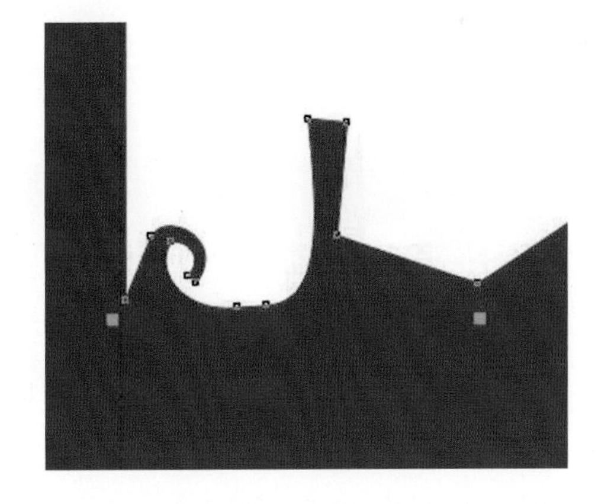

图 4.39　转换为曲线

(20)按照步骤(19)的方法调整其他节点，最后得到的效果如图 4.40 所示。

(21)选择“钢笔工具”绘制其他线条，得到最后效果，如图 4.41 所示。

(22)选择“文件”栏中的“导入”或按“Ctrl＋I”组合键导入一张适当的图片，放入画面中的适当位置，如图 4.42 所示。框选图案进行群组，如图 4.43 所示。

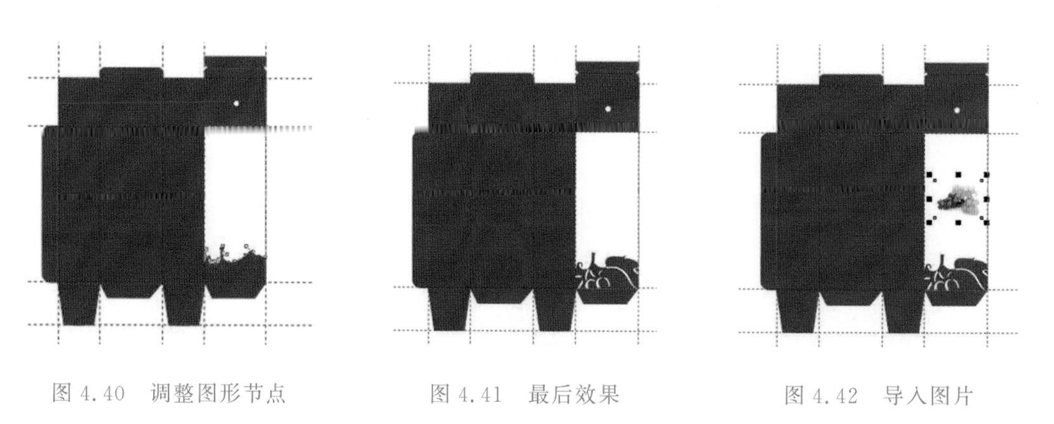

图 4.40　调整图形节点　　图 4.41　最后效果　　图 4.42　导入图片

(23)框选步骤(22)群组的图案,按“Ctrl+C”和“Ctrl+V”组合键,水平移入左边,如图 4.44 所示。

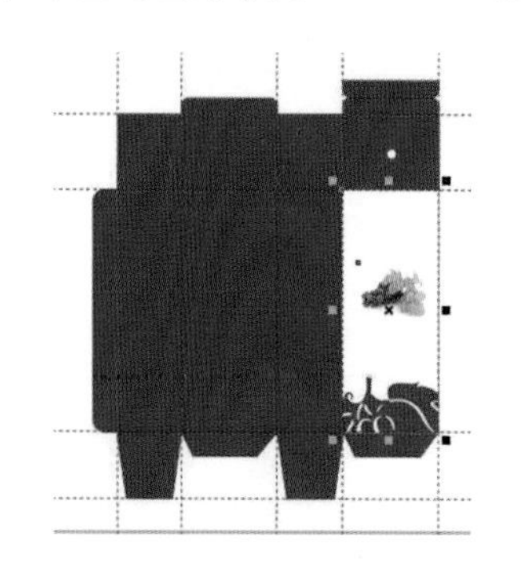

图 4.43　群组图案

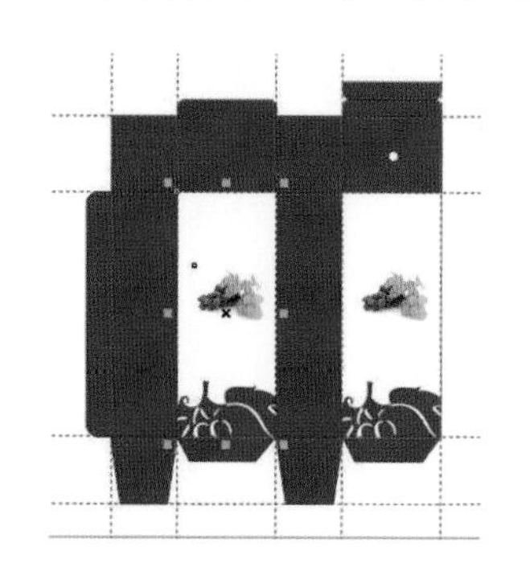

图 4.44　水平移动图案

2. 制作标志

(1)选择“文本工具”,在页面中单击鼠标左键,在画面中插入光标,输入文字“源香果汁”,如图 4.45 所示。

(2)选择“挑选工具”,在属性栏的字体选项中拉出列表,选择字体为“方正粗宋简体”,字体大小设置为 37 号,拖曳文字到画面中适当的位置,效果如图 4.46 所示。

(3)选择“形状工具”,调整文字间的节点到适当的位置,效果如图 4.47 所示。

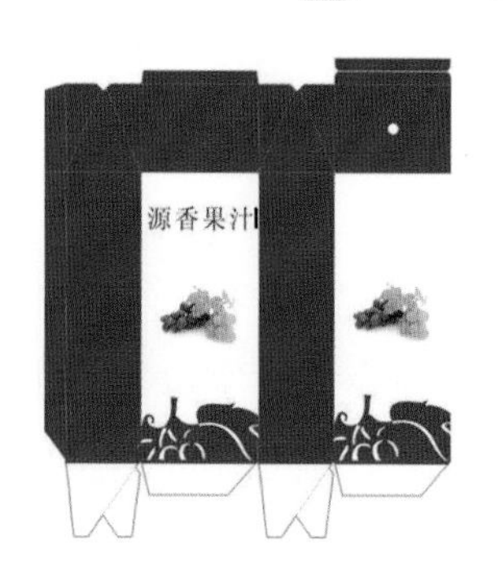

图 4.45　插入文字

图 4.46　拖曳文字到画面适当位置

图 4.47　调整文字节点

(4)调整好字体间距后便可以调整字体了,选择“钢笔工具”,在“汁”字横向笔画上画出相应的线框,效果如图 4.48 所示。

(5)选择“挑选工具”,选中画出的图形,按住“Shift”键,同时按鼠标左键单击“源香果汁”,最后在属性栏单击“简化”,如图 4.49 所示,简化后得到的效果如图 4.50 所示。

(6)选择“挑选工具”，单击字体中的线框后按“Delete”键删除，效果如图 4.51 所示。用相同的方法去除文字“源”和“汁”的部分笔画，效果如图 4.52 所示。

图 4.48 调整字体

图 4.49 简化字体

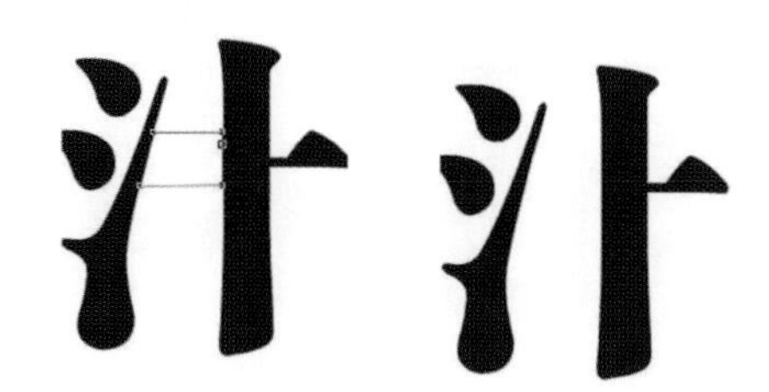

图 4.50 简化后字体 图 4.51 删除线框

(7)选择“钢笔工具”，在页面字体的适当位置勾画出图形，调整大小，效果如图 4.53 所示。选择“挑选工具”，单击画出的图形，按“Ctrl＋C”和“Ctrl＋V”组合键，调整到文字的适当位置，效果如图 4.54 所示。

图 4.52 调整后的字体

图 4.53 勾画图形

图 4.54 复制勾画出的图形

(8)选择“挑选工具”，单击步骤(7)中勾画的第一个图形，选择颜色填充工具中的“渐变填充”，弹出“渐变填充”对话框，在“类型”选项中选择“射线”，“中心位移”栏中的“水平”和“垂直”选项数值分别设为－14％和 50％，“选项”栏中“边界”数值设为 21％，点选“颜色调和”栏中的“双色”单选框，“从”选项 CMYK 颜色值设置为 C0、M100、Y100、K0，“到”选项 CMYK 颜色值设置为 C0、M60、Y100、K0，“中点”选项数值设置为 50，如图 4.55 所示；单击“确定”按钮，图形被填充，效果如图 4.56 所示。

(9)选择“挑选工具”，单击第二个图形，再选择颜色填充工具，单击其中的“均匀填充”，CMYK 颜色值设置为 C0、M60、Y100、K0，效果如图 4.57 所示。

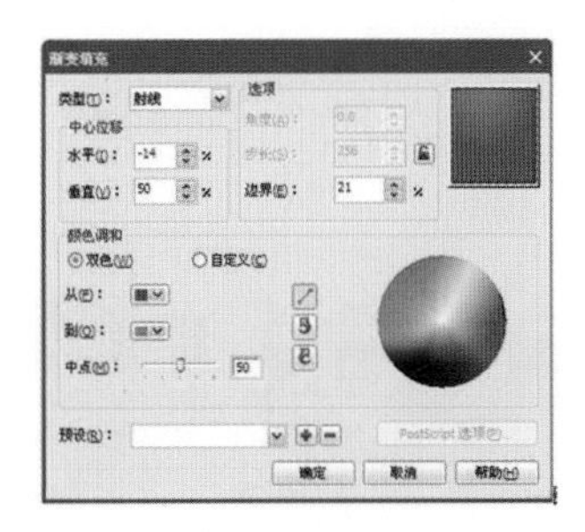

图 4.55 “渐变填充”对话框

图 4.56 渐变填充

图 4.57 均匀填充

(10)选择“挑选工具”，选中已填充颜色的两个图形，按 “Ctrl＋C”和“Ctrl＋V”组合键，水平移动到“汁”字上，效果如图 4.58 所示。

(11)选择“挑选工具”，框选所有文字和四个图形，按“Ctrl＋G”进行群组；再选择“钢笔工具”，在页面中沿着文字勾画出图形，并用“形状工具”选择节点适当调整，效果如图 4.59 所示。

图 4.58　复制粘贴图形

图 4.59　文字勾边

(12)选择“挑选工具”，选中图形，再选择颜色填充工具，单击“均匀填充”，CMYK 颜色值设置为 C50、M0、Y100、K0；选择“挑选工具”，选中步骤(11)中群组的文字和图形，单击鼠标右键，选择“顺序”中的“到图层前面”，效果如图 4.60 所示。

提示：单击鼠标右键，选择“顺序”中的“到图层前面”，这一步骤也可通过按“Shift＋Page Up”组合键完成；如需“到图层后面”，则可按“Shift＋Page Down”组合键。

(13)选择“挑选工具”，选中“源香果汁”，在工作界面右边 CMYK 调色板顶端的“无填充”上单击鼠标左键，再按住“Shift”键单击选中图形，单击“轮廓笔”工具，弹出“轮廓笔”对话框，“颜色”设置为白色，“宽度”设置为 0.75 mm，“斜接限制”设置为 5.0，“书法”栏中“展开”设置为 100％，如图 4.61 所示。单击“确定”按钮，图形被填充，效果如图 4.62 所示。

图 4.60　填充文字背景色

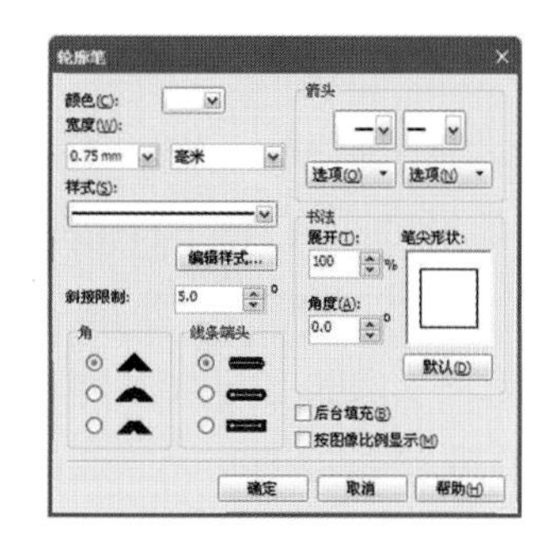

图 4.61　设置轮廓

(14)选择“文本工具”，在页面中单击鼠标左键插入光标，输入“果”字，选择“挑选工具”，在属性栏中的“字体列表”选项中拉出列表，选择字体为“方正粗宋简体”，字体大小设置为 37，拖曳文字到步骤(13)中“果”字的前面并覆盖，CMYK 颜色值设置为 C0、M0、Y0、K0，“轮廓笔”的设置与步骤(13)相同，效果如图 4.63 所示。

图 4.62　填充图形

图 4.63　覆盖字体

(15)选择“矩形工具”▭，在页面中“源香果汁”下方的适当位置绘制一个长方形，数值设置如图 4.64 所示。效果如图 4.65 所示。

图 4.64　设置数值　　　　图 4.65　添加图形

(16)选择“挑选工具”↖，选中长方形，再选择颜色填充工具◈，单击“均匀填充”，CMYK 颜色值设置为 C50、M0、Y100、K0，设置完毕后在界面右边调色板顶端的“无填充”☒上单击鼠标右键，去掉轮廓线。效果如图 4.66 所示。

(17)选择“矩形工具”▭，在页面中画出长方形，属性栏中对象大小的数值设置为 35 mm / 29 mm；再把属性栏中的旋转角度 设置为 0°，并解除关联，将左上矩形的边角圆滑度和右下矩形的边角圆滑度分别设置为 80，如图 4.67 所示。设定数值完毕，效果如图 4.68 所示。

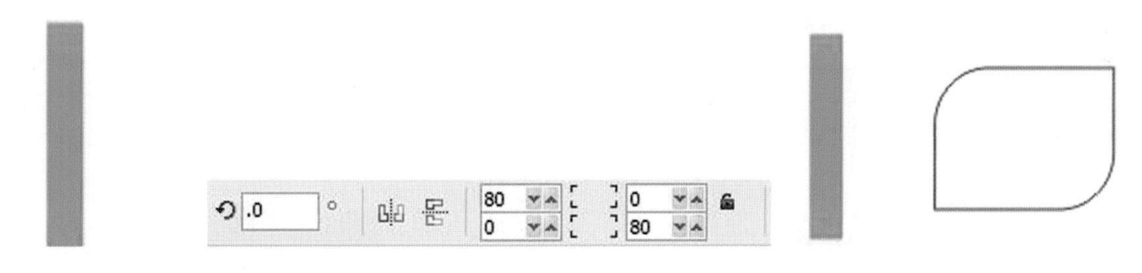

图 4.66　填充颜色并去掉轮廓线　　图 4.67　设置矩形参数　　图 4.68　设定数值完毕

(18)选择“挑选工具”↖，选中步骤(17)中完成的矩形，按“Ctrl＋C”和“Ctrl＋V”组合键复制并粘贴，再按住“Shift”键，同时按住鼠标左键拖曳复制的图形，使其等比例缩小，拖曳出合适大小后放开鼠标，效果如图 4.69 所示。

(19)选择“挑选工具”↖，选中两个矩形，在属性栏单击“移除后面对象”，如图 4.70 所示。再选择颜色填充工具◈中的“均匀填充”，CMYK 颜色值设置为 C0、M60、Y100、K0，并在“无填充”☒上单击鼠标右键，去除轮廓线，效果如图 4.71 所示。按“Ctrl＋C”和“Ctrl＋V”组合键复制并粘贴，水平移动至适当位置，选择颜色填充工具◈中的“渐变填充”，弹出“渐变填充”对话框，在“类型”选项中选择“射线”，“中心位移”栏中的“水平”和“垂直”选项数值分别设为－14％和 50％，“选项”栏中“边界”数值设为 21％，点选“颜色调和”栏中的“双色”单选框，“从”选项 CMYK 颜色值设置为 C0、M100、Y100、K0，“到”选项 CMYK 颜色值设置为 C0、M60、Y100、K0，“中点”选项数值设置为 50，效果如图 4.72 所示。

(20)选择“文本工具”字，在页面中单击鼠标左键插入光标，输入“％”，选择“挑选工具”↖，在属性栏中的“字体列表”选项中拉出列表，选择字体为“方正超粗黑简体”，字体大小设置为 21.5，双击文字，拖曳文字到画面中适当的位置，效果如图 4.73 所示。

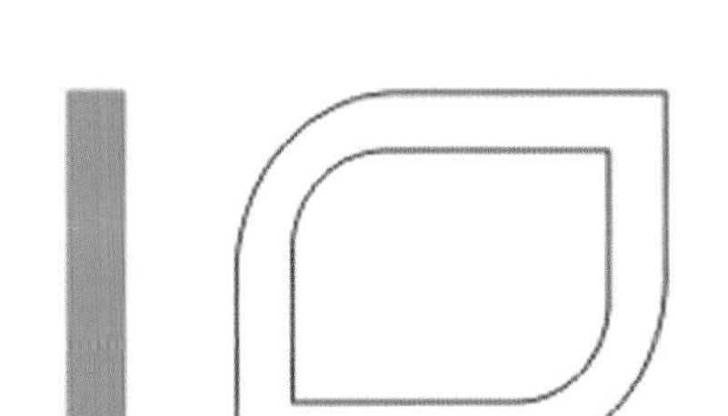

图 4.69　拖曳图形等比例缩小

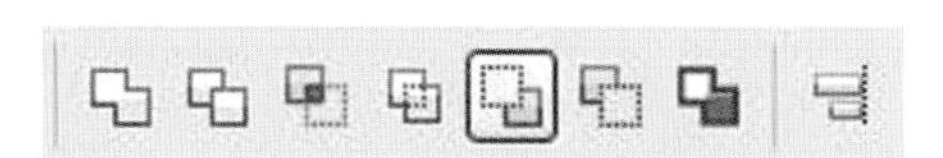

图 4.70　“移除后面对象”

图 4.71　均匀填充颜色

(21)选择“文本工具”字,在页面中单击鼠标左键插入光标,输入文字“纯果汁”，选择“挑选工具”,在属性栏中的“字体列表”选项中拉出列表,选择字体为“时尚中黑简体”,字体大小设置为 19 号,选择“形状工具”,文字下方会出现控制点,按住鼠标左键适当调整文字间距,如图 4.74 所示。

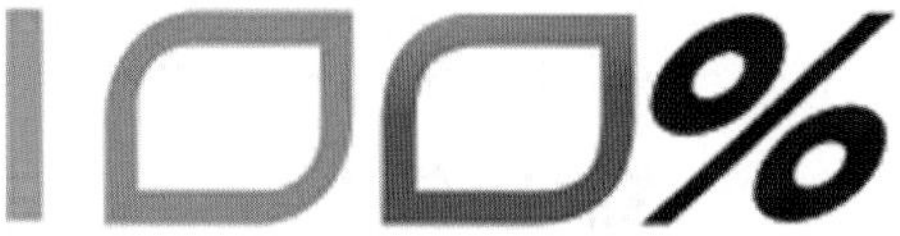

图 4.72　渐变填充

图 4.73　输入百分号

图 4.74　添加文字并调整文字间距

(22)选择“挑选工具”,选中文字“纯果汁”,按“Ctrl＋Q”组合键,把文字变换成曲线,最后效果如图 4.75 所示。

(23)选择“挑选工具”,框选标志并单击属性栏中的群组工具或者按“Ctrl＋G”群组，按“Ctrl＋C”和“Ctrl＋V”组合键,将复制的标志水平移动到右边的适当位置,效果如图 4.76 所示。

图 4.75　最后效果

图 4.76　群组并水平移动标志

3. 添加文字信息

(1)选择“矩形工具”,在页面中绘制一个长方形,将属性栏中的旋转角度设置为 0°,并解除关联,将左上矩形的边角圆滑度和右下矩形的边角圆滑度分别设置为 20,如图 4.77 所示。设定数值完毕,效果如图 4.78 所示。

(2)选择“挑选工具”,单击该矩形,在属性栏中的“选择轮廓宽度或键入新宽度”中选择 1.5 mm,同时摆放到画面相应的位置上。单击工作界面右边的 CMYK 调色板为该矩形填充颜色,选择白色并单击鼠标右键填充,如图 4.79 所示。

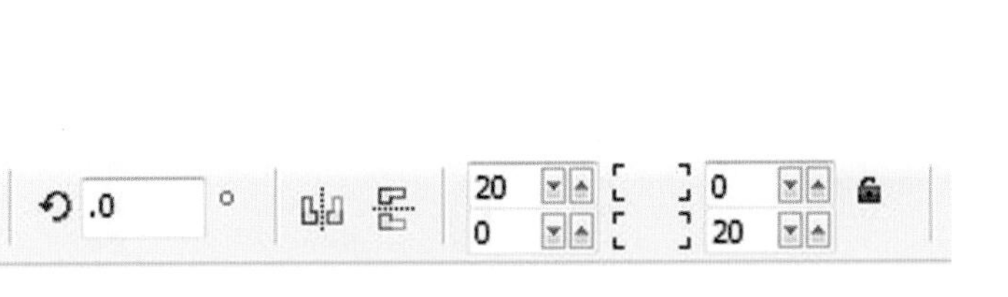

图 4.77　设置矩形参数

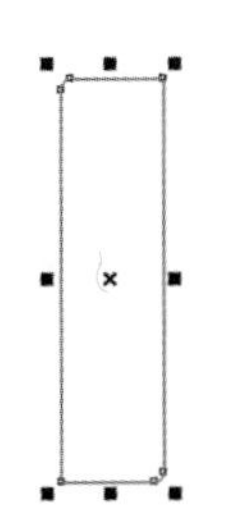

图 4.78　设置完成

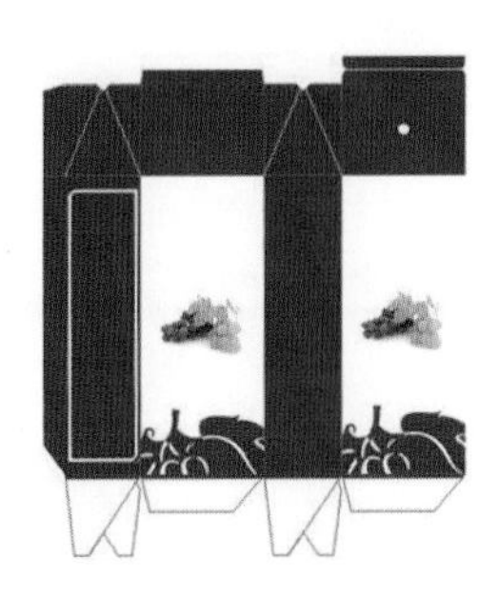

图 4.79　填充颜色

(3)选择“文本工具”，在矩形上方输入文字“品名:葡萄汁饮品”，字体为“幼圆”，颜色为白色，字号为 10 号。再输入英文品名“Grapes Juice”，字号为 8 号，颜色为白色，字体为“Alexandria”，如图 4.80 所示。

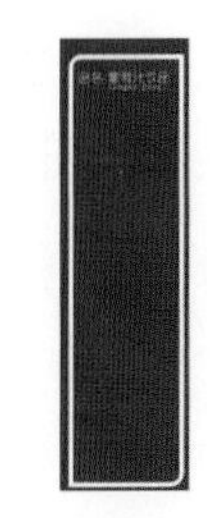

图 4.80　输入文字

(4)选择“挑选工具”，选中“品名:葡萄汁饮品”，选择“形状工具”，文字的下方出现控制点，把文字调整至合适的间距，如图 4.81 所示。

(5)英文品名“Grapes Juice”调节方法与步骤(4)相同。调节完毕之后，选择“挑选工具”，双击该文字，英文字体周边会出现控制点，按住字体下方的控制点，拖曳使其倾斜，如图 4.82 所示。

(6)输入如图 4.83 所示的文字，字体设置为“微软雅黑”，字号为 7 号，颜色为白色；输入文字完毕，设定好字体大小及颜色后，使用辅助线将文字排列整齐，如图 4.84 所示。

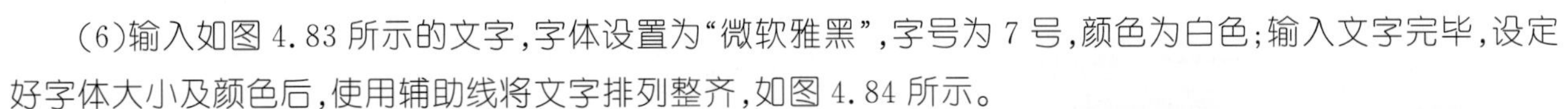

图 4.81　调节文字

图 4.82　调节英文字体

图 4.83　输入产品信息

图 4.84　使用辅助线编排文字

(7)在矩形下方置入条形码，选择“挑选工具”，单击菜单栏中的“编辑”，在展开的菜单里选择“插入条形码” 插入条形码(B)…，在弹出的对话框中选择相应的条形码格式，如图 4.85 所示。再输入相应的数字，单击“下一步”，导入条形码完毕，如图 4.86 所示。

提示：为使插入的条形码符合中国市场需求，在进入超市出售时能被读取，故选择“EAN-13”。

(8)选择“矩形工具”，在条形码上制作一个矩形，填充为白色，如图 4.87 所示。对准矩形单击鼠标右键，选择菜单中的“顺序”→“到页面后面”或按“Ctrl+End”组合键，如图 4.88 所示。

图 4.85　插入条形码

图 4.86　插入完毕

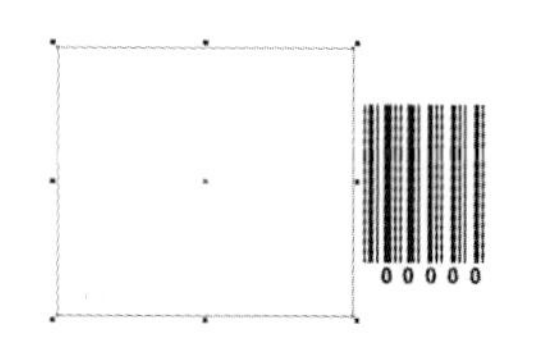

图 4.87　绘制矩形、填充颜色

图 4.88　矩形到页面后面

(9)选择“挑选工具”，点选条形码，单击菜单栏中的“效果”，在展开的菜单中选择“图框精确剪裁”→“放置在容器中” 图框精确剪裁(W) 放置在容器中(P)…。当➡出现时对准矩形框内空白处单击鼠标左键，如图 4.89 所示；单击鼠标左键后，剪裁完毕，效果如图 4.90 所示。

(10)选择“挑选工具”，对准剪裁后的条形码单击鼠标右键，选择菜单里的“编辑内容”，条形码会出现在矩形框的前面，如图 4.91 所示；把条形码较大的一端放入矩形框内，如图 4.92 所示；对准条形码单击鼠标右键，选择“结束编辑”，如图 4.93 所示。

图 4.89　图框精确剪裁

图 4.90　剪裁完毕

图 4.91　编辑内容

(11)选择“挑选工具”，框选条形码，在工作界面右边 CMYK 调色板上方的“无填充”上单击鼠标右键，去掉轮廓线，如图 4.94 所示。

图 4.92　将条形码较大的一端放入矩形框内

图 4.93　结束编辑

图 4.94　去掉轮廓线

(12)条形码制作完成后，使用“挑选工具”，把该条形码放入画面的适当位置，单击鼠标右键，选择“顺序”→“到页面前面”。把鼠标滑到条形码右上角的控制点上，同时按住“Shift”键，等比例缩小，对齐步骤(6)中设置的辅助线，如图 4.95 所示。

(13)选择“挑选工具”，在菜单栏中选择“文件”菜单，展开后单击“导入”，或按“Ctrl+I”组合键，导入图片质量安全检测标志、可循环利用标志、保护环境标志，摆放在画面中适当的位置并对齐辅助线，效果如图 4.96 所示。

(14)选择“挑选工具”，框选全部字体，单击鼠标右键，在展开的菜单中选择“转换为曲线”，或按“Ctrl+Q”组合键，如图 4.97 所示。转换为曲线后，框选全部字体，单击鼠标右键，在展开的菜单中选择“群组”或单击属性栏中的群组工具，信息文字编辑完毕。

(15)产品信息编辑完毕后，便可制作包装正面的字体。正面效果如图 4.98 所示。

图 4.95 添加条形码

图 4.96 导入图片完毕

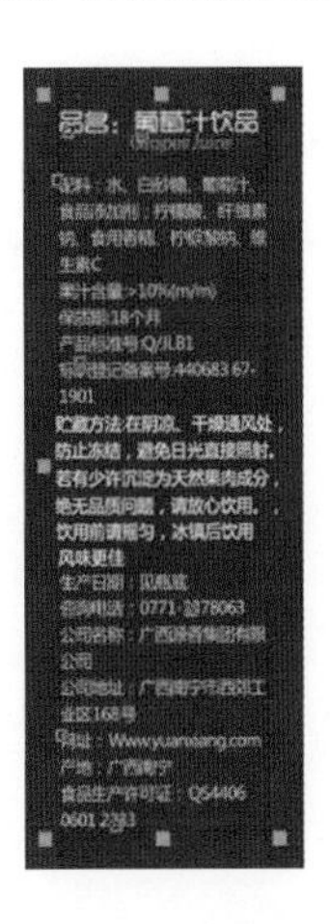

图 4.97 将文字转换为曲线

图 4.98 正面效果

(16)在页面适当的位置输入文字“葡萄汁”，字体设为“时尚中黑简体”，字号为 36 号，单击工具栏中的“填充”工具，选择“均匀填充”，在 CMYK 调色板中设置颜色值为 C0、M100、Y0、K25，如图 4.99 所示。

(17)选择“形状工具”，文字下方会出现控制点，按住鼠标左键适当调整文字间距，如图 4.100 所示。

(18)输入文字“Grapes Juice”，CMYK 颜色值设为 C0、M100、Y0、K25，字号为 36 号，字体为“Alexandria”，单词首字母大写，并且字号设定比其他字母大 10 号，如图 4.101 所示。选择“形状工具”，调整文字间距，方法与步骤(17)相同，效果如图 4.102 所示。

图 4.99 填充颜色

图 4.100 调整文字间距 图 4.101 输入英文

(19)单击“挑选工具”，双击该字体，字体周围会出现控制点，按住字体下方的控制点，拖曳使其倾斜，如图 4.103 所示。

(20)输入文字“100% Pure Fruit Juice”，CMYK 颜色值设为 C0、M100、Y0、K25，字号为 36 号，字体为“Alexandria”，单词首字母大写，并且字号设定比其他字母大 10 号，如图 4.104 所示。

图 4.102 调整字母间距 图 4.103 拖曳控制点使字体倾斜 图 4.104 输入文字

(21)选择“形状工具”，双击该字体，字体周围会出现控制点，按住字体下方的控制点，调节至合适的间距，如图 4.105 所示；选择“挑选工具”，双击该字体，字体周围出现控制点后，按住字体下方的控制点，拖曳使其倾斜,如图 4.106 所示。

图 4.105　调节文字间距 　　　　图 4.106　调节文字倾斜度

(22)分别输入文字“净含量:”和“1L”,文字“净含量:”字号为 36 号、字体为黑体,“1L”字号为 36 号、字体为“Alexandria”,字母“L”大写,CMYK 颜色值设为 C0、M100、Y0 、K25,如图 4.107 所示。

(23)选择文字“净含量:”,选择“形状工具”,适当调节字体的间距,如图 4.108 所示。选择“挑选工具”,框选“1L”,双击该字体,字体周围出现控制点后,按住字体下方的控制点,拖曳使其倾斜,如图 4.109 所示。

图 4.107　输入容量值 　　　　图 4.108　调整间距 　　图 4.109　拖曳文字使其倾斜

(24)正面文字输入完毕,选择“挑选工具”,框选所有文字,单击菜单栏中的“排列”,在展开的菜单里选择“对齐和分布”中的“垂直居中对齐”,如图 4.110 所示。使用辅助线协助文字整齐排列,效果如图 4.111 所示。

(25)单击“选择工具”,框选文字,按“Ctrl+Q”组合键,将文字转换为曲线。按“Ctrl+G”群组,字体设计完毕,效果如图 4.112 所示。

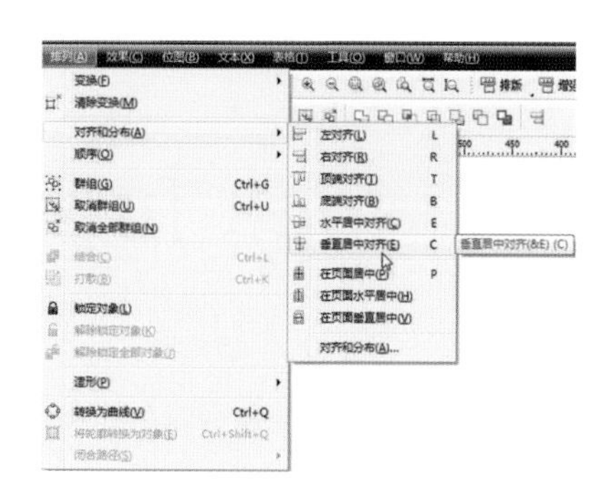

图 4.110　垂直居中对齐

图 4.111　垂直居中排列文字

图 4.112　群组文字

(26)选择“挑选工具”,框选该群组文字,按“+”键,复制一组新的文字,按住“Ctrl”键水平向右移动,如图 4.113 所示。包装展开图制作完毕,效果如图 4.114 所示。

图 4.113　水平移动文字

4. 制作包装的立体效果图

(1)添加一个新的页面,选择“矩形工具”,在页面中绘制一个矩形,效果如图 4.115 所示。

图 4.114 文字信息排列完毕

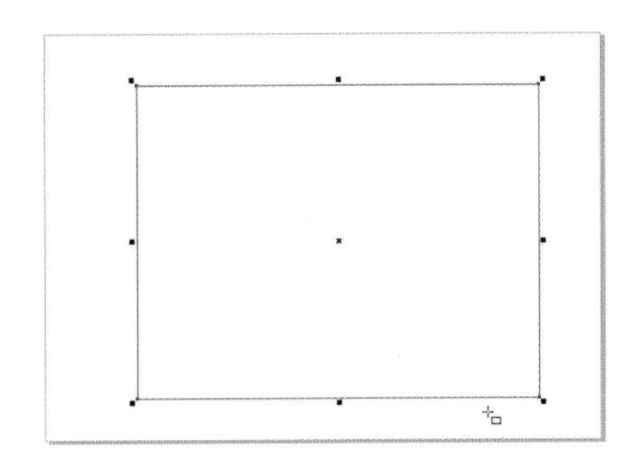

图 4.115 在新页面中绘制矩形

(2)选择“填充”工具,单击“渐变填充”,在“类型”选项中选择“线性”,在“颜色调和”选项中选择“自定义”,CMYK 颜色值设置为:滑块在位置 1%,C0、M0、Y0、K100;滑块在位置 75%,C0、M0、Y0、K70;滑块在位置 100%,C0、M0、Y0、K100,如图 4.116 所示。效果如图 4.117 所示。

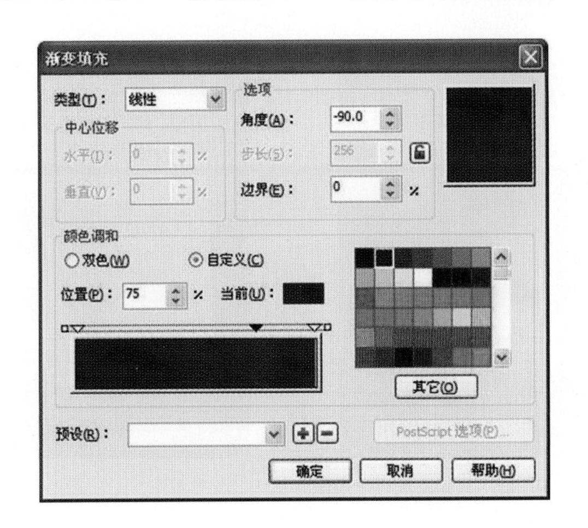

图 4.116 填充颜色对话框

图 4.117 填充完毕

(3)选择“挑选工具”,单击选择包装展开图,单击属性栏中的“取消群组”,框选包装的正面,把它复制到页面的中间,按“Ctrl+Q”组合键进行群组,并拉出辅助线。单击菜单栏中的“效果”,在展开的菜单中选择“添加透视”,按住“Ctrl”键,同时把正面效果图右边的上下两个角适当地向下拖动,如图 4.118 所示。

(4)选择“挑选工具”,选中包装展开图的侧面并复制到页面中的适当的位置,并按“Ctrl+Q”组合键进行群组。单击菜单栏中的“效果”,在展开的菜单中选择“添加透视”,按住“Ctrl”键,把展开图侧面右边的上下两个角适当地向上拖动,并与正面左边两角对齐,如图 4.119 所示。

(5)选择“挑选工具”,选中包装展开图顶部的正面并复制到页面中的适当的位置,并按“Ctrl+Q”组合键进行群组。单击菜单栏中的“效果”,在展开的菜单中选择“添加透视”,按住“Ctrl”键,把右边的上下两角适当地向下拖动,左上角适当向右拖动,如图 4.120 所示;选择“挑选工具”,选中包装展开图顶部的粘口部分,复制到页面中的适当位置,把它依照透视关系摆放好,步骤同上,效果如图 4.121 所示。

图 4.118　制作立体效果图正面

图 4.119　制作立体效果图侧面

图 4.120　制作立体效果图顶部

(6)选择“挑选工具”,选中包装展开图顶部的侧面并复制到页面中的适当的位置,单击菜单栏中的“效果”,在展开的菜单中选择“添加透视”,按住“Ctrl”键,依照透视关系适当拖动 4 角,效果如图 4.122 所示。选择“手绘工具”,在属性栏中的“轮廓样式选择器”中选择虚线样式,宽度为 18 mm,在顶部侧面制作折痕,CMYK 颜色值设置为 C0、M5、Y100、K0,效果如图 4.123 所示。

图 4.121　制作顶部粘贴处

图 4.122　制作顶部侧面

图 4.123　制作顶部折痕

(7)选择“矩形工具”,在包装盒正面的下方绘制一个长方形,单击“填充”工具,CMYK 颜色值设为 C0、M0、Y0、K90,并单击 CMYK 调色板上方的“无填充”,去掉轮廓线,按“Ctrl+Page Down”组合键,把长方形放到包装盒的后面,效果如图 4.124 所示。选择“交互式透明工具”,在“预设”中选择“线性”,在长方形中由上往下拉动,效果如图 4.125 所示。

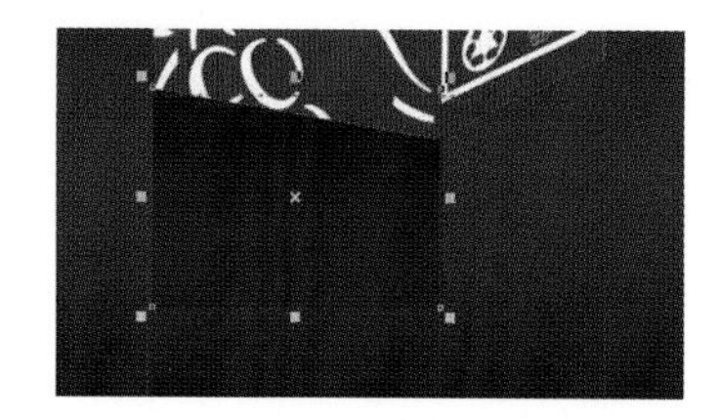

图 4.124　制作正面阴影

图 4.125　制作正面阴影渐变色

(8)选择“矩形工具”,在包装盒侧面的下方绘制一个长方形,单击“填充”工具,CMYK 颜色值设为 C0、M0、Y0、K100,并单击 CMYK 调色板上方的“无填充”,去掉轮廓线,按“Ctrl+Page Down”组合键，把长方形放到包装盒的后面，效果如图 4.126 所示。选择“交互式透明工具”，在“预设”中选择“线性”，在长方形中由上往下拉动，效果如图 4.127 所示。

(9)选择“挑选工具”，单击选中辅助线，并单击鼠标右键，在展开的菜单里选择“删除”，或按“Delete”键删除辅助线；框选立体包装效果图和阴影部分，按“Ctrl＋Q”组合键转换成曲线，并单击属性栏中的群组工具进行群组。立体效果图制作完毕，最终效果如图 4.128 所示。

图 4.126　制作侧面阴影

图 4.127　制作侧面阴影渐变色

图 4.128　最终立体效果图

(10)按“Ctrl＋S”组合键，弹出“保存绘图”对话框，将制作好的图像命名为“饮料包装盒设计”，保存为 CDR 格式，单击“保存”按钮，将图像保存。

练习题

包装盒设计

要点提示：在 CorelDRAW 中，设置比例尺及辅助线。使用“矩形工具”和“形状工具”绘制包装盒、制作标志，使用“填充”工具制作包装盒颜色，使用菜单栏中的“效果”→“添加透视”制作立体效果图，使用“交互式透明工具”制作立体效果图阴影。包装展开图如图 4.129 所示，立体效果图如图 4.130 所示。

图 4.129　包装展开图

图 4.130　包装立体效果图

项目五

报纸广告设计

目标任务

主要学习在 CorelDRAW X4 中使用“基本形状”工具、“填充”工具制作报纸广告，使用“导入”命令调整素材。

项目重点

项目重点是使用“贝塞尔工具”“形状工具”制作报纸广告中的标志，使用“形状工具”制作标题，使其具有设计感，突出报纸广告的主题。

任务一
设计理论要点

报纸广告是以文字和图形为主要视觉刺激，不像其他广告媒介，如电视广告等受到时间的限制。而且报纸可以反复阅读，便于保存。

一、报纸广告的分类

1. 报花广告

报花广告版面很小，形式特殊。它不具备广阔的创意空间，文案只能做重点式表现，突出品牌或企业名称、电话、地址及企业赞助之类的内容，不体现文案结构的全部，一般采用一种陈述性的表述。

2. 报眼广告

报眼，即横排版报纸报头一侧的版面。版面面积不大，但位置十分显著、引人注目。如果是新闻版，多用来刊登简短而重要的消息或内容提要。这个位置用来刊登广告，显然比其他版面广告注意值要高，并会自然地体现出权威性、新闻性、时效性与可信度。

由于报眼广告版面面积小，容不下更多的图片，所以广告文案写作占据核心地位，具有举足轻重的作用。

3. 半通栏广告

半通栏广告一般分为大小两类：约 65 mm×120 mm 和约 100 mm×170 mm。由于这类广告版面较小，而且众多广告排列在一起，互相干扰，广告效果容易互相削弱，因此，将广告做得超凡脱俗、新颖独特，使之从众多广告中脱颖而出，跳入读者视线，是广告文案写作时应特别注意的。

4. 单通栏广告

单通栏广告也有两种类型：约 100 mm×350 mm 和约 65 mm×235 mm。单通栏广告是报纸广告中最常见的一种版面，符合人们的正常视觉。因此，版面自身有一定的说服力。从版面面积看，单通栏是半通栏的 2 倍，这种变化也应相应地体现于广告文案的撰写中。

5. 双通栏广告

双通栏广告一般有约 200 mm×350 mm 和约 130 mm×235 mm 两种类型。在版面面积上，它是单通

栏广告的 2 倍。这给广告文案写作提供了较大的空间，凡适合于报纸广告的结构类型、表现形式和语言风格都可以在这里运用。

6. 半版广告

半版广告一般有约 250 mm×350 mm 和约 170 mm×235 mm 两种类型。半版与整版、跨版广告，均被称为大版面广告，是广告主雄厚经济实力的体现。半版广告给广告文案的写作提供了广阔的表现空间。

7. 整版广告

整版广告一般可分为约 500 mm×350 mm 和约 340 mm×235 mm 两种类型，是我国单版广告中最大的版面，给人以视野开阔、气势恢宏的感觉。有效地利用整版广告的版面空间，创造最理想的广告效果，是广告文案写作的重要任务。

8. 跨版广告

跨版广告即一个广告作品刊登在两个或两个以上的报纸版面上，一般有整版跨版、半版跨版、1/4 版跨版等几种形式。跨版广告很能体现企业的大气魄、厚基础和经济实力，是大企业所乐于采用的。

二、报纸广告的特点

报纸广告是指刊登在报纸上的广告。报纸是一种印刷媒介。它的特点是发行频率高、发行量大、信息传递快，因此报纸广告可及时广泛发布。

在传统四大媒体中，报纸无疑是最多、普及性最广和影响力最大的媒体。报纸广告几乎是伴随着报纸的诞生而诞生的。随着时代的发展，报纸的品种越来越多，内容越来越丰富，版式更灵活，印刷更精美，报纸广告的内容与形式也越来越多样化，所以报纸与读者的距离也更接近了。报纸成为人们了解时事、接收信息的主要媒体。报纸的主要特点如下。

1. 传播速度较快，信息传递及时

对于大多数综合性日报或晚报来说，出版周期短，信息传递较为及时。有些报纸甚至一天要出早、中、晚等好几个版，报道新闻就更快了。一些时效性强的产品广告，如新产品和有新闻性的产品，就可利用报纸及时地将信息传播给消费者。

2. 信息量大，说明性强

报纸作为综合性内容的媒介，以文字符号为主、图片为辅来传递信息，其容量较大。由于以文字为主，因此说明性很强，可以进行详尽的描述。对于一些关心度较高的产品来说，利用报纸的说明性可详细告知消费者有关产品的特点。

3. 易保存，可重复阅读

由于报纸的特殊的材质及规格，相对于电视、广播等其他媒体，报纸具有较好的保存性，而且易折叠易放置，携带十分方便。一些人在阅读报纸的过程中还养成了剪报的习惯，根据所需分门别类地收集、剪裁信息。这样，无形中又强化了报纸信息的保存性，提高了重复阅读率。

4. 阅读主动性

报纸把许多信息同时呈现在读者眼前，增加了读者的认知主动性。读者可以自由地选择阅读或放弃哪些部分；哪些地方先读，哪些地方后读；阅读一遍，还是阅读多遍；采用浏览、快速阅读或详细阅读。读者也

可以决定自己的认知程度，如仅有一点印象即可，还是将信息记住、记牢；记住某些内容，还是记住全部内容。此外，读者还可以在必要时将所需要的内容记录下来。

5. 高认知度

报纸广告多数以文字符号为主，要了解广告内容，要求读者在阅读时集中精力，排除其他干扰。一般而言，除非广告信息与读者有密切的关系，否则读者在主观上是不会为阅读广告花费很多精力的。读者的这种惰性心理往往会降低他们详细阅读广告文案内容的可能性。换句话说，报纸读者的广告阅读程度一般是比较低的。不过当读者愿意阅读时，他们对广告内容的了解就会比较全面、彻底。

6. 印刷难以完美，表现形式单一

报纸的印刷技术最近几年在高新科技的支持下，不断得到突破与完善。但到目前为止，报纸仍是印刷成本最低的媒体。受材质与技术的影响，报纸的印刷品质不如专业杂志、直邮广告、招贴海报等媒体的效果。报纸仍需以文字为主要传达元素，表现形式相对于电视的立体、其他印刷媒体的斑斓丰富，显然要单调得多。

任务二
案例流程图与制作步骤

一、案例流程图

报纸广告设计流程图如图 5.1 所示。

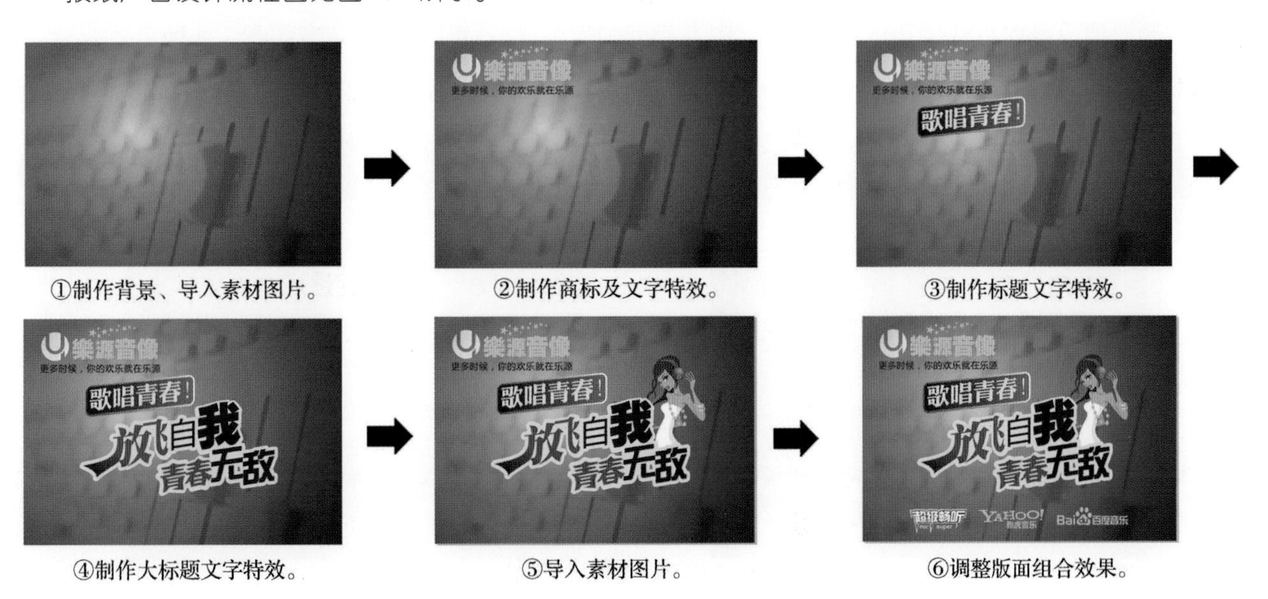

图 5.1　报纸广告设计流程图

二、制作步骤

1. 制作背景

(1)打开 CorelDRAW X4 软件,按下"Ctrl+N"组合键,新建文件页面。在属性栏的纸张宽度和高度选项中分别设置宽度为 340 mm、高度为 235 mm,按下"Enter"键确认。效果如图 5.2 所示。

(2)双击"矩形工具"▢,得到与页面等大的矩形框。选择"填充"工具◈中的"渐变填充",弹出"渐变填充"对话框,在"位置"选项中分别设置 0、27%、49%、100%几个位置点,单击右下角的"其它"按钮,分别设置位置点的颜色值为 C100、M0、Y100、K80,C100、M0、Y100、K40,C100、M0、Y100、K0,C0、M0、Y100、K0;"类型"选择"射线";"中心位移"数值设置为水平-16%,垂直 11%;其他选项设置均为默认。单击"确定"按钮,填充图形。效果如图 5.3 所示。

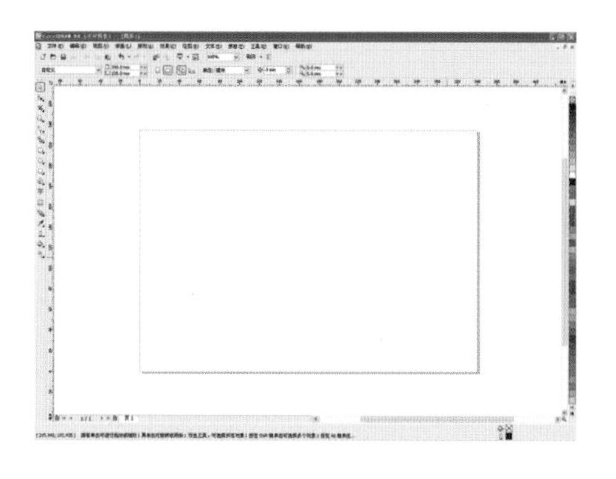

图 5.2 设置文件规格

图 5.3 渐变填充效果

(3)按下属性栏中的"导入"按钮,弹出"导入"对话框,选择"第五章报纸广告素材",单击 "底纹.jpg"文件,其他选项设置均为默认,单击"导入"按钮,在页面中单击,打开素材文件,效果如图 5.4 所示。

(4)选择"挑选工具",执行"效果"→ "图框精确剪裁"→"放置在容器中"命令,当光标变为➡形状时,在背景对象上单击鼠标左键,将图形置入背景中。按下"Ctrl"键,单击背景图形,进入容器内编辑内容,调整图形大小至合适位置,单击工作页面左下角"完成编辑对象"按钮。效果如图 5.5 所示。

图 5.4 导入素材

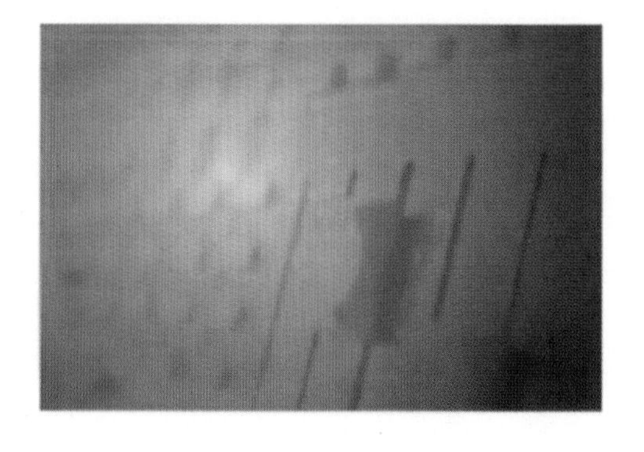

图 5.5 调整背景图片

(5)执行"文件"→"保存"命令,弹出"保存绘图"对话框,将当前图像命名为"报纸广告设计",保存为 CDR 格式,版本为 14.0 版本,单击"保存"按钮,将文件保存。

2. 标志制作

(1)选择“矩形工具”，绘制一个矩形框，单击属性栏中的全部圆角解除锁定按钮，设置左下矩形的边角圆滑度与右下矩形的边角圆滑度数值均为 95，如图 5.6 所示，按下“Enter”键确定，效果如图 5.7 所示。

(2)使用同样的方法，再绘制一个圆角矩形，将其缩小并放置在适当位置。选择“挑选工具”，圈选两个图形，分别按下“C”键、“E”键，使其垂直、水平居中对齐。单击属性栏中的“移除后面对象” 按钮，效果如图 5.8 所示。

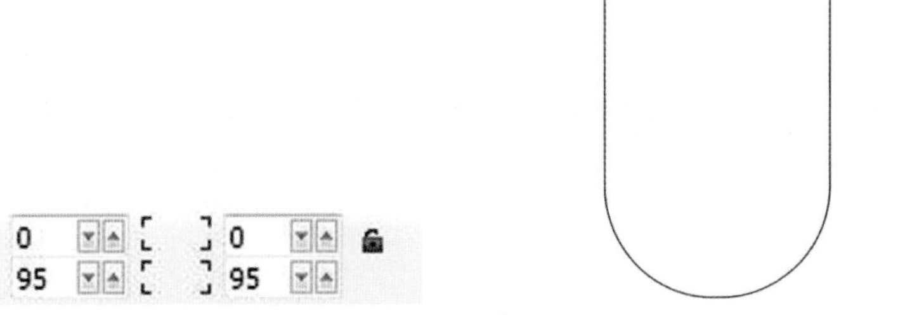

图 5.6 设置矩形边角圆滑度　　图 5.7 调整矩形边角效果

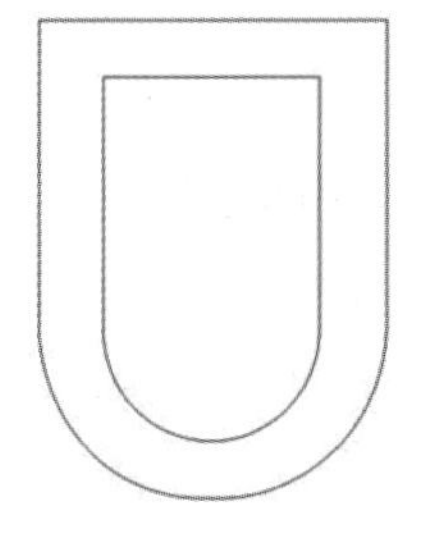

图 5.8 移除后面对象效果

(3)选择“椭圆形工具”，按下“Ctrl”键，单击鼠标左键并拖曳光标，绘制正圆形。将其移至圆角矩形的中心位置，如图 5.9 所示。

(4)选择“挑选工具”，圈选制作好的圆角矩形与正圆形，单击属性栏中的“移除后面对象”按钮，图形被修剪。效果如图 5.10 所示。

(5)选择“矩形工具”，绘制矩形，单击属性栏中的“转换为曲线” 按钮，选择“形状工具”，圈选对象上边的两个节点，单击属性栏中的“转换直线为曲线”按钮，接着单击线段左上方的节点，按下“Ctrl”键，向下拖曳节点至适当位置，选择节点控制滑杆调整曲线平滑度。效果如图 5.11 所示。

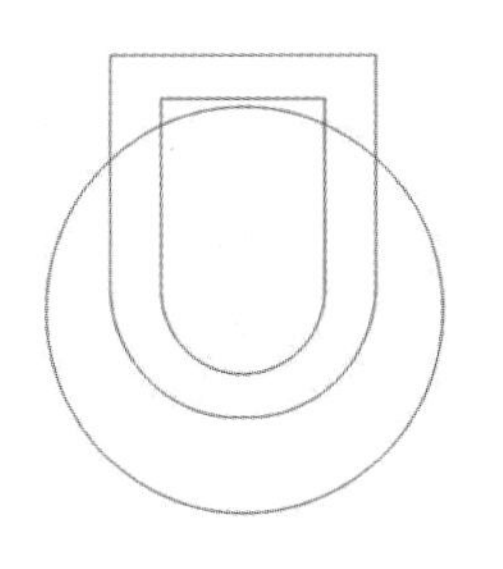

图 5.9 调整圆形位置

图 5.10 修剪效果

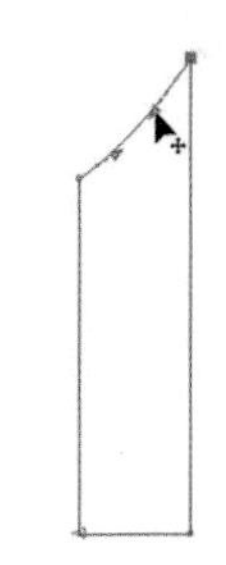

图 5.11 调整曲线平滑度

(6)选择“挑选工具”，调整图形的大小及位置，如图 5.12 所示。按下“Shift”键，同时圈选制作好的图形，单击属性栏的“移除前面对象”按钮，修剪效果如图 5.13 所示。

(7)选择“填充”工具，单击“渐变填充”，弹出“渐变填充”对话框，设置“类型”为射线，设置“中心位移”为水平－55%、垂直 49%。设置“颜色调和”为“自定义”选项，在颜色框上方双击鼠标，得到一个颜色位置点▼，在“位置”框中输入 43%。选择位置点并单击右下角的“其它”按钮，分别设置位置点的颜色值为 C0、M0、Y0、K0(位置 0 处)，C0、M0、Y100、K0(位置 43%处)，C20、M0、Y60、K0(位置 100%处)。其他选项设置均为默认，如图 5.14 所示。

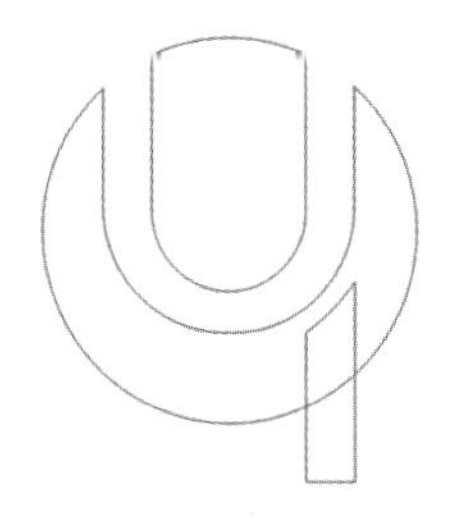

图 5.12　调整、组合图形

图 5.13　“移除前面对象”效果

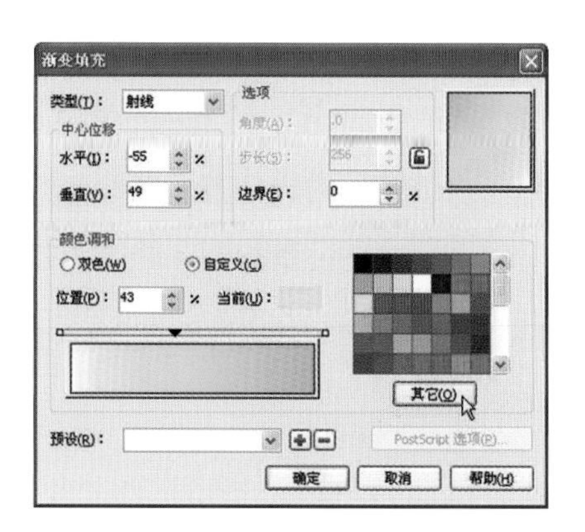

图 5.14　设置“渐变填充”对话框

(8)选择工具栏中的“轮廓笔”工具，单击“无填充”，清除轮廓线，标志效果如图 5.15 所示。

(9)选择“文本工具”字，在页面中单击，输入文字 “乐源音像”。设置属性栏的字体为“方正超粗黑繁体”，并调整文字大小，如图 5.16 所示。

(10)按下“Ctrl＋K”组合键，将文字进行拆分。选择“挑选工具”，单击“源”字，并调整其大小，如图 5.17 所示。

图 5.15　标志效果

樂源音像

图 5.16　输入文字

樂源音像

图 5.17　调整文字效果

(11)选择“挑选工具”，圈选文字“乐源音像”并按下“Ctrl＋Q”组合键，将其转换为曲线。选择“形状工具”，圈选“源”字左上方的三个节点，按下“Delete”键，删除节点。将光标移至删除节点线段上，当光标显示状态时，单击鼠标右键，弹出选项面板，单击“到直线” 选项，如图 5.18 所示，效果如图 5.19 所示。

(12)选择“挑选工具”，圈选文字，按下“Ctrl＋L”组合键，将其结合。填充颜色值为 C0、M20、Y100、K0。效果如图 5.20 所示。

图 5.18　选择“转换曲线为直线” 命令

图 5.19　“转换曲线为直线”的效果

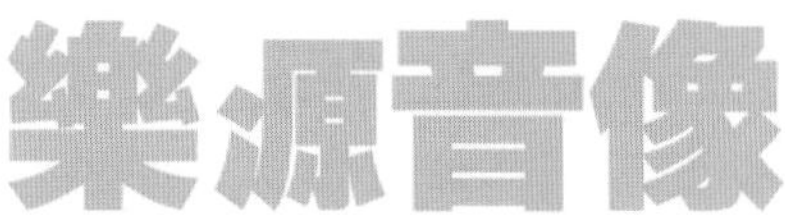

樂源音像

图 5.20　填充效果

(13)选择“多边形工具”，单击“星形工具”，按下“Ctrl”键，在页面绘制五角星图形，如图 5.21 所示。按下空格键，将光标转换为“挑选工具”，接着连续按下数字键盘上的“+”键，原位复制出多个五角星图形，并调整每个五角星的位置、大小和方向，效果如图 5.22 所示。

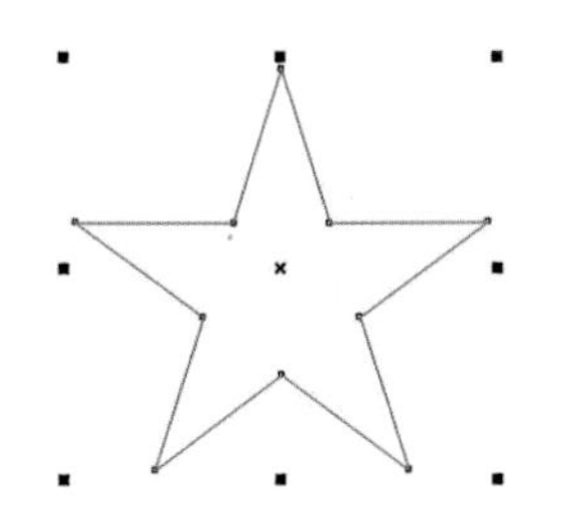

图 5.21 绘制五角星图形

图 5.22 五角星图形组合效果

(14)使用“挑选工具”，圈选全部五角星图形，在工具栏中选择“轮廓笔”工具，“宽度”选择“无”，按下“确定”按钮，清除轮廓线；保持图形选择状态，填充颜色值为 C0、M20、Y100、K0，效果如图 5.23 所示。圈选“乐源音像”与五角星图形，按下“Ctrl+G”组合键，将其群组，调整二者大小、位置关系。

(15)选择“文本工具”，输入文字“更多时候，你的欢乐就在乐源”，选择“挑选工具”，在属性栏将其字体设置为“微软雅黑”，并调整文字大小、位置。效果如图 5.24 所示。

图 5.23 填充效果

图 5.24 标志图形组合效果

(16)选择“文件”→“保存”命令，将当前图像保存。

3. 广告副标题制作

(1)选择“矩形工具”，绘制矩形，如图 5.25 所示；在属性栏中锁定全部圆角，设置其中一个边角圆滑度数值为 40，按下“Enter”键确定，效果如图 5.26 所示。

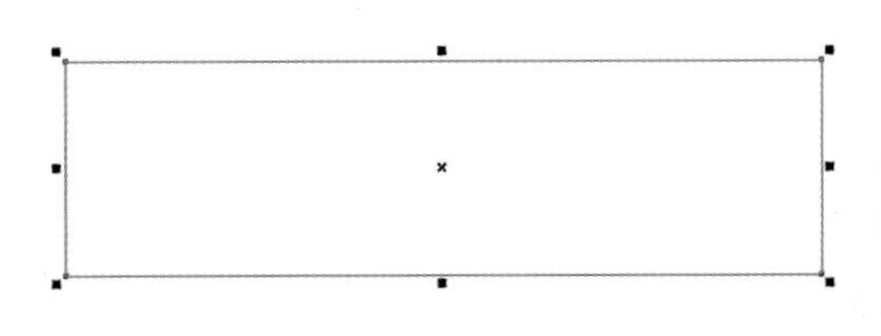

图 5.25 绘制矩形

图 5.26 设置边角圆滑度

(2)单击“填充”工具，选择“渐变填充”，弹出“渐变填充”对话框，设置“颜色调和”选项为“双色”，设置“从”选项颜色为“蓝色”、“到”选项颜色为“绿色”，设置“类型”选项为“线性”，“选项”设置角度数值 −2.8、边界数值 2%，其他设置均为默认。单击“确定”按钮，填充图形。效果如图 5.27 所示。

(3)保持矩形为选择状态，选择“轮廓笔”工具，“宽度”选择 2.0 mm，其他选项均为默认，按下“确定”

按钮。执行“排列”→“将轮廓转换为对象”命令。选择“填充”工具中的“渐变填充”，弹出“渐变填充”对话框，设置“颜色调和”选项为“双色”，设置“从”选项颜色为“洋红色”、“到”选项颜色为“白色”，设置“类型”选项为“线性”，“选项”设置角度数值 4.5、边界数值 2%，其他设置均为默认，单击“确定”按钮，效果如图 5.28 所示。

图 5.27　渐变填充效果

图 5.28　渐变填充效果

(4)选择“文本工具”，在页面中输入文字“歌唱青春”，按下空格键，将光标转换为“挑选工具”，在属性栏中选择字体为“经典繁仿黑体”，填充颜色值为 C0、M0、Y100、K0，并设置文字大小、位置，如图 5.29 所示。

(5)使用“挑选工具”，同时圈选圆角矩形和文字，按下“Ctrl＋G”组合键，群组图形。再次单击图形，使其处于旋转状态，向上拖曳右边中间的控制手柄到合适的位置，释放鼠标左键，使图形倾斜。效果如图 5.30 所示。

歌唱青春！

图 5.29　文字组合效果

图 5.30　倾斜效果

(6)选择“挑选工具”，选择小标题图形，调整其大小、位置。效果如图 5.31 所示。

图 5.31　标题组合效果

(7)选择“文件”→“保存”命令，将当前图像保存。

4. 广告主标题制作

(1)选择“文本工具”，在页面中单击，输入文字“放飞自我青春无敌”，按下空格键，转换为“挑选工具”，按下“Ctrl＋K”组合键，拆分文字。将文字“放”“飞”“自”“我”“青春”“无敌”，在属性栏中分别设置字体为“文鼎特粗宋简”“文鼎 CS 长美黑”“微软雅黑”“经典特黑简”“方正剪纸简体”“微软简综艺”，调整每个文字的位置、大小。效果如图 5.32 所示。

(2)选择“挑选工具”，单击“放”字，按下“Ctrl＋Q”组合键，将其转换为曲线，选择“形状工具”，通过删除节点、调整节点位置及线条弧度，强化文字特征。效果如图 5.33 所示。

(3)单击“填充”工具中的“渐变填充”，弹出“渐变填充”对话框，在“位置”选项中分别设置 0、54%、100%三个位置点，单击右下角的“其它”按钮，分别设置这几个位置点的颜色值为 C0、M100、Y100、K0，C0、M100、Y100、K0，C100、M100、Y0、K0，“选项”角度数值设置为－130.6，其他选项设置均为默认。单击“确定”按钮，效果如图 5.34 所示。选择“挑选工具”，分别选择文字“飞”“自我”“青春”，分别设置填充颜色值为 C0、M100、Y100、K0，C100、M100、Y0、K0，C0、M100、Y0、K0。效果如图 5.35 所示。

图 5.32　调整文字效果　　图 5.33　文字变形效果　　图 5.34　设置渐变填充效果

(4)选择“挑选工具”，圈选主标题文字，按下“Ctrl＋G”组合键，将文字群组；选择“轮廓笔”工具，弹出“轮廓笔”对话框，设置“宽度”为 8.0 mm，其他设置均为默认，如图 5.36 所示，按下“确定”按钮。

(5)按下“Ctrl＋U”组合键，取消文字群组。执行“排列”→“将轮廓转换为对象”命令。保持图形的选择状态，按下“Ctrl＋G”组合键，群组文字，填充颜色值为 C0、M0、Y100、K0。效果如图 5.37 所示。保持图形的选择状态，多次按下“Ctrl＋PgDn”组合键，直至其放到“放飞自我 青春无敌”的文字图层下，如图 5.38 所示。

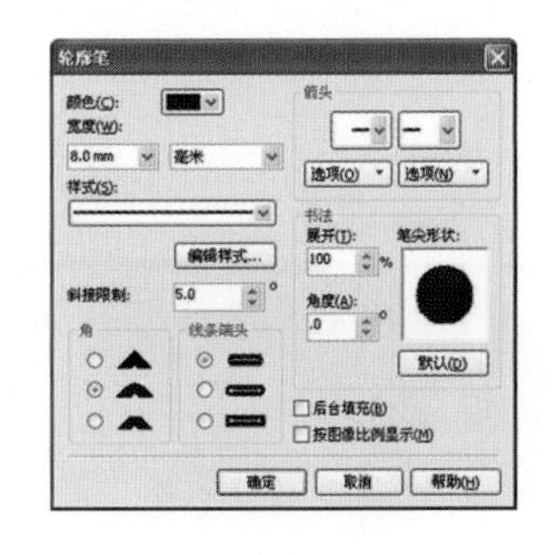

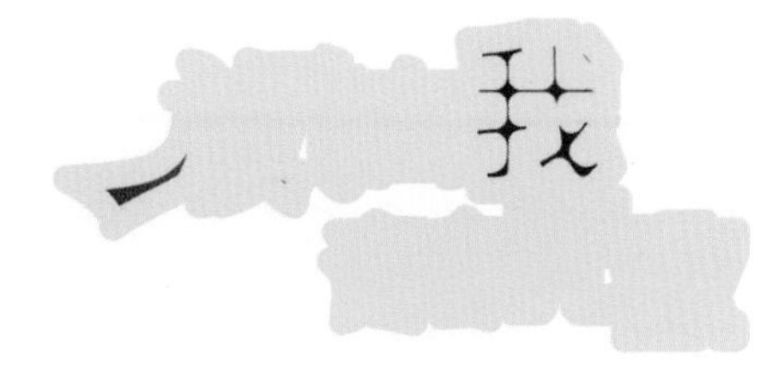

图 5.35　文字组合效果　　图 5.36　设置轮廓笔　　图 5.37　填充文字效果

(6)选择“挑选工具”，圈选主标题文字，按下“Ctrl＋G”组合键，将其群组。再次单击图形，使其处于旋转状态，向上拖曳右边中间的控制手柄到合适的位置，释放鼠标左键，使图形倾斜。调整大小、位置。

(7)选择“文件”→“保存”命令，将当前文件保存。

图 5.38　调整文字图层位置效果

5. 导入素材文件

(1)按下“Ctrl＋I”组合键，弹出“导入”对话框。选择“第五章报纸广告素材”，单击 “女.cdr”文件，其他选项设置均为默认，单击“导入”按钮，在页面中单击，打开素材文件，按下“Shift＋PgDn”组合键，将其放置在最后图层；接着按下“Ctrl＋PgUp”组合键，放置上一图层。调整其大小、位置。效果如图 5.39 所示。

(2)使用相同的方法，按下“Ctrl＋I”组合键，弹出“导入”对话框。选择“第五章报纸广告素材”，单击 “商家标志.cdr”，调整其大小、位置。效果如图 5.40 所示。

(3)选择“文件”→“保存”命令,将当前图像保存。

图 5.39　组合素材效果

图 5.40　组合素材效果

练习题

报纸广告设计

要点提示:在 CorelDRAW 中设置报纸广告规格,制作商标及文字特效,导入素材图片,使用“图框精确剪裁”命令制作底纹特效,调整版面组合效果。效果如图 5.41 所示。

图 5.41　报纸广告效果

CorelDRAW Pingmian Sheji Shili Jiaocheng

项目六

商业宣传单设计

目标任务

主要学习在CorelDRAW X4中，综合运用“基本形状”工具、“贝塞尔工具”、“形状工具”、“渐变填充”工具、“交互式调和工具”及“交互式透明工具”等制作宣传单背景，使用“文本工具”、“交互式轮廓图工具”、“交互式阴影工具”和透视命令等制作文字效果，使用“导入”命令导入位图等素材，适当调整组合成宣传单的最终效果。

项目重点

项目重点是使用旋转、再制命令和“交互式调和工具”制作复制图形，使用“贝塞尔工具”和“形状工具”绘制图案，使用“交互式轮廓图工具”和透视命令等制作主题文字效果。

任务一
设计理论要点

宣传单作为广告宣传的一部分，用途广泛、费用低、信息传递速度快、灵活性强，对宣传活动和促销商品有着重要的作用。宣传单通过派送、邮递等形式，可以有效地将信息传达给目标受众。众多的企业和商家都希望通过宣传单来宣传自己的产品，传播企业文化。

1. 宣传单的设计范围

(1)公司/企业的宣传册。

(2)零售商宣传册、宣传页(服装、家具、日用百货)。

(3)教育文化机构宣传册、宣传页。

(4)年度报表类宣传册、宣传页(保险业、通讯、娱乐及交通类)。

(5)旅游/旅行的宣传册、宣传页。

2. 宣传单设计的基本原则

1)计划构想

(1)为什么要做宣传单——宣传说明的目的。

(2)要宣传什么——传达的内容。

(3)要传达给谁——诉求的对象。

(4)到哪里去购买所需产品。

(5)具体如何实施——表现形式。

2)明确思路

引起消费者注意，清晰地表现出易懂、易读、易记而富有美感的宣传内容，要有视觉画面的冲击力及视觉宣传形式的亲切感。

3)强调新颖、抓住重点

宣传单设计要注意宣传的主体，将主要图形和文字提炼出来，使读者第一眼看到时就能紧紧地被吸引住，产生心灵上的共鸣及对企业的信任。

3. 宣传单设计的构成要素

(1)图形设计：它是形成宣传单设计风格以及吸引视觉的重要素材。

(2)文字设计：突出文字效果，改变原有枯燥乏味的阅读方式，使读者在快速、简明、轻松的状态下看到传达的内容。

(3)色彩设计：它是较为重要的环节，通过色彩的特征表现给人留下深刻的第一视觉印象，容易增强宣传单的识别及独特性，具有突出主题的意义。

任务二
案例流程图与制作步骤

一、案例流程图

商业宣传单设计流程图如图 6.1 所示。

①设置文件规格及制作宣传单背景。 ②设计与制作主题文字效果。 ③导入并调整素材。 ④导入产品及相关信息、调整最终效果。

图 6.1 商业宣传单设计流程图

二、制作步骤

1. 制作背景效果图

(1)打开 CorelDRAW X4 软件，选择“文件”→“新建”命令或按下“Ctrl+N”组合键，新建一个页面，如图 6.2 所示。在属性栏的纸张宽度和高度选项中分别设置宽度为 216 mm、高度为 291 mm，如图 6.3 所示，按下“Enter”键，页面尺寸显示为设置的大小。

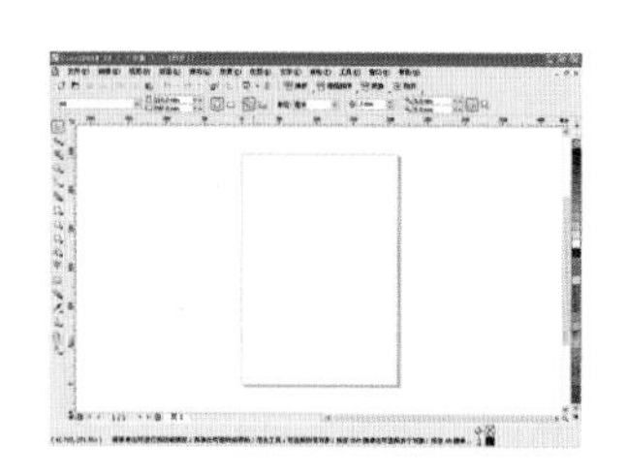

图 6.2　新建文件

图 6.3　设置页面尺寸

(2)双击工具栏中的“矩形工具”，创建一个与页面相同大小的矩形，如图 6.4 所示。单击“填充”工具，选择“渐变填充”，弹出“渐变填充”对话框。单击“类型”下拉按钮，设置渐变类型为“射线”，设置“颜色调和”选项为“自定义”，在颜色条上方位置双击，添加一个小三角形颜色色标，并拖曳小三角形到合适的位置，设置其位置为 35%，如图 6.5 所示。单击选择 0 位置的色标，单击右侧的“其它”按钮 其它(O)，设置颜色值为 C40、M0、Y100、K0，使用同样的方法设置 35%位置处的颜色值为 C40、M0、Y100、K0，100%位置处的颜色值为 C0、M0、Y40、K0。其他设置均为默认，单击“确定”按钮。效果如图 6.6 所示。

图 6.4　创建与页面等大的矩形

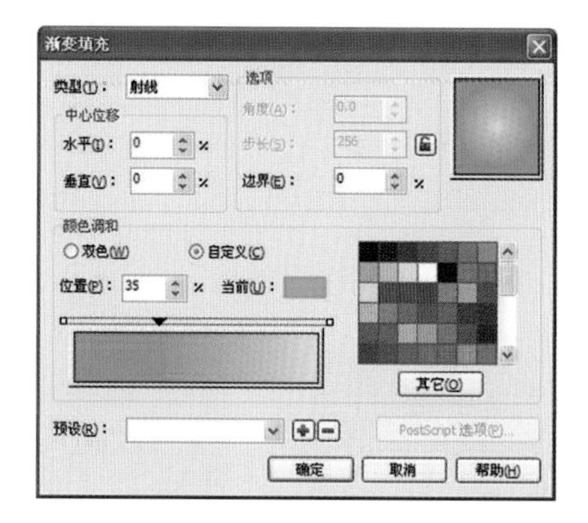

图 6.5　“渐变填充”对话框

图 6.6　渐变填充效果

(3)选择“贝塞尔工具”，在绘图窗口依次单击，绘制三角形，如图 6.7 所示，在 CMYK 调色板中单击“白”色块为三角形填充，接着对准“无填充”单击右键，设置为“无轮廓”，效果如图 6.8 所示。

(4)执行“排列”→“变换”→“旋转”命令，弹出“变换”泊坞窗，设置“角度”参数为 15 度，并设置“相对中心”位置为中下，如图 6.9 所示。依次单击“应用到再制”按钮 应用到再制，对图形进行重复旋转复制，效果如图 6.10 所示。

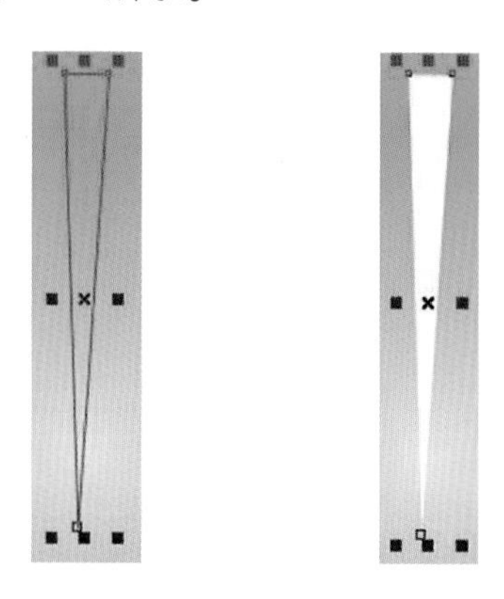

图 6.7　绘制三角形　图 6.8　填充白色效果

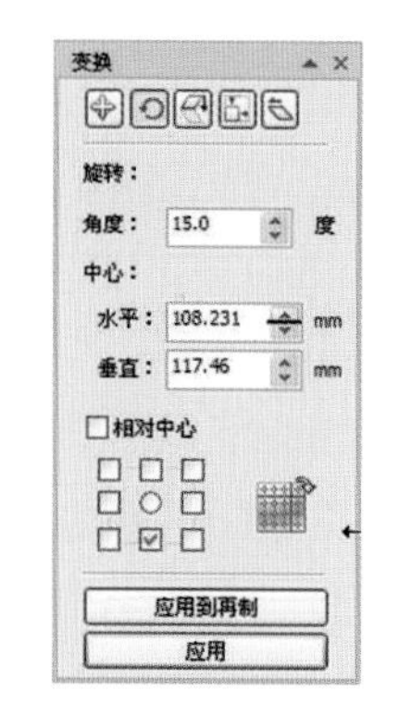

图 6.9　设置“变换”泊坞窗

图 6.10　发射光束效果

(5)使用“挑选工具”将旋转复制出的图形同时选中，按下“Ctrl＋G”组合键，群组图形。

(6)保持图形选取状态，单击“交互式透明工具”，在属性栏的“透明度类型”下拉列表中选择“射线”，效果如图 6.11 所示。

(7)单击属性栏中的“编辑透明度”按钮，弹出“渐变透明度”对话框，设置“颜色调和”选项为“双色”，设置“从”选项颜色为黑色，“到”选项颜色为白色，并调整边界值为 15%，其他设置均为默认，如图 6.12 所示，单击“确定”按钮。效果如图 6.13 所示。

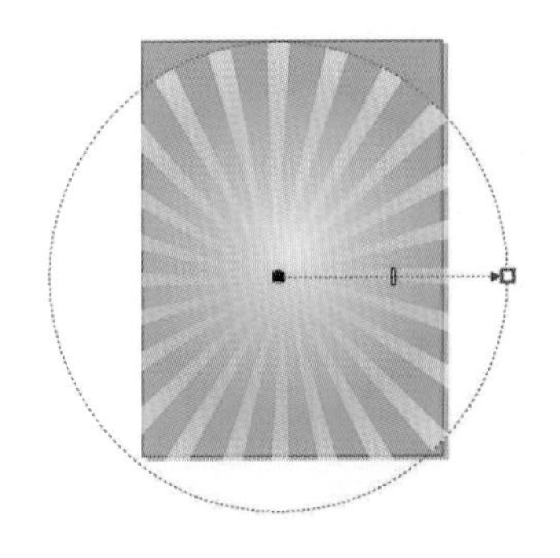

图 6.11　射线透明度效果

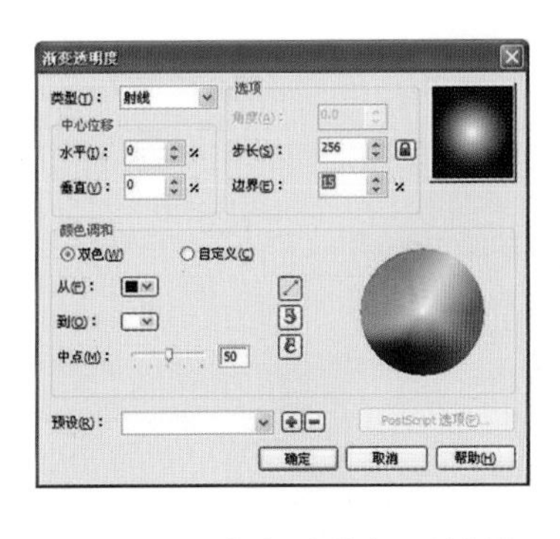

图 6.12　“渐变透明度”对话框

图 6.13　透明效果

(8)选择“椭圆形工具”，按住“Ctrl”键，绘制一个正圆形，使用与步骤(3)相同的方法，为其填充白色并清除轮廓线。选择圆形，按住“Ctrl“键，单击鼠标右键拖曳到合适位置，松开右键，在弹出的下拉菜单中选择“复制”命令，得到一个同样大小的圆形。将其缩小至如图 6.14 所示的效果。

(9)选择“交互式调和工具”，将光标移动到大圆上，当光标显示为形状时，单击并按住鼠标向另一个小圆拖曳，如图 6.15 所示。效果如图 6.16 所示。

图 6.14　绘制两个圆形

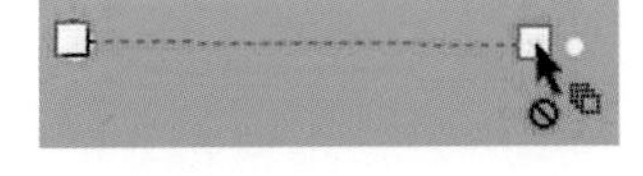

图 6.15　调和工具的使用

图 6.16　调和效果

(10)使用“挑选工具”，选择调和对象，执行“排列”→“打散调和群组”命令或按下“Ctrl＋K”组合键，然后在属性栏中单击“焊接”按钮，将所有的圆形对象进行焊接。

(11)执行“排列”→“变换”→“旋转”命令，弹出“变换”泊坞窗，设置“角度”参数为 5 度，并设置变换“相对中心”位置为“左下”。依次单击“应用到再制”按钮 应用到再制 ，对图形进行重复旋转复制，如图 6.17 所示。效果如图 6.18 所示。使用“挑选工具”，圈选复制图形，单击属性栏“焊接”按钮进行焊接。

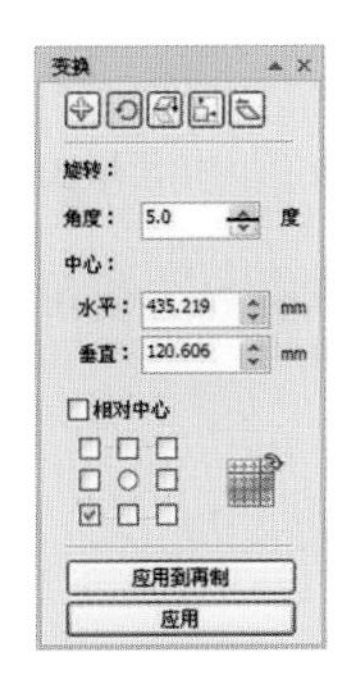

图 6.17　设置“变换”泊坞窗

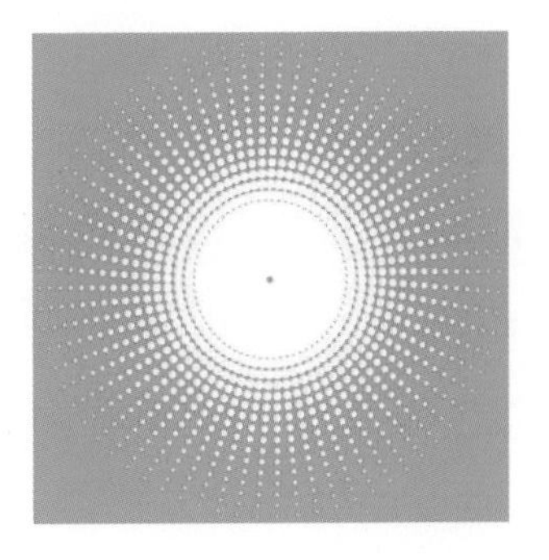

图 6.18　旋转复制图形效果

(12)单击“交互式透明工具”，在属性栏“透明度类型”下拉列表中选择“射线”，单击属性栏中的“编辑透明度”按钮，弹出“渐变透明度”对话框，设置“颜色调和”为“双色”，设置“从”选项颜色为黑色、“到”选项颜色为黑色，其他设置均为默认，单击“确定”，效果如图 6.19 所示。

(13)将透明圆点对象拖曳到页面中心位置，与背景叠加、重合，效果如图 6.20 所示。

2. 制作标题文字特效

(1)选择“文本工具”字，在页面上适当的位置单击，分别输入文本“学生”“优惠月”。选择“挑选工具”，在属性栏中设置字体为“方正剪纸简体”，字号分别设置为 110 pt、90 pt。执行“文本”→“段落格式化”命令，打开“段落格式化”泊坞窗，设置字符间隔为－20％，如图 6.21 所示。效果如图 6.22 所示。

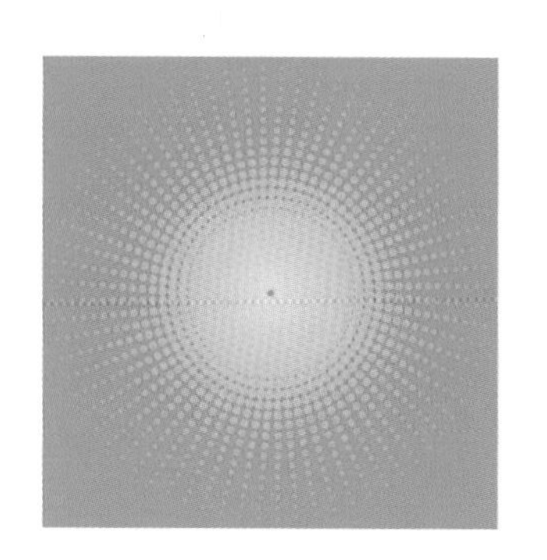

图 6.19　透明效果

图 6.20　叠加背景效果

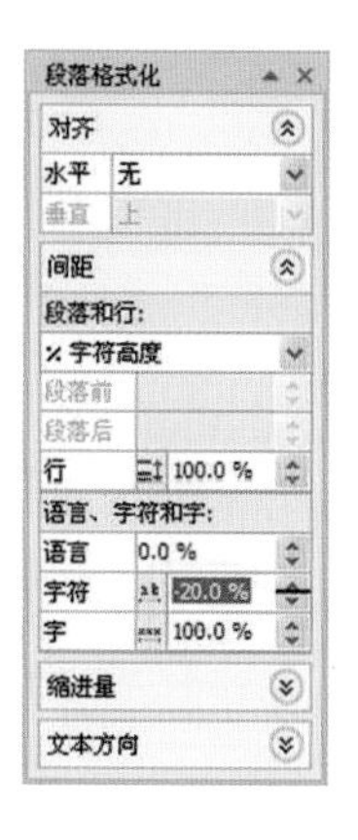

图 6.21　设置“段落格式化”泊坞窗

(2)使用“挑选工具”选择文字“学生”，按“Ctrl＋Page Up”组合键，使之位于“优惠月”文本图层之上。单击“填充”工具，选择“渐变填充”，打开“渐变填充”对话框，设置“角度”为“90”，“颜色调和”为“双色”，从靛蓝到洋红，如图 6.23 所示。单击“确定”按钮，得到如图 6.24 所示效果。

图 6.22　标题文字效果

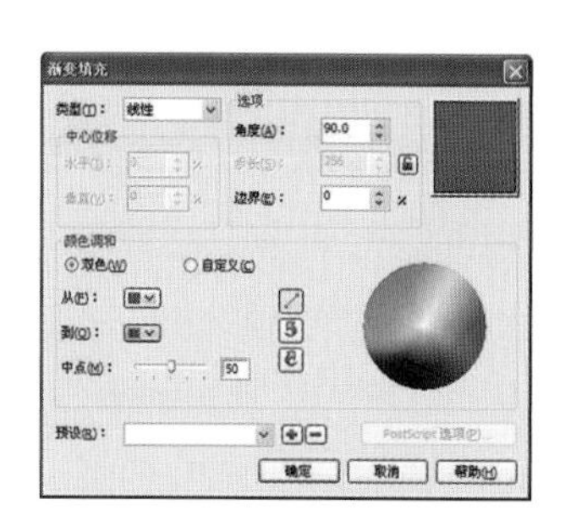

图 6.23　“渐变填充”对话框

图 6.24　渐变填充文字效果

(3)选择“交互式轮廓图工具”，移动光标到“学生”文本上，当光标显示形状时，单击并向外拖曳，在属性栏中设置“向外”，轮廓图步长为 2，轮廓图偏移为 4.5 mm，设置填充色和渐变填充结束色为黑色，如图 6.25 所示。

图 6.25　设置轮廓属性栏

(4)在属性栏右侧单击“对象和颜色加速”按钮，设置对象加速，如图 6.26 所示。文字效果如图 6.27

所示。

(5)按下“Ctrl+K”组合键，打散轮廓图群组，再按下“Ctrl+U”组合键，取消群组。选择“挑选工具”，单击文本下面的灰色轮廓图形，填充白色，如图 6.28 所示。

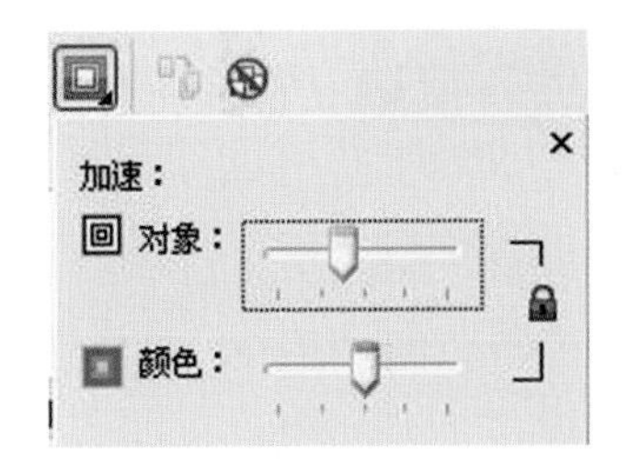

图 6.26 对象和颜色加速

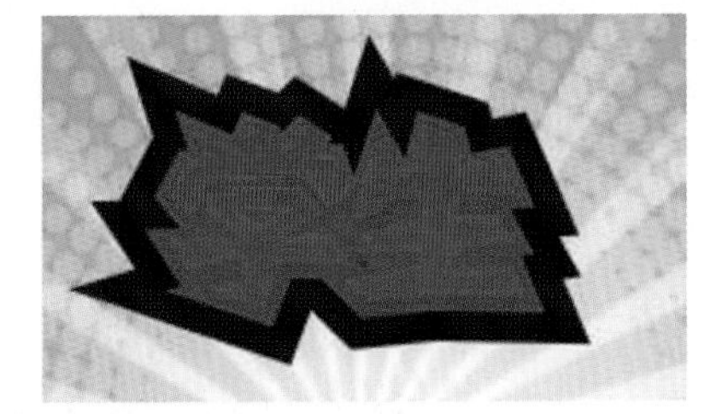

图 6.27 文本轮廓效果

图 6.28 填充白色效果

(6)用“挑选工具”选择“优惠月”文本，填充白色。

(7)用与步骤(4)、(5)相同的方法，给文本添加轮廓效果，得到如图 6.29 所示效果。

(8)按“Ctrl+K”组合键，打散轮廓图群组，再按“Ctrl+U”组合键，取消群组。选择“挑选工具”，单击“优惠月”文本下面的灰色轮廓图形，填充洋红色，如图 6.30 所示。

图 6.29 轮廓效果

图 6.30 填充洋红色效果

(9)选择“文本工具”字，在页面适当的位置输入文本“我的地盘听你的”，选择“挑选工具”，在属性栏中设置字体为“经典综艺体简”，字号为 72 pt，并在 CMYK 调色板中的“黄”色块上单击左键。

(10)选择“交互式轮廓图工具”，用与步骤(3)相同的方法为文本添加轮廓，并在属性栏中设置“向外”，轮廓图步长为 1，轮廓图偏移为 4.5 mm，填充色为黑色。效果如图 6.31 所示。

(11)用“挑选工具”选择文本，执行“效果”→“添加透视”命令，如图 6.32 所示。

我的地盘听你的

图 6.31 添加轮廓效果

我的地盘听你的

图 6.32 添加透视

(12)移动光标到文本右上角的节点上，单击并拖曳鼠标，得到如图 6.33 所示效果。使用相同方法，在其余的节点上单击拖曳鼠标，调整文本透视效果，得到如图 6.34 所示效果。

(13)选择“椭圆形工具”，在页面的适当位置绘制一个大小合适的椭圆，并填充橘红色，设置无轮廓。按下“Ctrl+Q”组合键，将椭圆形转成曲线对象，如图 6.35 所示。

(14)选择“形状工具”，将光标移至椭圆边缘线上，双击鼠标添加节点，如图 6.36 所示。使用同样的方法，继续添加两个节点，如图 6.37 所示。

图 6.33　透视效果

图 6.34　组合效果

(15)将光标移至其中一个节点上,单击并向右下方拖曳鼠标,将节点移到适当位置,如图 6.38 所示。

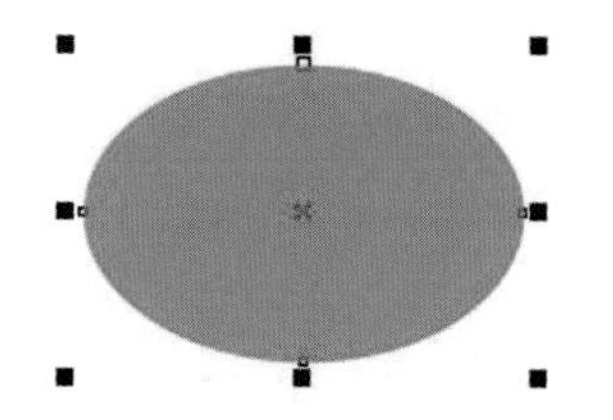

图 6.35　转成曲线

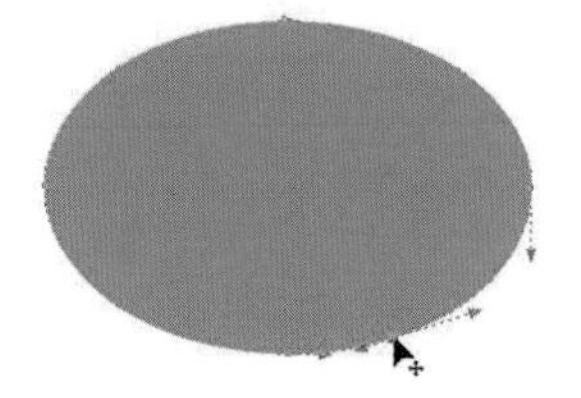

图 6.36　添加节点

图 6.37　添加节点

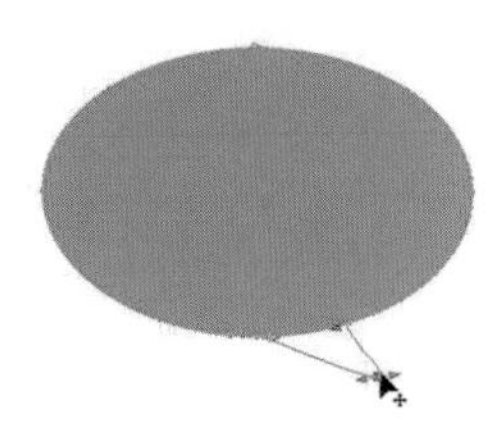

图 6.38　移动节点

(16)单击属性栏中“使节点成为尖突”按钮,将光标移到节点左、右两侧的控制滑杆上,拖曳控制滑杆到适当位置,如图 6.39 所示。

(17)选择“交互式阴影工具”,将光标移到椭圆对象上并向左下角拖曳,如图 6.40 所示。在属性栏的“阴影羽化”选框中输入 4,按下“Enter”键,得到如图 6.41 所示效果。

(18)选择“文本工具”,输入美术文本“优惠时间 9 月 1 日起”,在属性栏中设置字体为“方正粗倩简体”,字号为 26 pt。用“挑选工具”选择文本,单击 CMYK 调色板中的“白”色块。效果如图 6.42 所示。

图 6.39　调整曲线

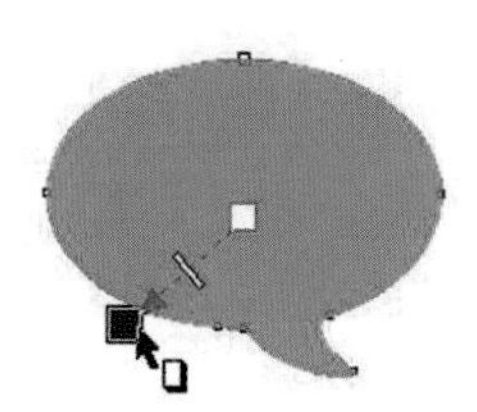

图 6.40　拖曳“交互式阴影工具”

图 6.41　阴影效果

图 6.42　添加文字

(19)使用与步骤(17)相同的方法给文本添加阴影效果。使用“挑选工具”圈选文本和橘红色椭圆形,按“Ctrl+G”组合键,将其群组。适当旋转群组对象,并拖动群组对象到如图 6.43 所示位置。

(20)单击工具栏中的“导入”按钮,弹出“导入”对话框。选择“第六章配套素材”→“气球. cdr”文件,单击“导入”按钮,在页面中单击导入图片,如图 6.44 所示。

(21)使用“挑选工具”,调整其大小,执行“排列”→“顺序”→“置于此对象后”命令,当光标显示➡图形时,单击如图 6.45 所示位置。效果如图 6.46 所示。

(22)使用“挑选工具”选择气球,执行“排列”→“变换”→“比例”命令或按下“Alt+F9”组合键,弹出“变换”泊坞窗,设置参数如图 6.47 所示。单击“应用到再制”按钮,调整复制的气球到适当位置,如图 6.48 所示。

图 6.43　将群组对象拖动到指定位置

图 6.44　导入“气球.cdr”文件

图 6.45　单击对象位置

图 6.46　调整图形位置

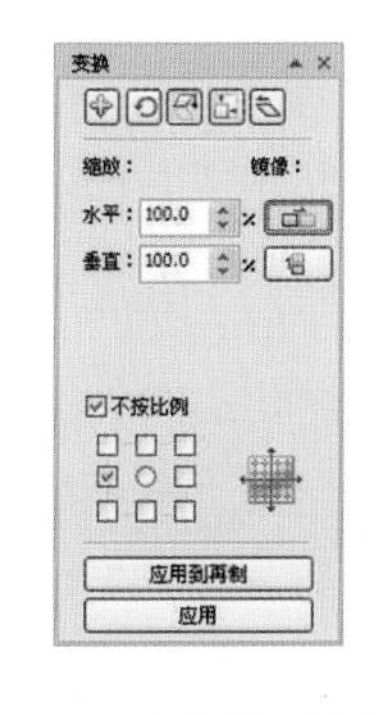

图 6.47　“变换”泊坞窗

图 6.48　再制效果

(23)选择“贝塞尔工具”，在页面的适当位置单击鼠标，绘制三角形，如图 6.49 所示。

(24)用“挑选工具”选择三角形，填充白色，并设置无轮廓，按下小键盘中的“＋”键一次，原位复制出三角形，调整其大小、位置、角度，效果如图 6.50 所示。

图 6.49　绘制三角形

图 6.50　填充并复制三角形

3. 添加产品及其他信息

(1)选择“贝塞尔工具”，在页面中连续单击鼠标绘制如图 6.51 所示的图形，为其填充黑色。

(2)选择“挑选工具”，按小键盘中的“＋”键一次，原位复制图形，单击“填充”工具，选择“均匀填充”或按下“Shift＋F11”组合键，打开“均匀填充”对话框，设置填充颜色值为 C2、M11、Y86、K0，单击“确定”按钮完成填充，如图 6.52 所示。

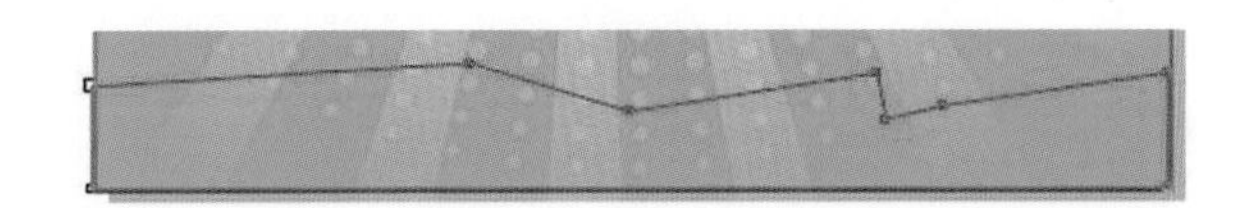

图 6.51　绘制图形

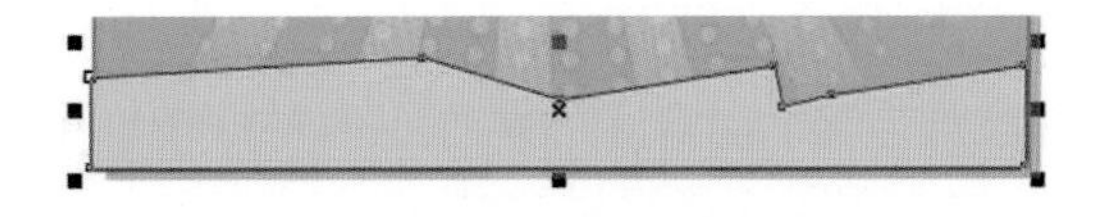

图 6.52　复制并填充颜色效果

(3)将光标放在图形上端中心控制点上，如图 6.53 所示。向下拖曳光标到合适的位置，效果如图 6.54 所示。

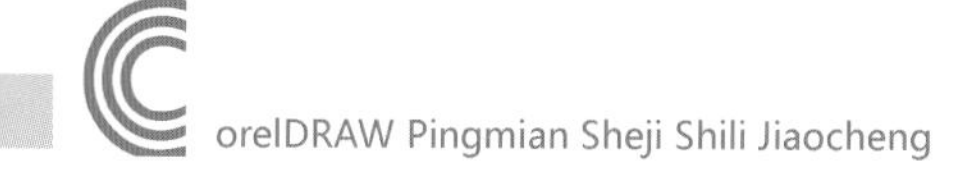

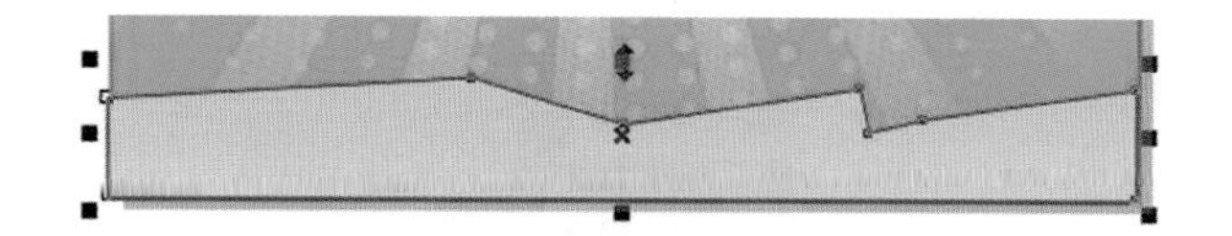

图 6.53　光标所在位置

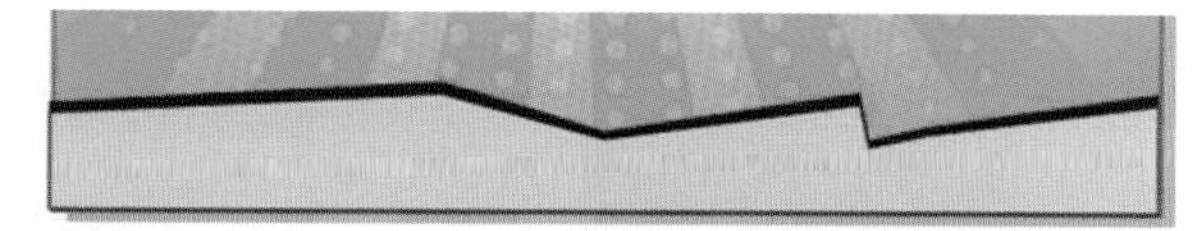

图 6.54　拖曳后效果

(4)使用“挑选工具”同时圈选两个图形，按下“Ctrl+G”组合键，将图形群组。

(5)单击工具栏中的“导入”按钮，弹出“导入”对话框。选择“第六章配套素材”→“手机 1. psd”文件，单击“导入”按钮，打开导入图片，调整其方向、大小，如图 6.55 所示。

(6)使用与步骤(5)相同的方法，依次导入“手机 2. psd”、“手机 3. psd”、“手机 4. psd”、“手机 5. psd”和“手机 6. psd”文件，并调整其方向、大小、位置，效果如图 6.56 所示。

(7)使用“挑选工具”圈选全部手机图片，按下“Ctrl+G”组合键群组。执行“排列”→“顺序”→“置于此对象后”命令，当光标显示➡图形时，单击步骤(4)中得到的群组对象，效果如图 6.57 所示。

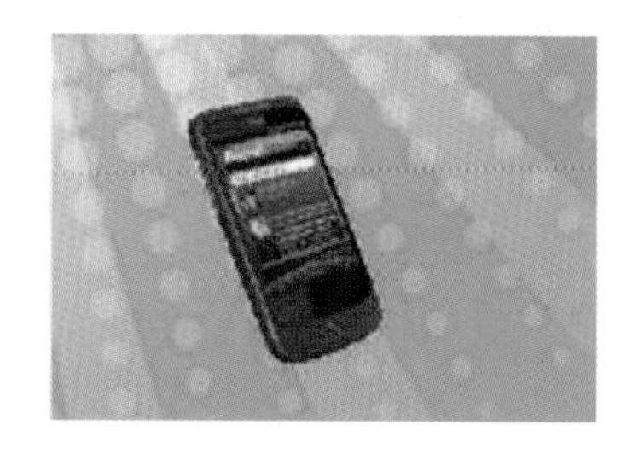

图 6.55　导入图片

图 6.56　排列组合效果

图 6.57　调整位置

(8)选择工具栏中的“标注形状”工具，单击属性栏中的“完美形状”按钮，选择如图 6.58 所示的形状工具。当光标显示为“”时，单击鼠标，从上向右下方拖曳，如图 6.59 所示。

(9)将标注图形移动到页面合适位置，选择“形状工具”，将光标移到该图形右下方的红色菱形节点上，单击并向左上方拖曳，效果如图 6.60 所示。

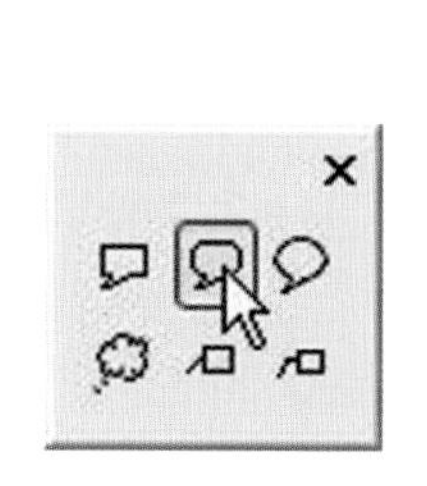

图 6.58　选择标注形状

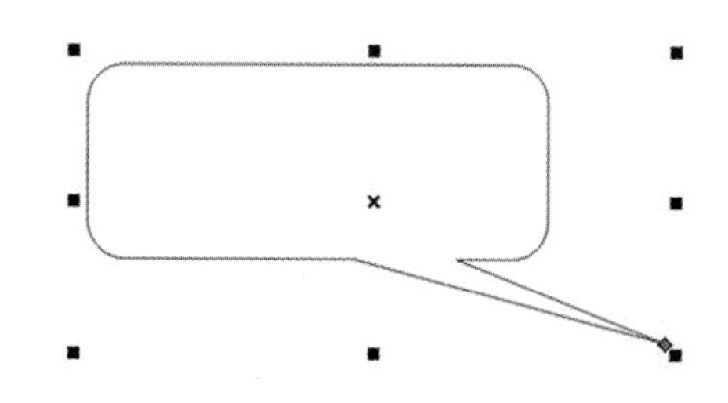

图 6.59　绘制标注图形

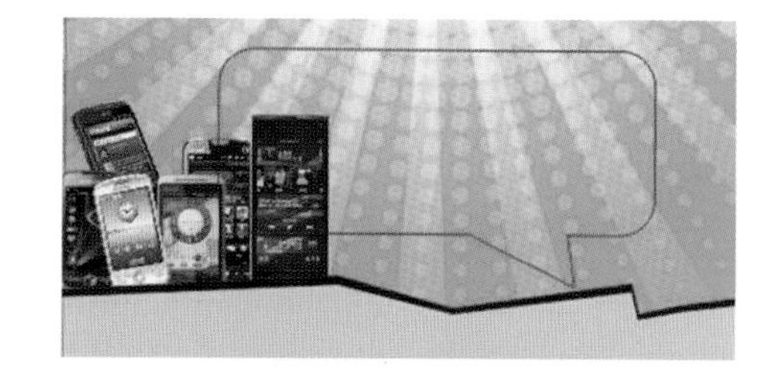

图 6.60　调整图形

(10)用“挑选工具”选择图形，为其填充黑色并设置无轮廓。按下小键盘中的“+”键，复制图形，并设置填充颜色值为 C2、M11、Y86、K0。使用“挑选工具”连续单击该图形两次，移动光标到右上角旋转控制手柄处，拖曳鼠标调整其旋转角度，效果如图 6.61 所示。

(11)选择“形状工具”，移动光标到图形右下角处的红色菱形节点上，单击鼠标左键拖曳，得到如图 6.62 所示效果。

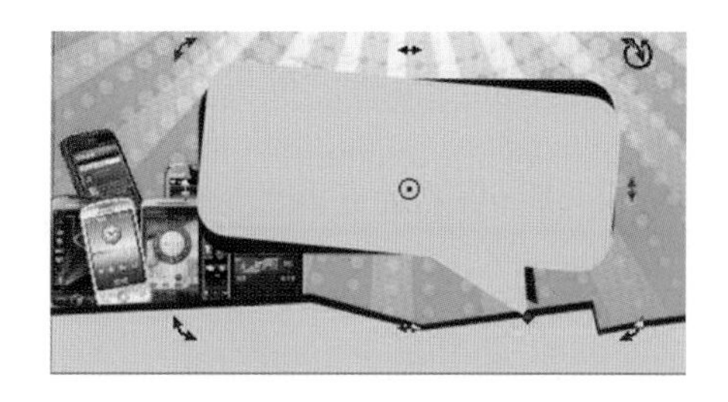

图 6.61　旋转操作

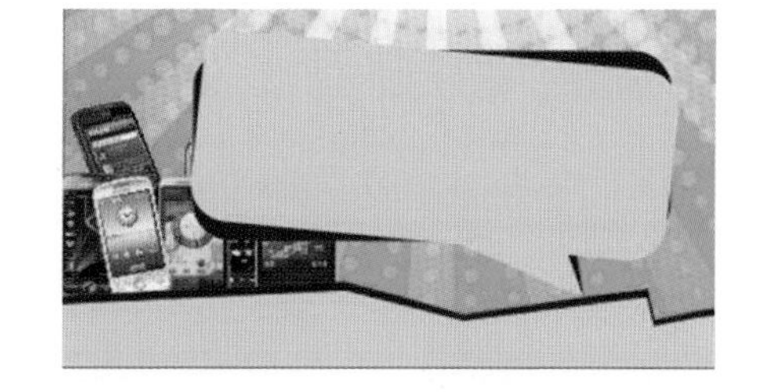

图 6.62　调整复制图形

(12)选择"文本工具"字,单击并拖曳出段落文本框,输入段落文字,在属性栏中设置字体为"方正大黑简体",字号为 18 pt,如图 6.63 所示。

(13)用"挑选工具"适当调整文本的位置和旋转角度,按下"Ctrl＋Q"组合键,将文本转换为曲线,如图 6.64 所示。

图 6.63　输入文字

图 6.64　调整文本位置和旋转角度

(14)使用与步骤(5)相同的方法,分别导入 "第六章配套素材"→"礼盒. cdr"和"人物. psd"文件,调整图像的大小、位置,如图 6.65 所示。

(15)选择"文本工具"字,输入文字"我是学生我有特权",并在属性栏中设置字体为"方正综艺简体",字号为 32 pt。分别设置文字"我是""我有"为白色,设置文字"学生""特权"的颜色值为 C2、M11、Y86、K0,如图 6.66 所示。

(16)选择"交互式轮廓图工具",移动光标到"我是学生我有特权"文本上,当光标显示形状时,单击并向下拖曳鼠标,在属性栏中设置"向外",轮廓图步长为 1,轮廓图偏移为 2.5 mm,填充色为黑色。效果如图 6.67 所示。

图 6.65　导入素材效果

图 6.66　文本填充效果

图 6.67　轮廓效果

(17)使用"挑选工具"将"我是学生我有特权"文本移到页面合适的位置,并旋转角度,效果如图 6.68 所示。

(18)使用"挑选工具"选择步骤(4)中的群组图形,单击鼠标右键并拖曳群组图形至页面顶端,释放右键，在弹出的快捷菜单中选择“复制”命令，再单击属性栏中的“垂直镜像”按钮进行垂直翻转，效果如图6.69所示。

(19)选择“矩形工具”，在页面上方的合适位置绘制矩形，填充白色，在属性栏中解除锁定全部圆角，设置矩形左下圆角值为30、右下圆角值为30。效果如图6.70所示。

图6.68 文本旋转效果

图6.69 镜像图形

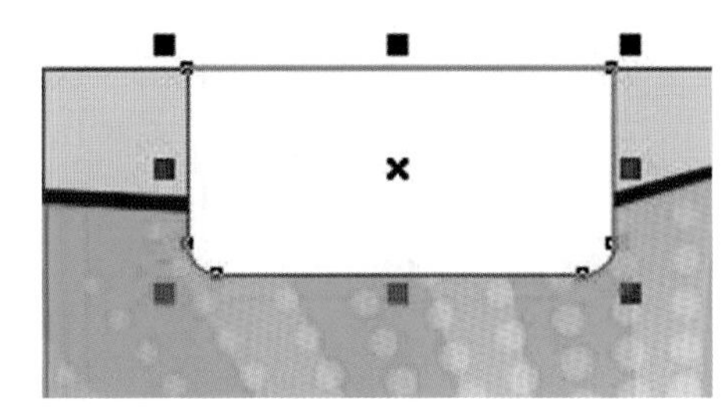

图6.70 绘制圆角矩形

(20)单击工具栏中的“轮廓笔”工具，弹出“轮廓笔”对话框，设置“宽度”为1 mm，单击“颜色”选项框，在下拉调色板中单击“其它”按钮，如图6.71所示。弹出“选择颜色”对话框，设置颜色值为C2、M11、Y86、K0，单击“确定”按钮。返回到“轮廓笔”对话框，再次单击“确定”按钮。效果如图6.72所示。

(21)选择“文本工具”字，在圆角矩形上的合适位置单击鼠标，输入文字“宇通数码城”，在属性栏中设置字体为“方正大标宋简体”，字号为32 pt。效果如图6.73所示。

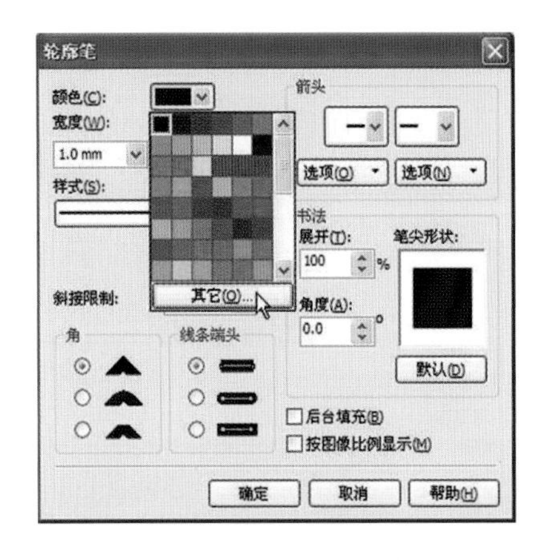

图6.71 设置“轮廓笔”对话框

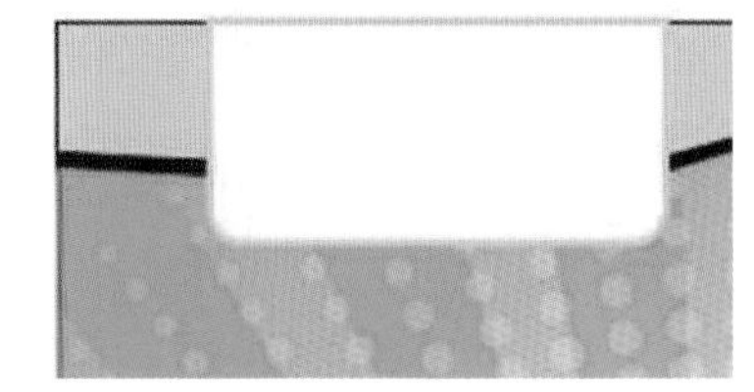

图6.72 设置轮廓效果

图6.73 文字效果

(22)使用“挑选工具”，按下“Shift”键，结合单击和圈选的方法选中除绿色渐变底图以外的所有对象，按下“Ctrl+G”组合键，将图形群组。执行“效果”→“图框精确剪裁”→“放置在容器中”命令，当光标显示➡形状时，单击绿色渐变底图，效果如图6.74所示。

(23)在底图中单击鼠标右键，弹出快捷菜单，选择“编辑内容”命令，进入编辑状态(见图6.75)，使用“挑选工具”选择群组对象，移动群组对象，与底图边框对齐，单击鼠标右键，在弹出的快捷菜单中选择“结束编辑”命令，最终效果如图6.76所示。

图 6.74 图框精确剪裁效果

图 6.75 编辑状态

图 6.76 最终效果图

练习题

促销宣传单设计

要点提示：在 CorelDRAW 中，使用"矩形工具"设置宣传单页面规格，并填充渐变色。导入素材文件，添加适当的透明度，组合成背景效果。用"文本工具"输入主题文字和辅助说明文字，并调整文字大小、方向、位置，设置合适的字体和字号，添加适当的文字轮廓效果。最终效果如图 6.77 所示。

图 6.77 促销宣传单

CorelDRAW Pingmian Sheji Shili Jiaocheng

项目七

室内平面布置图设计

目标任务

主要学习在 CorelDRAW X4 中,使用“基本形状”工具、“填充”工具、“轮廓笔”工具制作室内平面布置图,使用“导入”命令对素材进行调整。

项目重点

项目重点是使用“贝塞尔工具”、“轮廓笔”工具绘制墙体,使用“椭圆形工具”绘制门,使用“图样填充”工具制作地板和瓷砖,使用标注工具标注平面效果图。

任务一 设计理论要点

室内平面布置图是室内设计的主要图纸。设计师对室内设计的很多基本想法,如各房间的功能安排、家具及陈设布置等都是通过平面布置图来表现的。

一、室内平面布置图的内容

室内平面布置图一般用来表示各房间名称，墙、柱、门窗、洞口的位置,以及门的开启方式;表示室内的家具、陈设和地面的做法;表示卫生洁具、山水绿化和其他固定设施的位置和形式;表示屏风、隔断、花格等空间分隔物的位置和尺寸;表示地坪标高的变化及坡道、台阶、楼梯和电梯等。主要内容概括如下:

(1)墙与柱装修的形状、厚度尺寸和位置。

(2)门与窗的位置、高度、大小及开启方向。

(3)家具与陈设、壁画与浮雕、卫生洁具、自然景物等。

(4)地面:对于简单的地面做法可不另画地面图,直接将其形状、材料和做法绘制和标注在平面布置图上。

(5)立面图、墙面展开图的索引标志。

二、平面布置图的特点

(1)平面布置图给其他图纸定下了基础,包括空间大小、具体的安装位置等。例如电气安装图中的插座位置、立面图中的鞋柜大小和位置等。

(2)平面布置图结合顶棚图纸,就可以从空间和视觉上决定整套房屋的各部分的功能。

(3)平面布置图具有单向性的特点,一旦按照平面布置图施工,就很难对布局进行修改和返工。

任务二
案例流程图与制作步骤

一、案例流程图

室内平面布置图设计流程图如图 7.1 所示。

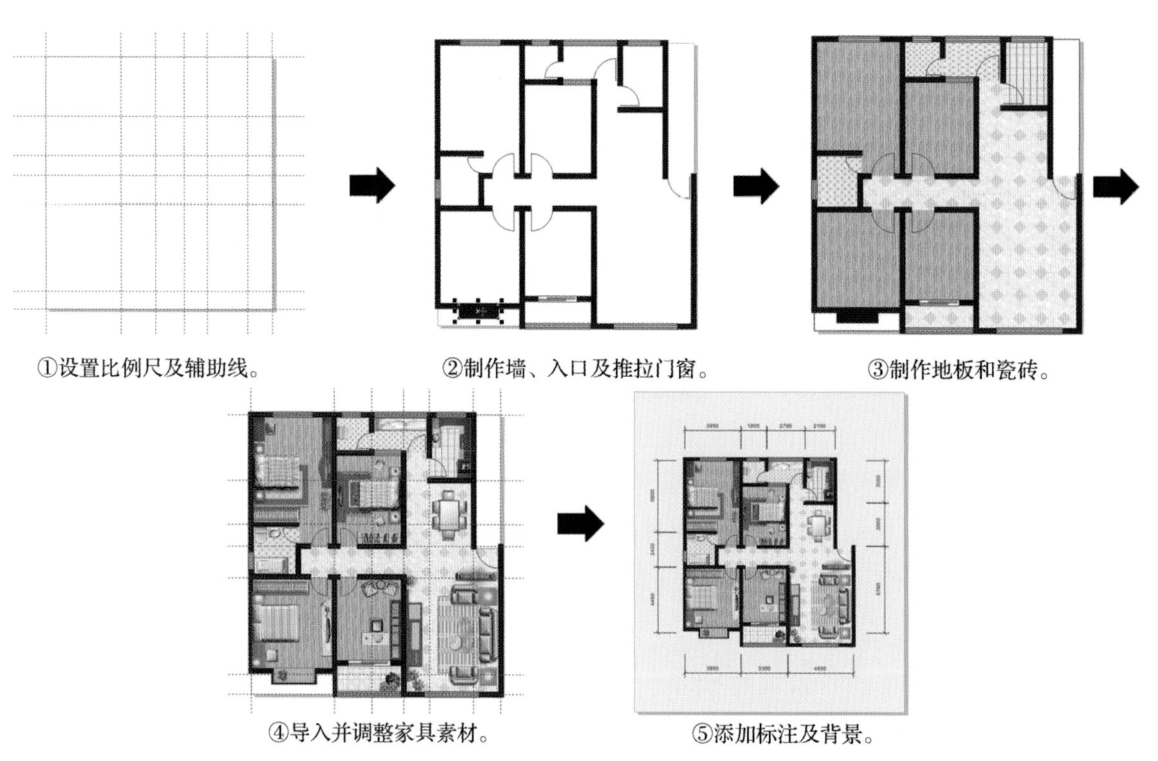

图 7.1　室内平面布置图设计流程图

二、制作步骤

1. 绘制室内平面图

(1)打开 CorelDRAW X4 软件,选择"文件"→"新建"命令或按下"Ctrl+N"组合键,新建一个 A4 页面,效果如图 7.2 所示。

(2)单击属性栏中的"选项"按钮 或按下"Ctrl+J"组合键,弹出"选项"对话框,如图 7.3 所示。

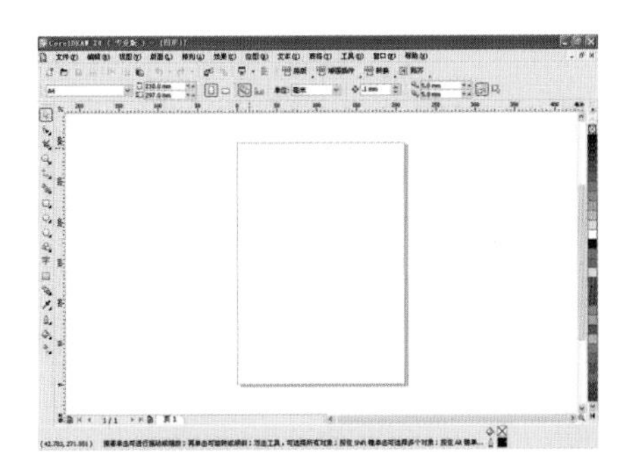

图 7.2　新建文件

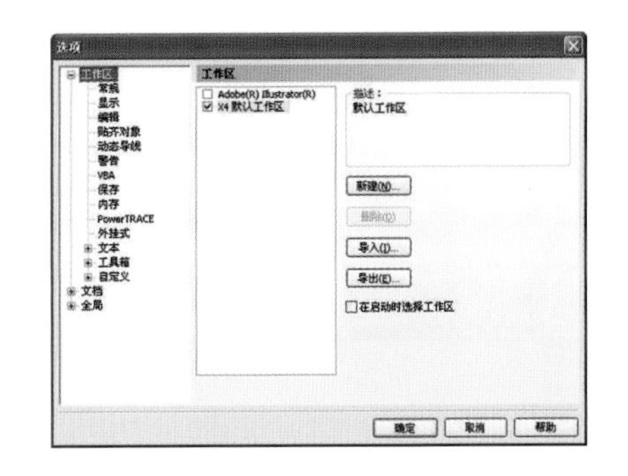

图 7.3　“选项”对话框

提示:使用光标右键单击标尺的任意位置,在弹出的菜单选项中单击“标尺设置”选项,即可弹出“选项”对话框。

(3)单击“文档”的“+”键,弹出下一级目录,单击“标尺”, 打开“标尺”对话框,如图 7.4 所示。

(4)单击“编辑刻度”按钮[编辑刻度(S)...],弹出“绘图比例”对话框,将“典型比例”设置为 1∶100,如图 7.5 所示。单击“确定”按钮,返回“选项”对话框。

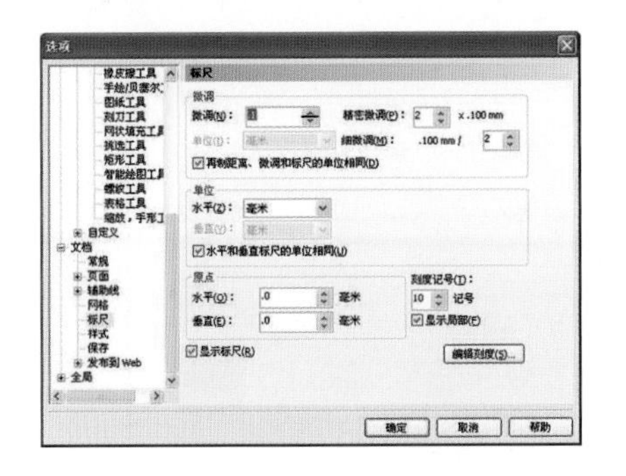

图 7.4　“标尺”对话框

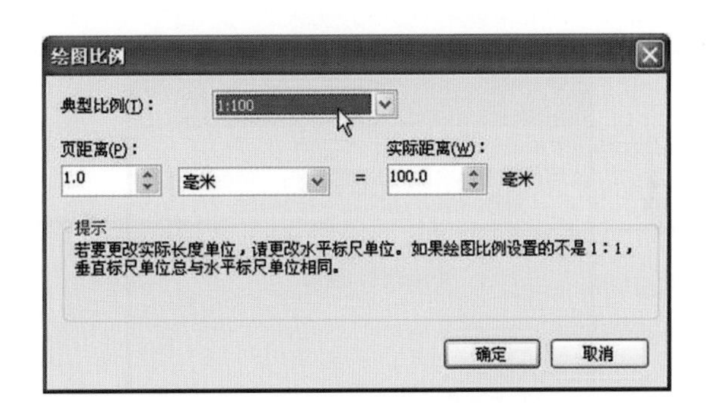

图 7.5　设置“绘图比例”对话框

提示: 完成比例尺设置,标尺显示的数据为对象的实际尺寸,而不是页面尺寸。

(5)单击“页面”的“+”键,弹出下一级目录,单击“大小”, 打开“大小”对话框。设置页面宽度为 118.6 mm,高度为 127.6 mm,如图 7.6 所示。单击“确定”按钮,完成页面设置。

(6)在标尺任意位置单击鼠标右键,单击“辅助线设置”选项, 打开“辅助线设置”对话框。再单击下一级“水平”选项,打开“水平” 对话框,依次输入 0、900、5300、6760、7760、9760、12 760,如图 7.7 所示。单击“确定”按钮,在“水平” 标尺中添加辅助线。

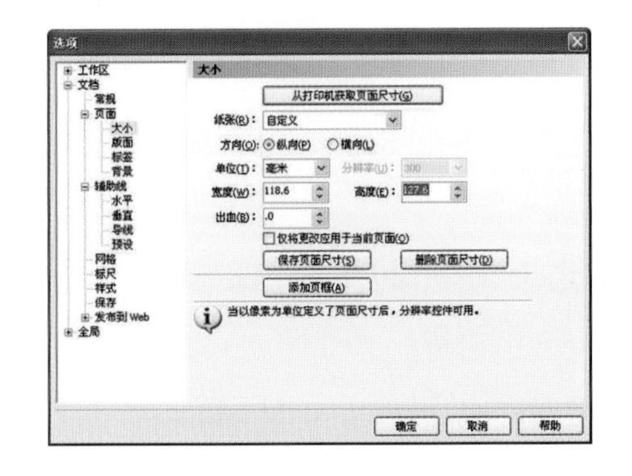

图 7.6　设置“大小”对话框

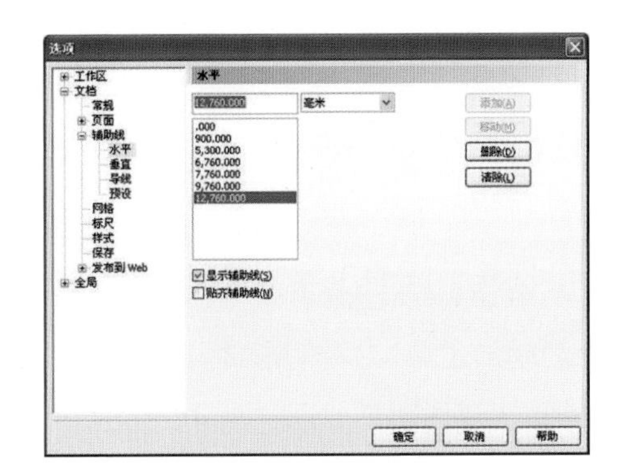

图 7.7　添加水平辅助线

(7)接着单击"垂直"选项,打开"垂直" 对话框,依次输入 0、3950、5750、7250、8450、10 550、11 850,如图 7.8 所示。单击"确定"按钮,在"垂直" 标尺中添加辅助线。效果如图 7.9 所示。

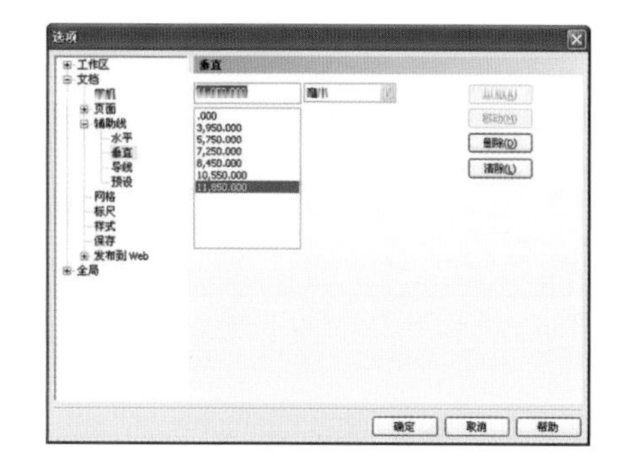

图 7.8　添加垂直辅助线

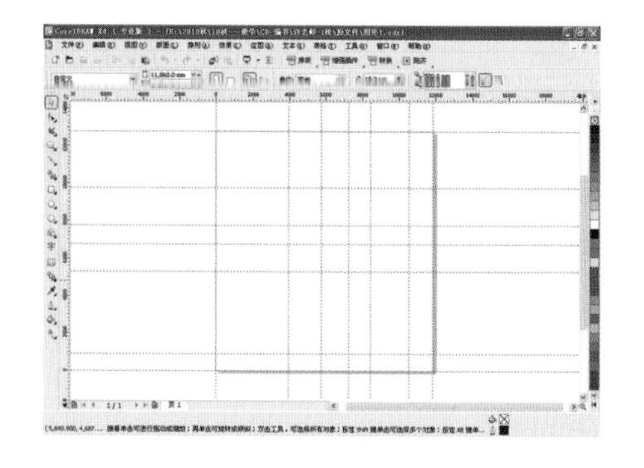

图 7.9　添加辅助线的页面效果

(8)在属性栏上单击"贴齐辅助线"按钮 。单击"轮廓笔"工具 ,弹出"轮廓笔"对话框,勾选 "图形"复选框,如图 7.10 所示,单击"确定"按钮,打开"轮廓笔" 对话框,设置线形宽度为 260 mm,勾选"按图像比例显示"复选框,其他选项设置均为默认,如图 7.11 所示,单击"确定"按钮。

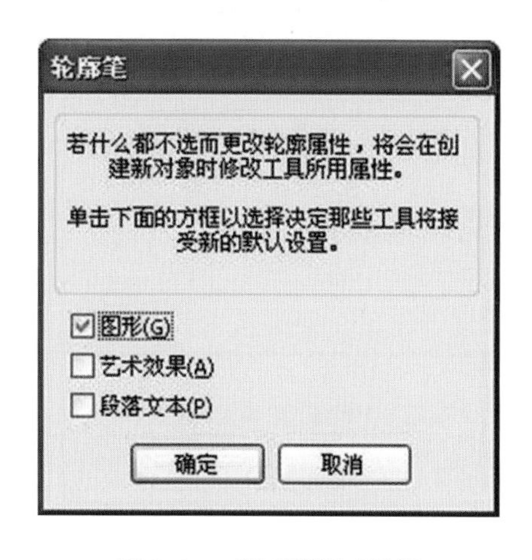

图 7.10　"轮廓笔"对话框

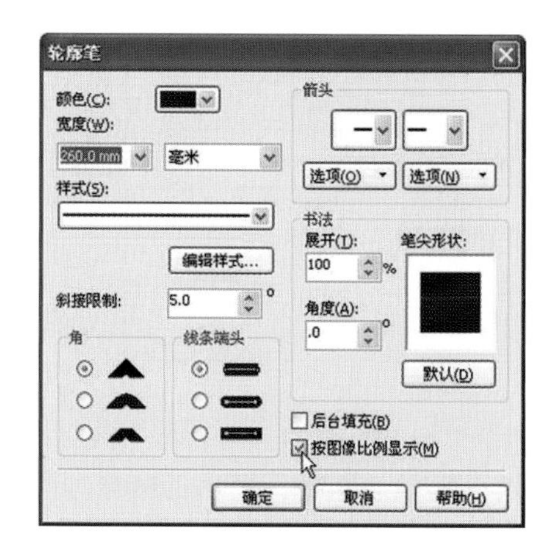

图 7.11　设置"轮廓笔"对话框

(9)选择 "贝塞尔工具" ,沿着页面边缘转折处单击鼠标左键,轮廓线自动贴齐辅助线。绘制出户型的轮廓线,效果如图 7.12 所示。

(10)使用"贝塞尔工具" ,在辅助线上单击鼠标,绘制出垂直、水平线段。如需结束线段绘制,按下空格键一次,光标即可转换为"挑选工具" 。如需从新的起点开始绘制,再次按下空格键一次,光标又转换为"贝塞尔工具" ,即可绘制新的线段。使用相同的方法,绘制出室内的承重墙轮廓线,效果如图 7.13 所示。

(11)双击"挑选工具" ,全选线段,单击属性栏上的"结合"按钮 ,执行"排列"→"将轮廓转换为对象"命令,使用"矩形工具"绘制矩形,将其移动到如图 7.14 所示的位置。

(12)保持矩形激活状态,按下"Shift"键的同时单击承重墙线段,接着单击属性栏上的"移除前面对象"按钮 ,将其修剪出房间入口的造型,效果如图 7.15 所示。使用相同的方法,修剪出其他房间入口的造型。效果如图 7.16 所示。

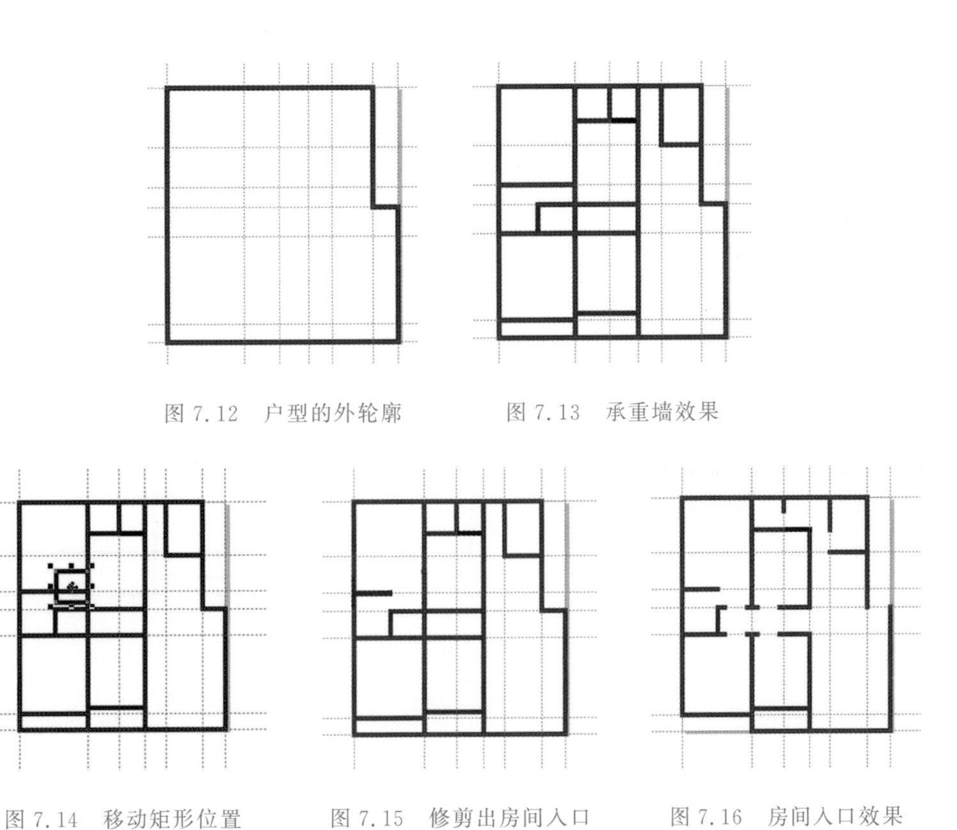

图 7.12 户型的外轮廓　　图 7.13 承重墙效果

图 7.14 移动矩形位置　　图 7.15 修剪出房间入口　　图 7.16 房间入口效果

(13)执行“文件”→“保存”命令，弹出“保存绘图”对话框，将当前图像命名为“室设平面图”，保存为 CDR 格式，版本为 14.0 版本，单击“保存”按钮，将图形保存。

2. 绘制门和窗户图形

(1)选择“椭圆形工具”，将光标放在门框中心位置，按下“Shift+Ctrl”组合键，单击鼠标并向外拖曳到合适的位置释放鼠标，绘制出同心圆。设置属性栏轮廓宽度框中的数值为 30 mm，按下“Enter”键。效果如图 7.17 所示。

(2)选择“椭圆形工具”属性栏中的“饼形”按钮，单击属性栏中的“顺时针/逆时针弧形或饼形”按钮，设置如图 7.18 所示。房门效果如图 7.19 所示。

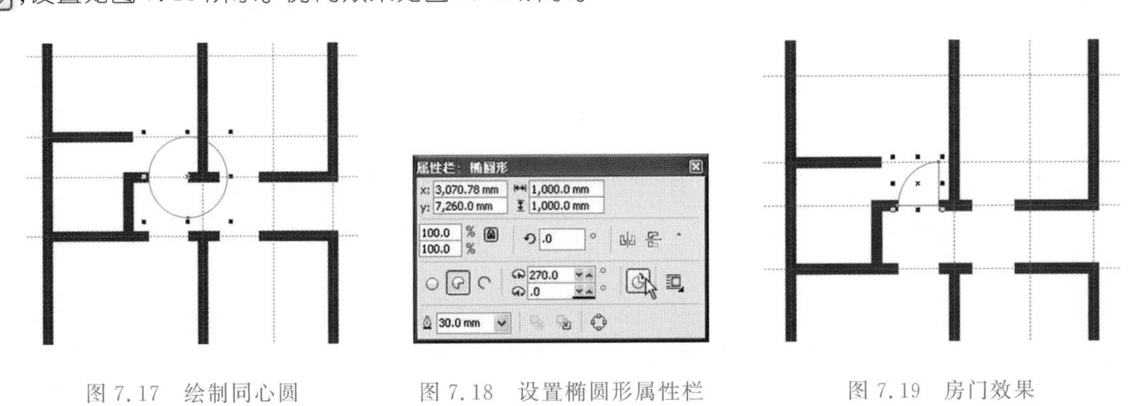

图 7.17 绘制同心圆　　图 7.18 设置椭圆形属性栏　　图 7.19 房门效果

(3)执行“排列”→“转换为曲线”命令，使用“形状工具”，单击属性栏中的“选择全部节点”按钮，接着单击“断开曲线”按钮，按下空格键将光标转换为“挑选工具”。单击属性栏中的“打散”按钮，将线条拆分为独立的线段。使用“挑选工具”，选择门下边的水平线段，按下“Delete”键将水平线段删除。

房间开门效果如图 7.20 所示。

(4)选择“挑选工具”，再次圈选门的另外两条线段，再次单击属性栏上的“结合”按钮，按下数字键盘上的“+”键 8 次，原位复制出 8 个门的造型，并将其依次拖曳到相应的位置上，调整其位置、大小和方向，分别为其他房间安装上“门”。效果如图 7.21 所示。

(5)执行“视图”→“辅助线”命令，隐藏辅助线。效果如图 7.22 所示。

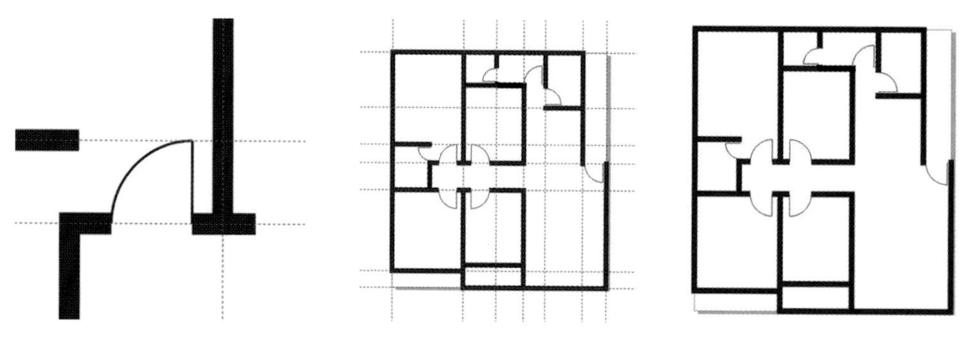

图 7.20　房间开门效果　　图 7.21　调整门的位置　　图 7.22　隐藏辅助线效果

(6)单击“轮廓笔”工具，弹出“轮廓笔”对话框，确认激活“图形”复选框，单击“确定”按钮，打开“轮廓笔”对话框，设置线形宽度为 10 mm，勾选“按图像比例显示”复选框，其他选项设置均为默认，单击“确定”按钮。

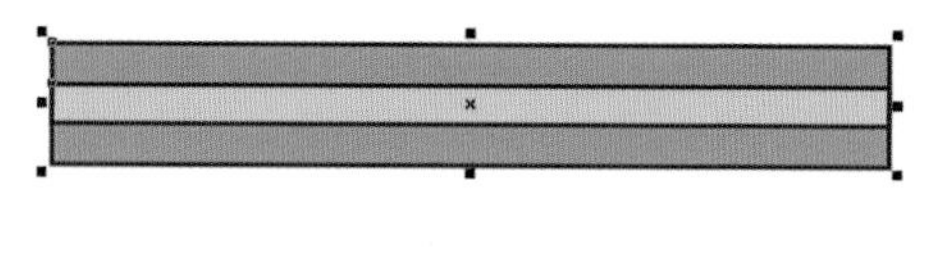

图 7.23　绘制窗户

(7)选择“矩形工具”，绘制矩形，为其填充颜色 C0、M0、Y0、K30。按下“Shift”键，拖曳矩形中、上控制手柄，缩小矩形高度的同时单击鼠标右键，原位复制另一矩形，并填充颜色 C20、M5、Y5、K0。使用“挑选工具”圈选两个矩形，单击属性栏中的群组按钮或按下“Ctrl+G”组合键进行群组。窗户效果如图 7.23 所示。

(8)保持窗户为选择状态，按下数字键盘上的“+”键 7 次，原位复制出 7 个窗户的造型，并将其依次拖曳到相应的位置，调整其位置、大小和方向。效果如图 7.24 所示。

(9)选择“矩形工具”绘制矩形，填充白色，再绘制两个矩形分别错位排列，并为其填充颜色 C0、M35、Y80、K0，如图 7.25 所示。接着绘制飘窗的图形，为其填充黑色。将推拉门和飘窗的图形拖曳到相应的位置，调整其位置、大小、方向。效果如图 7.26 所示。

(10)执行“文件”/“保存”命令，将当前图像保存。

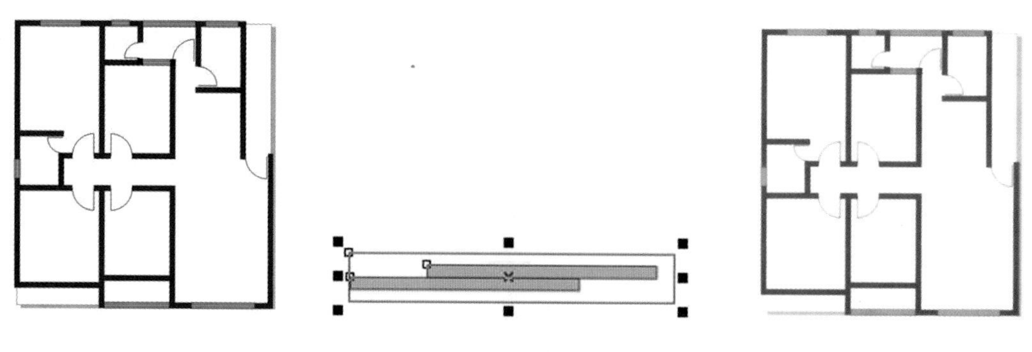

图 7.24　调整窗户的位置　　图 7.25　绘制推拉门　　图 7.26　绘制推拉门和飘窗

3. 绘制地板图形

(1)双击“矩形工具”，得到与页面相等的矩形。选择工具栏中的“填充”工具，单击“图样填充”工具 图样填充... ，弹出“图样填充”对话框。选择“位图”单选项，单击图案样张，选择下拉选项中的第 3 列、第 17 行的图案作为地砖图案，如图 7.27 所示。

(2)设置图样大小，宽度和高度均输入数值 20 mm，选择“将填充与对象一起变换”复选框，其他选项设置均为默认，如图 7.28 所示，单击“确定”按钮。地砖效果如图 7.29 所示。

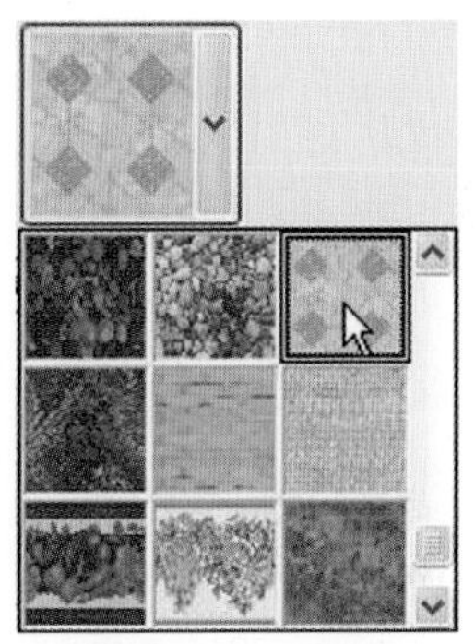

图 7.27　选择地砖图案

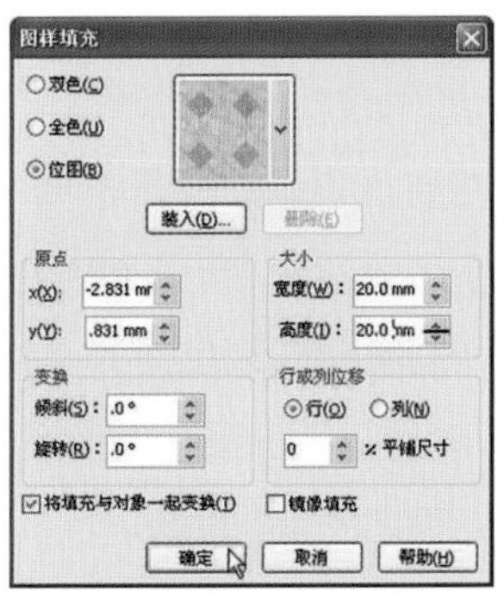

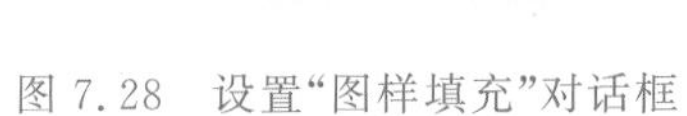

图 7.28　设置“图样填充”对话框

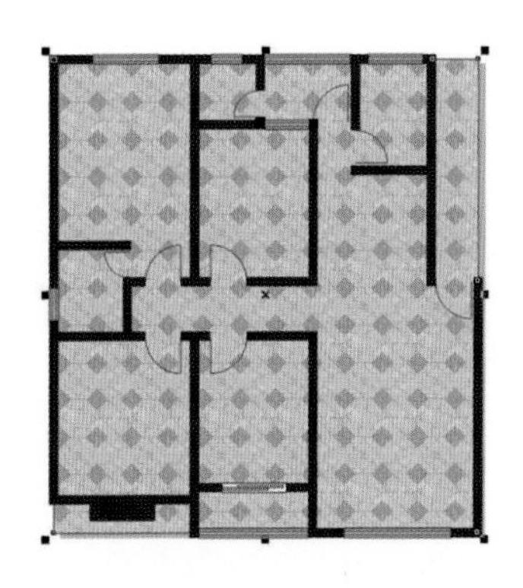

图 7.29　图样填充效果

(3)保持矩形图形为选择状态，将光标移到调色板“无填充”上，单击鼠标右键去掉轮廓线，如图 7.30 所示。

(4)选择“矩形工具”，在页面左下角和右上角绘制两个矩形。选择“挑选工具”，按下“Shift”键，同时选取两个矩形，单击属性栏中的“焊接”按钮，将两个矩形焊接。效果如图 7.31 所示。

(5)使用“挑选工具”，按下“Shift”键的同时单击地砖图形，单击属性栏中的“移除前面对象”按钮，地砖图形被修剪。效果如图 7.32 所示。

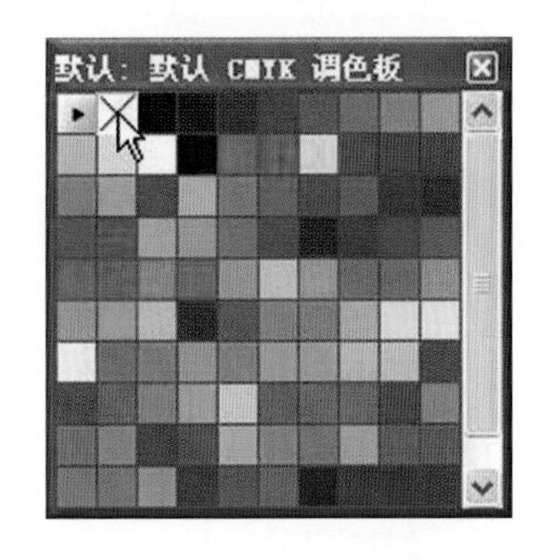

图 7.30　去掉轮廓线

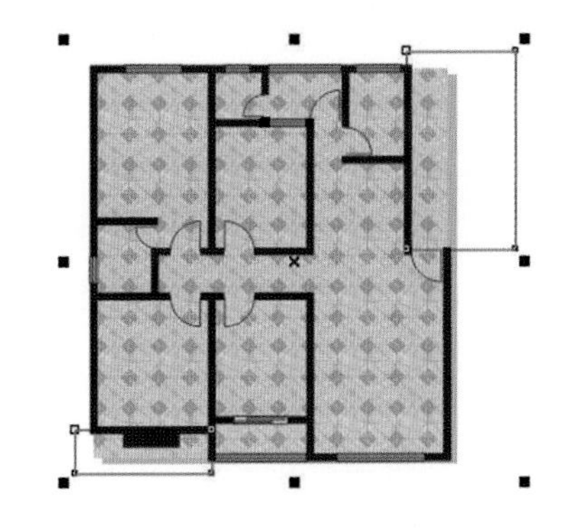

图 7.31　焊接矩形框

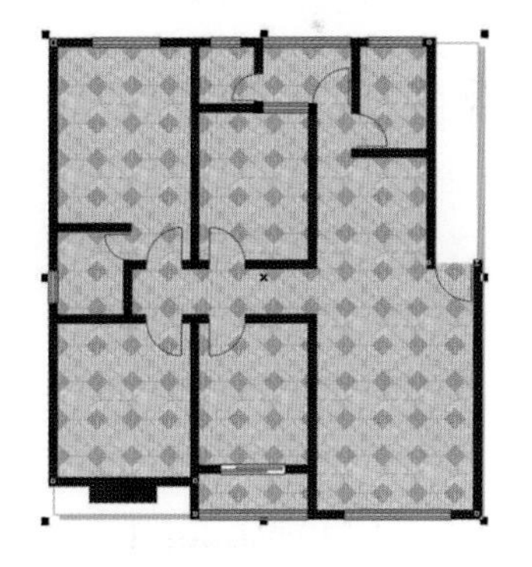

图 7.32　修剪矩形框

(6)保持地砖图形为选择状态，执行“位图”→“转换为位图”命令，弹出该命令对话框，设置分辨率为 300 dpi，颜色模式为 CKYK 颜色(32 位)，勾选“透明背景”复选框，其他选项设置均为默认，单击“确定”按钮，如图 7.33 所示。

(7)执行“效果”→“调整”→“亮度/对比度/强度”命令，弹出该命令对话框，分别设置亮度为 34，对比度为－9，强度为－19，如图 7.34 所示。单击“预览”按钮，观察色彩变化范围。单击“确定”按钮。调色效果如图 7.35 所示。

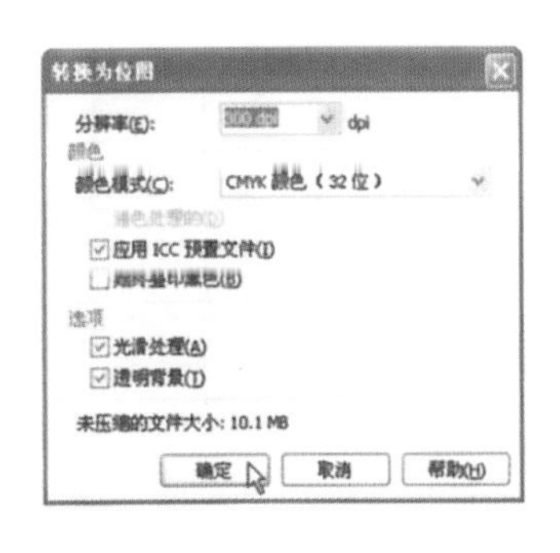

图 7.33　设置“转换为位图”对话框

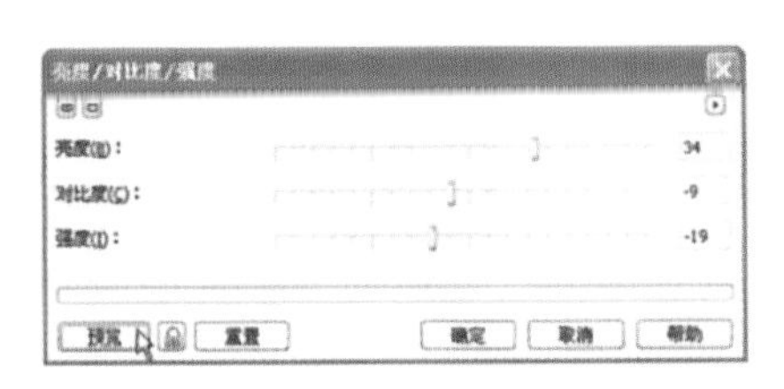

图 7.34　设置“亮度/对比度/强度”对话框

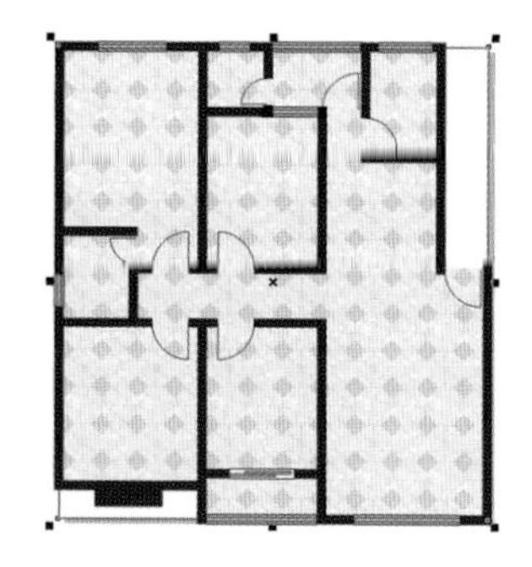

图 7.35　调整色彩效果

(8)选择“矩形工具”，绘制矩形。调整其大小、位置。选择“填充”工具，单击“图样填充”工具 图样填充...，弹出“图样填充”对话框。选择“位图”单选项，单击图样下拉选项中的第 2 列、第 16 行的木纹图样，设置图样宽度为 10 mm、高度为 7 mm，设置“旋转”角度为 90°，勾选“行或列位移”中的“行”选项并设为 5%平铺尺寸，其他选项设置均为默认，单击“确定”按钮，如图 7.36 所示。将光标移到调色板“无填充”上，单击鼠标右键去除轮廓线。木地板效果如图 7.37 所示。

(9)使用相同的方法，绘制其他房间的木地板，调整其大小、位置。选择“挑选工具”，按下“Shift”键，连续单击其他木地板，再单击群组按钮，效果如图 7.38 所示。

图 7.36　“图样填充”对话框

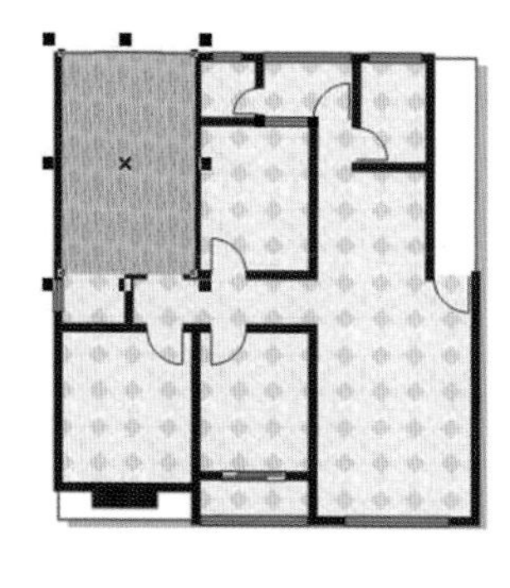

图 7.37　木地板效果

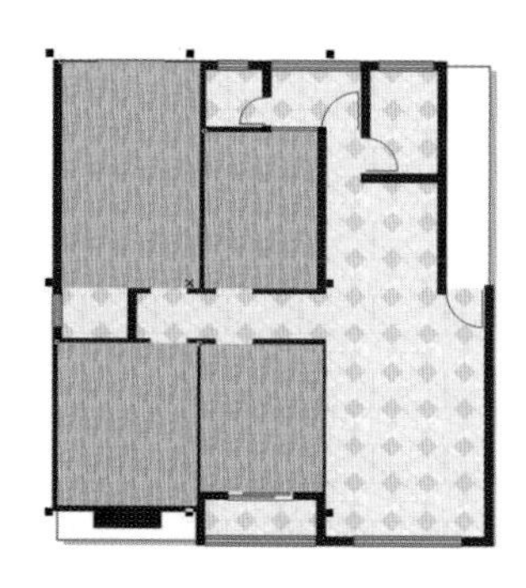

图 7.38　群组木地板

(10)执行“排列”→“顺序”→“置于此对象前”命令或按下“Ctrl＋Shift＋Page Up”组合键，当光标变为➡形状时，在地砖图形上单击鼠标左键，如图 7.39 所示。木地板效果如图 7.40 所示。

(11)执行“文件”→“导入”命令或按下属性栏中的“导入”按钮，弹出“导入”对话框。选择“瓷砖 01. psd”文件，单击“导入”按钮 导入，在页面中单击，打开导入文件，调整其位置、大小，如图 7.41 所示。

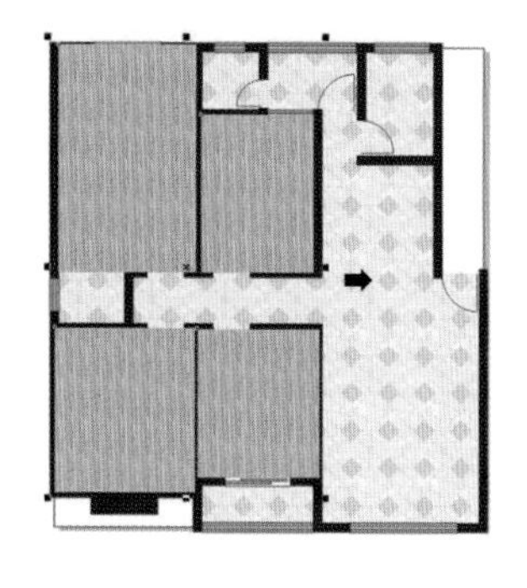

图 7.39　“置于此对象前”命令

图 7.40　木地板效果

图 7.41　导入图片

(12)使用“挑选工具”，按住鼠标左键向右拖曳“瓷砖 01. psd”图形，并在适当的位置上单击鼠标右键，复制出“瓷砖 01. psd”副本。接着按下“Ctrl+D”组合键，水平再制出另一个“瓷砖 01. psd”副本，调整其位置、大小。按下“Shift”键，依次选取其他两个瓷砖图形，再按下“Ctrl+G”组合键，将三个瓷砖图形进行群组，如图 7. 42 所示。

(13)执行“排列”→“顺序”→“置于此对象后”命令或按下“Ctrl+Shift+Page Down”组合键，当光标变为➡形状时，在户型外轮廓上单击，如图 7. 43 所示。瓷砖效果如图 7. 44 所示。

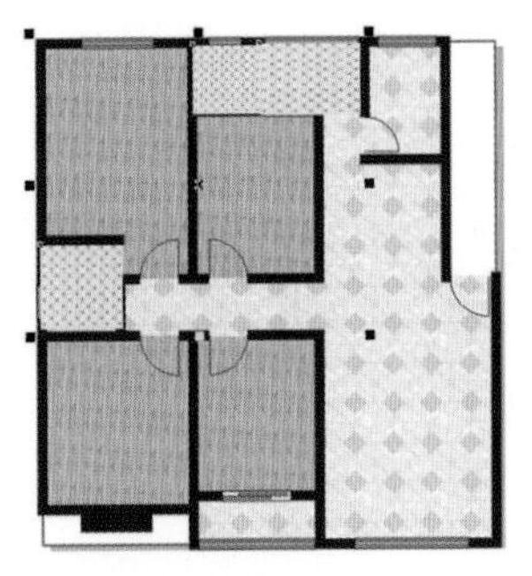

图 7.42　群组瓷砖图形

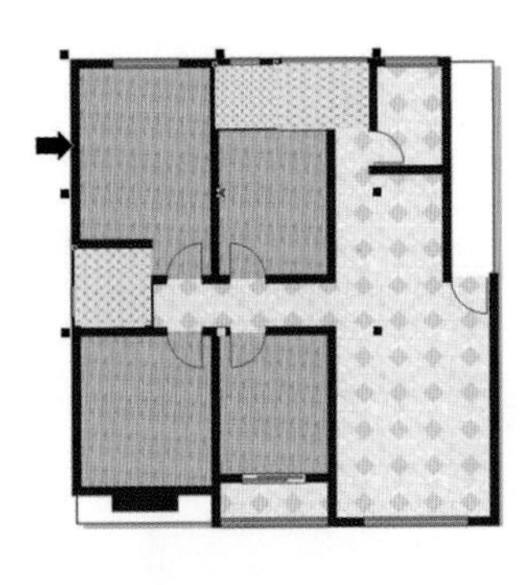

图 7.43　“置于此对象后”命令

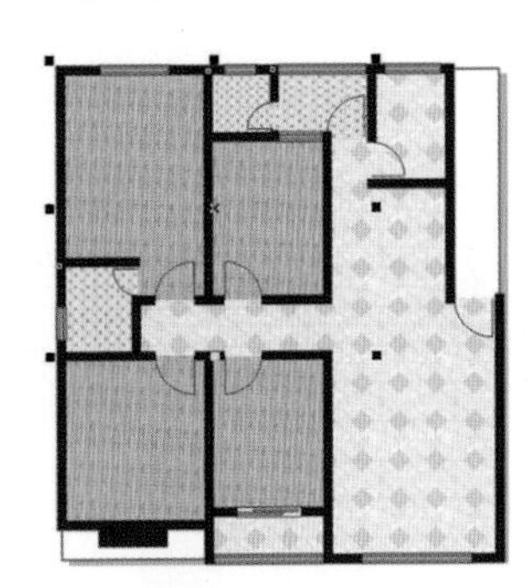

图 7.44　瓷砖效果

(14)继续按下属性栏中的“导入”按钮或按下“Ctrl+I”组合键，弹出“导入”对话框。选择“瓷砖 02. psd”文件，单击“导入”按钮［导入］，在页面中单击，打开导入文件。

(15)使用“挑选工具”，调整“瓷砖 02. psd”图形的位置和大小。按下“Ctrl”键的同时，按下鼠标左键并水平向右拖曳，在合适的位置上单击鼠标右键，即可复制出“瓷砖 02. psd”副本，接着连续按下“Ctrl+D”组合键多次，水平复制出多个瓷砖图形。

(16)再次选择“挑选工具”，按下“Shift”键的同时圈选全部瓷砖图形。按下“Ctrl”键的同时，按住鼠标左键并垂直向下拖曳，在合适的位置上单击鼠标右键，即可复制出新的瓷砖图形，接着连续按下“Ctrl+D”组合键，垂直复制出多行瓷砖图形。按下“Shift”键的同时圈选瓷砖图形，按下“Ctrl+G”组合键，将图形全部群组。效果如图 7. 45 所示。

(17)执行“排列”→“顺序”→“置于此对象前”命令或按下“Ctrl+Shift+Page Up”组合键，当光标变为➡形状时，在地砖图形上单击鼠标左键，厨房瓷砖效果如图 7. 46 所示。

(18)导入“瓷砖 03. psd”文件，使用相同的方法，将其排列、组合后放置在阳台中。阳台瓷砖效果如图 7. 47 所示。

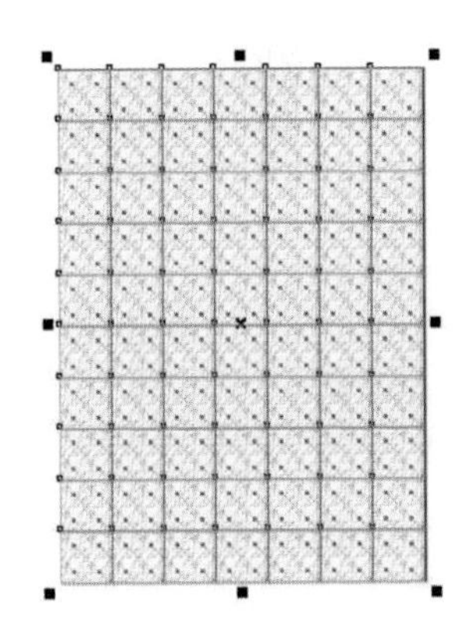

图 7.45　复制瓷砖效果

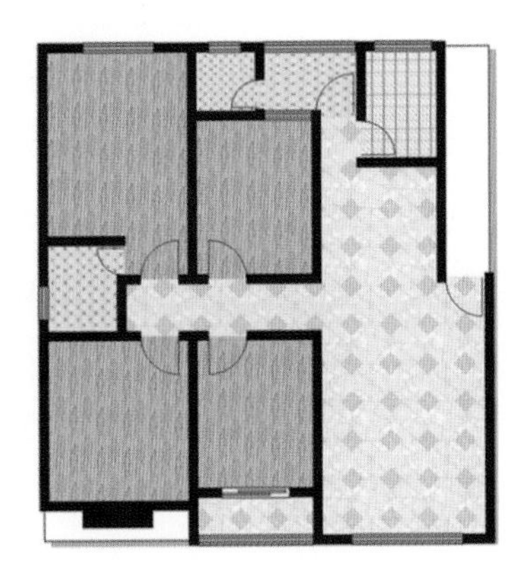

图 7.46　厨房瓷砖效果

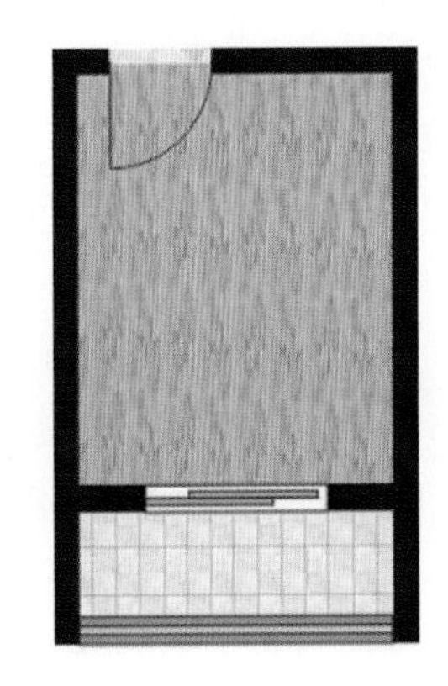

图 7.47　阳台瓷砖效果

(19)执行“文件”→“保存”命令,将当前图像保存。

4. 导入素材模块

(1)按下属性栏中的“导入”按钮,弹出“导入”对话框。选择“带梳妆台的床01.psd”文件,单击“导入”按钮,在页面中单击,打开导入文件,如图7.48所示。

(2)使用“挑选工具”,调整其大小、位置。按下属性栏中的“水平镜像”按钮,调整其位置、大小。效果如图7.49所示。

(3)选择“交互式阴影工具”,将光标移动到带梳妆台的床图形上,按下鼠标左键并向左下方拖曳出调节阴影滑杆,设置其属性栏中的“阴影的不透明度”数值为80,“阴影羽化”数值为3,设置“羽化方向”为“平均”,如图7.50所示。效果如图7.51所示。

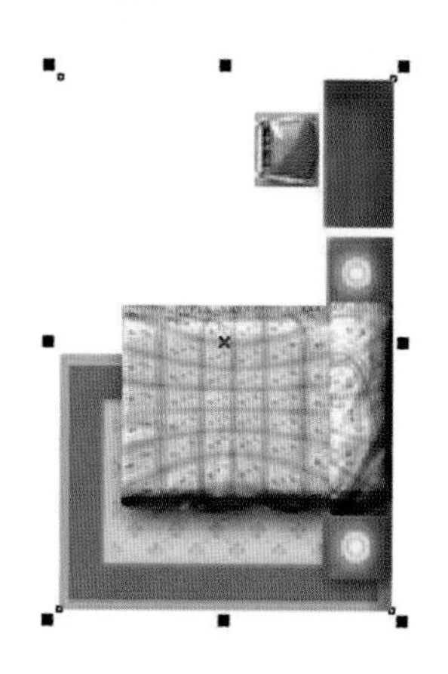

图7.48　导入“带梳妆台的床01.psd”文件

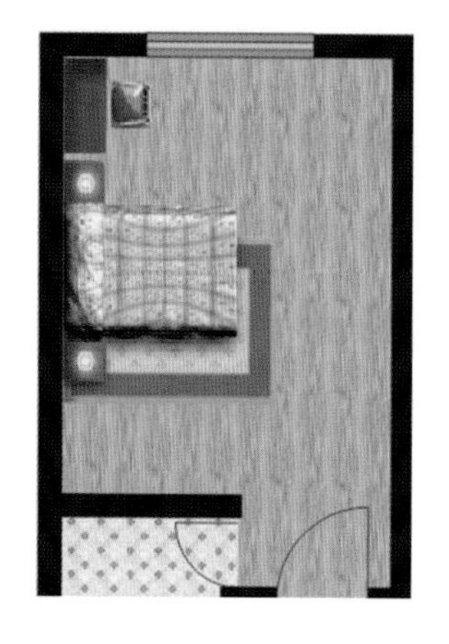

图7.49　调整效果

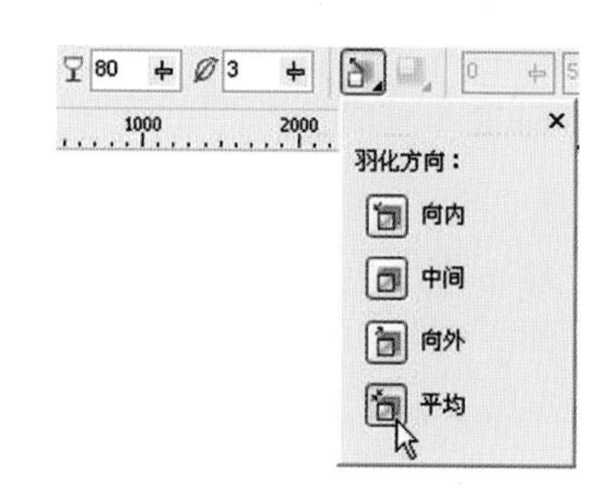

图7.50　设置“交互式阴影工具”属性

(4)执行“效果”→“调整”→“色度/饱和度/亮度”命令,单击锁定预览按钮,设置色度为－7、饱和度为9、亮度为10,观察颜色的变化范围,如图7.52所示。单击“确定”按钮,效果如图7.53所示。

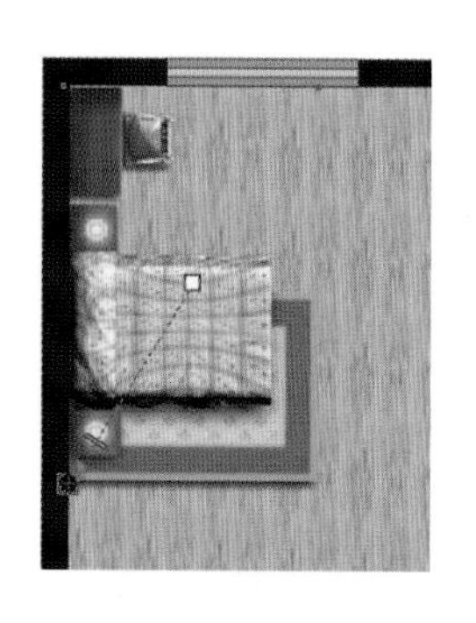

图7.51　调整阴影效果

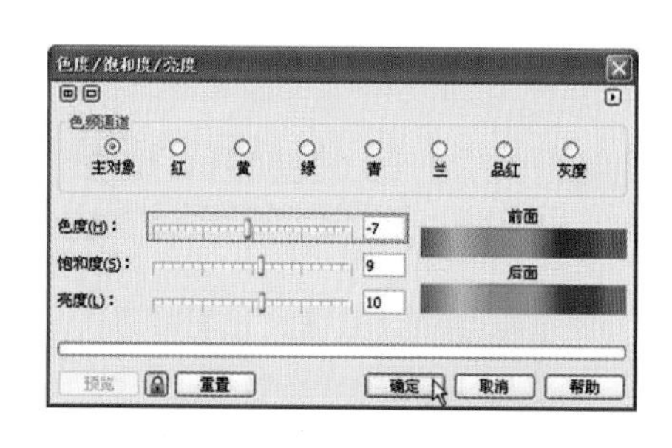

图7.52　设置“色度/饱和度/亮度”

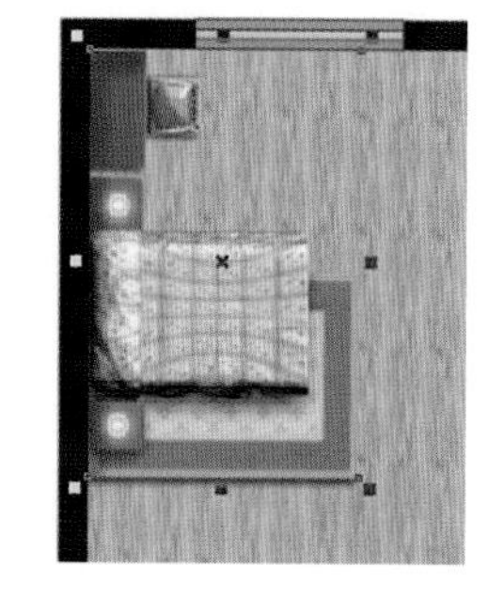

图7.53　调色效果

提示:当素材的色调与画面的整体色调不相协调时,可以使用CorelDRAW软件自带的“效果”→“调整”命令,也可在导入素材之前使用Photoshop软件中相应的色彩调整命令进行调整。

(5)按下“Ctrl+I”组合键,弹出“导入”对话框。选择“电视柜01.psd”文件,单击“导入”按钮,在页面中单击,打开导入文件。使用“挑选工具”,调整其大小、位置。单击属性栏中的“水平镜像”按钮,效果如图7.54所示。

(6)保持“电视柜01.psd”素材为选择状态,选择“交互式阴影工具”,单击属性栏中的“复制阴影的属性”按钮[icon]，当光标变为➡形状时，在带梳妆台的床素材阴影区单击鼠标，如图 7.55 所示。复制阴影效果如图 7.56 所示。

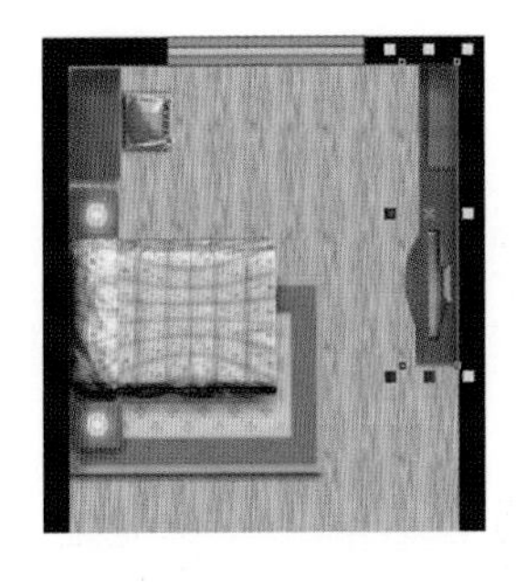

图 7.54 导入素材文件

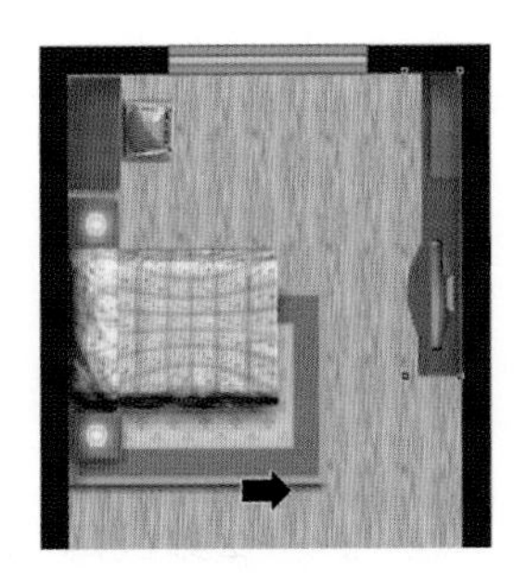

图 7.55 “复制阴影的属性”的光标形状

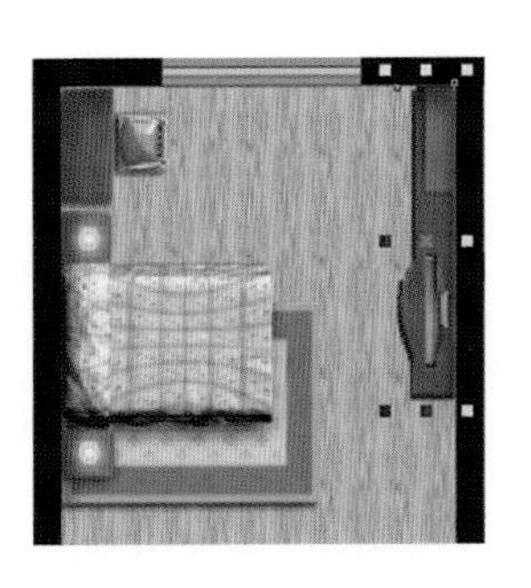

图 7.56 复制阴影效果

提示：所有家具素材模块的投影既要保持方向的一致性，又要把握好各个模块之间的比例、位置、色彩等关系。调整家具素材要考虑人的行动空间。

(7)使用相同的方法，导入“第七章室平素材”文件夹中的其他素材，将素材逐一添加到文件中，调整素材方向、大小、位置、色彩，并逐一添加投影效果，如图 7.57 所示。

(8)执行“文件”→“保存”命令，将当前图像保存。

5. 添加标注

(1)单击“视图”→“辅助线”命令，显示辅助线，如图 7.58 所示。

(2)选择“挑选工具”[icon]，按下“Esc”键，确认未选择任何对象，单击属性栏中的“贴齐辅助线”按钮[icon]。

(3)选择工具栏中的“度量”工具[icon]。单击“自动度量工具”按钮[icon]，设置“选择精度”为 0，如图 7.59 所示。单击“文本位置”下拉式对话框[icon]，单击“中上排列”按钮，如图 7.60 所示。

图 7.57 导入素材并复制阴影效果

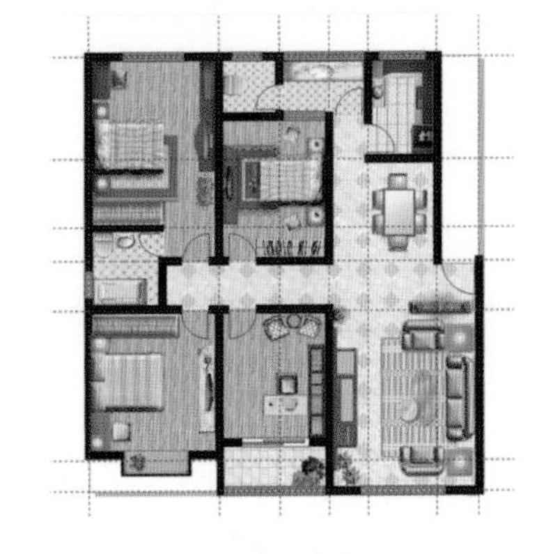

图 7.58 显示辅助线

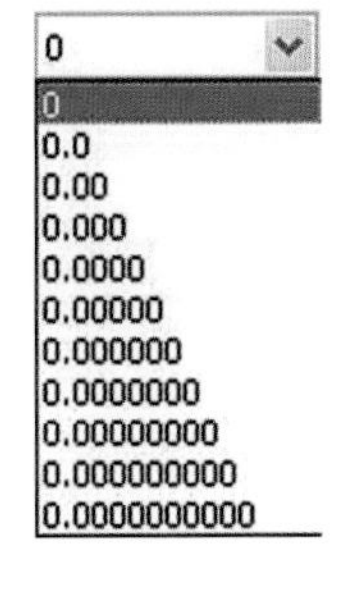

图 7.59 设置“选择精度”

(4)将光标移到平面图上方左侧第一根辅助线上单击，再将光标移到第二根辅助线上单击，接着将光标拖曳到线段中间单击，完成标注设置。此时，因文字超出标注范围，自动移到线段左边。效果如图 7.61 所示。

(5)使用“挑选工具”[icon]，单击标注文字，在属性栏中设置文字大小为 9 pt，将其移动到线段的中间位置。效果如图 7.62 所示。

(6)选择“手绘工具”[icon]，按下“Ctrl”键的同时单击并拖曳光标，绘制与水平方向成 45°角的线段。使用相同的方法，绘制第二根线段。效果如图 7.63 所示。

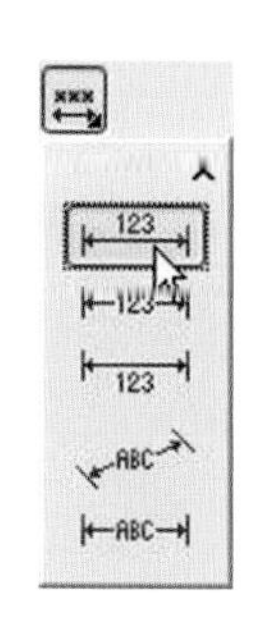

图 7.60　设置文本位置

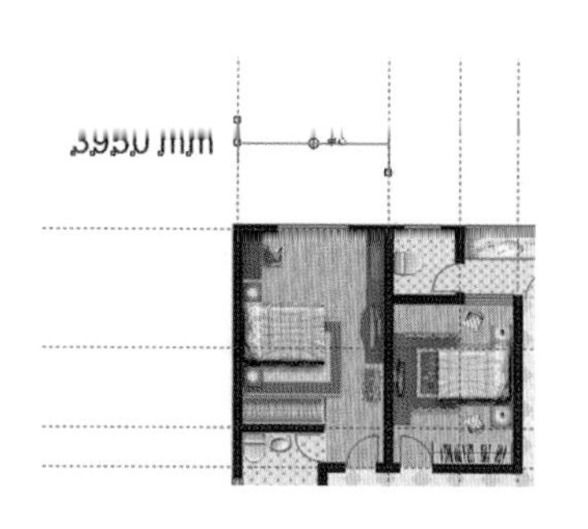

图 7.61　绘制标注

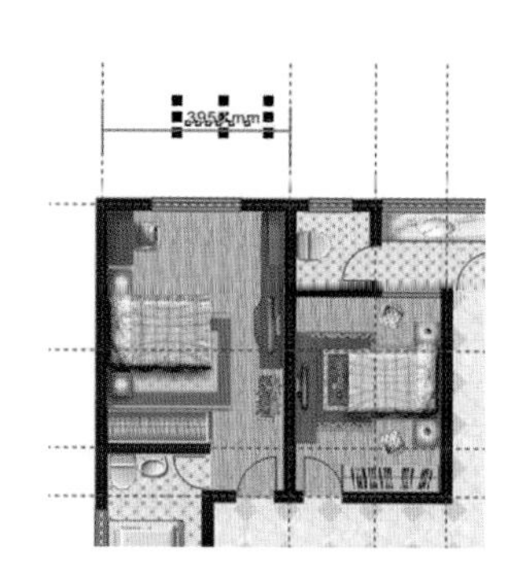

图 7.62　设置标注的文字

(7)选择“挑选工具”，圈选标注及其文字。单击“排列”→“打散选定对象”命令，再次圈选标注及其文字，单击工具属性栏中的“取消群组”按钮。使用“挑选工具”，按下“Shift”键依次选取全部标注线段，设置属性栏中的“轮廓宽度”框数值为 50 mm，按下“Enter”键。设置左右线段的高度相等，效果如图 7.64 所示。

(8)选择“挑选工具”，圈选右边的标注线段。按下“Ctrl”键的同时将光标移到第三根辅助线上单击鼠标右键，复制出第三根标注线段。使用相同的方法复制出其他几根标注线段，效果如图 7.65 所示。

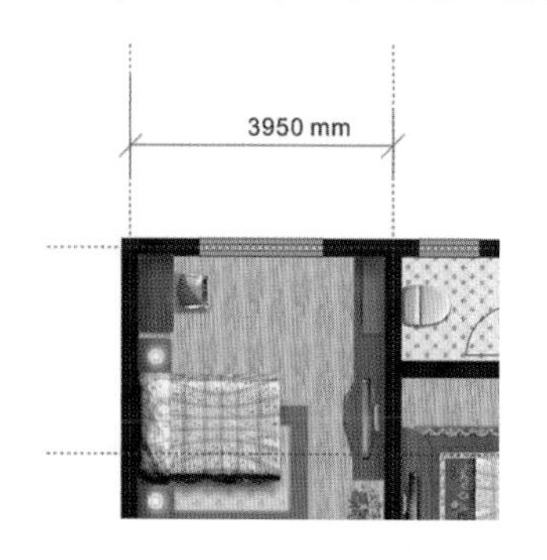

图 7.63　绘制线段

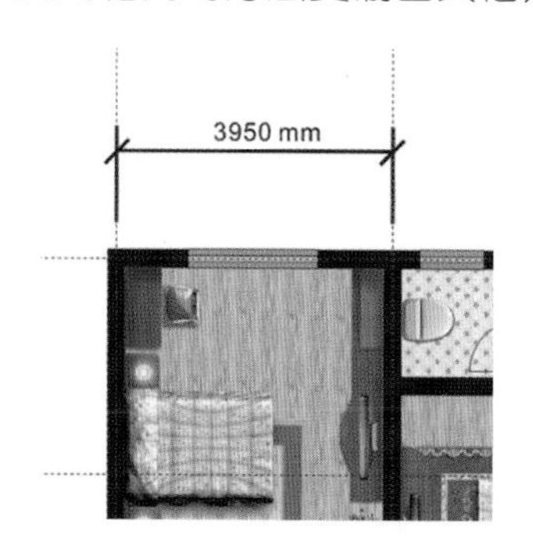

图 7.64　调整标注线段

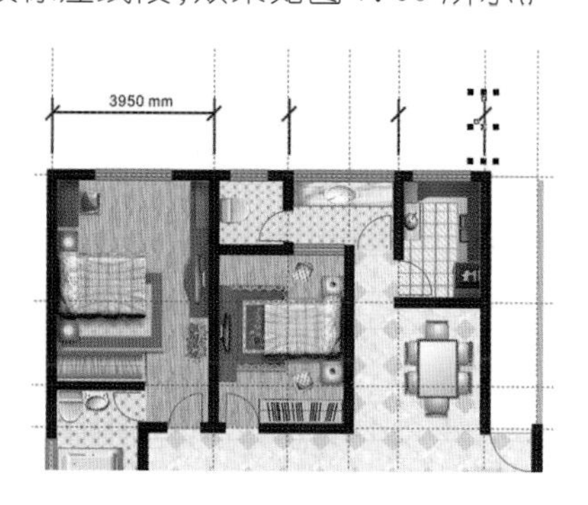

图 7.65　复制标注线段

(9)选择“挑选工具”，单击水平标注线段，再单击右边居中的控制手柄，并拖曳光标以延长水平标注线段。效果如图 7.66 所示。

(10)选择“挑选工具”，单击标注文字。按下“Ctrl”键的同时，水平拖曳光标并移动到合适的位置上单击鼠标右键，复制出第二个标注文字。使用相同的方法复制出其他几个标注文字，效果如图 7.67 所示。

(11)选择“文本工具”字，双击第二个标注文字，重新输入数值 1800 mm。使用相同的方法重新输入其他标注文字，效果如图 7.68 所示。

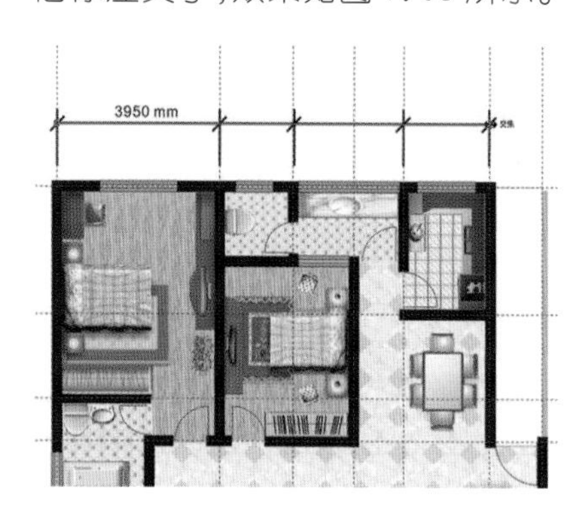

图 7.66　延长水平标注线段

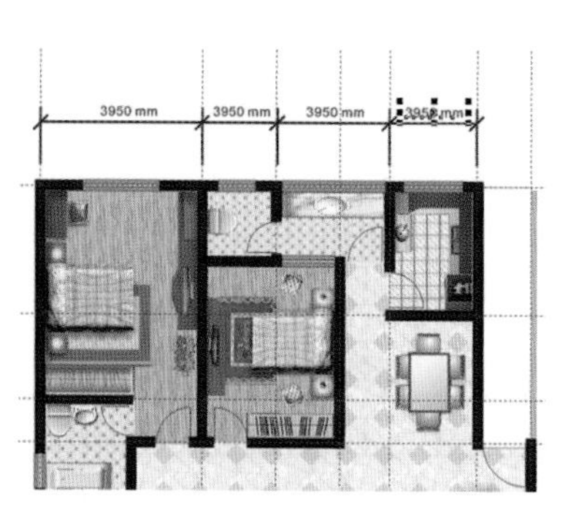

图 7.67　复制标注文字

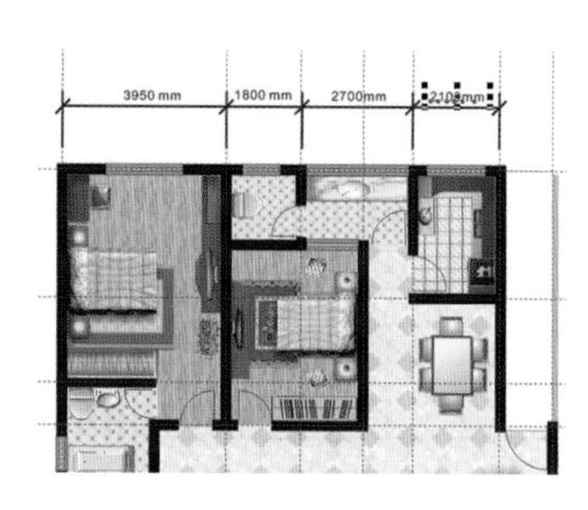

图 7.68　重新输入标注文字

(12)使用相同的方法,在平面图左侧、右侧、下方依次绘制标注线段、重新输入标注文字。效果如图 7.69 所示。

(13)执行“文件”→“保存”命令,将当前图像保存。

6. 调整页面效果

(1)执行“视图”→“辅助线”命令,隐藏辅助线,如图 7.70 所示。

(2)选择 “挑选工具”,在页面空白处单击,取消选取对象。设置属性栏中的纸张宽度为 19 000 mm,纸张高度为 22 000 mm,按下“Enter”键。效果如图 7.71 所示。

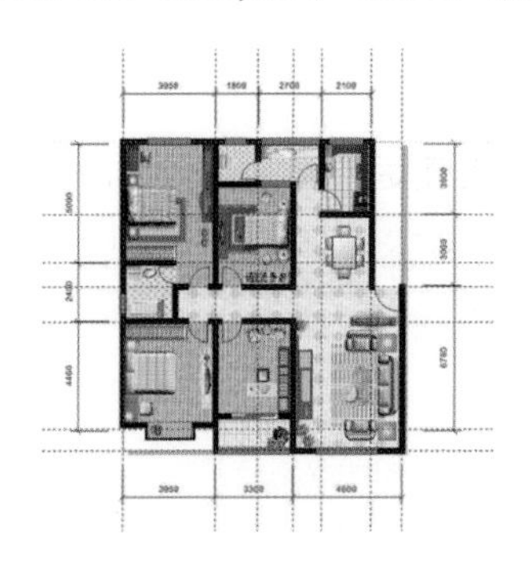

图 7.69　添加标注效果

图 7.70　隐藏辅助线

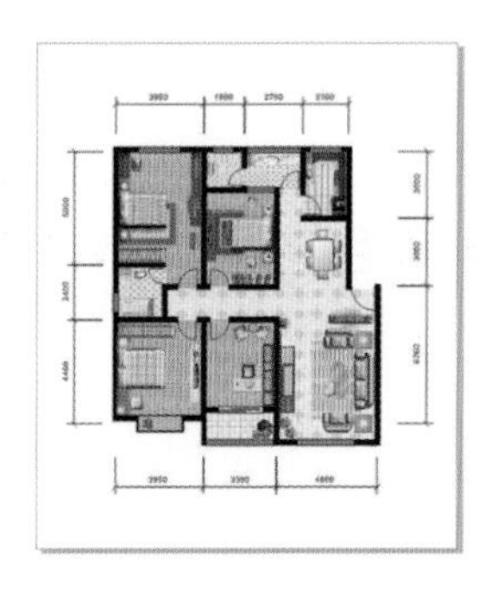

图 7.71　设置纸张宽度和高度

(3)双击“矩形工具”,得到与页面等大的矩形。单击 “填充”工具,选择“均匀填充” 按钮,打开“均匀填充”对话框,设置颜色值为 C5、M2、Y10、K0,单击“确定”按钮,如图 7.72 所示。

(4)执行“文件”→“保存”命令或按下“Ctrl＋S”组合键,将当前图像保存。最终画面效果如图 7.73 所示。

图 7.72　设置背景颜色

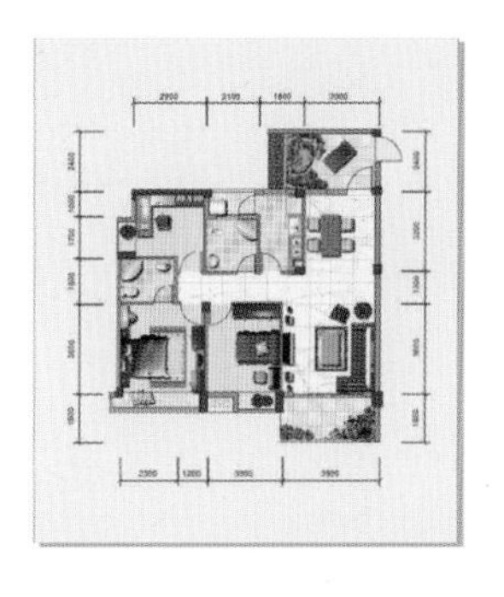

图 7.73　最终画面效果

练习题

室内平面效果图设计

要点提示:在 CorelDRAW 中,设置比例尺、辅助线及页面规格,使用“基本形状”工具、“贝塞尔工具”和“形状工具”绘制墙体、入口及推拉门窗,使用“填充”工具制作地板和瓷砖,使用“交互式阴影工具”调整家具投影,使用标注工具和“文本工具”标注平面图。效果如图 7.74 所示。

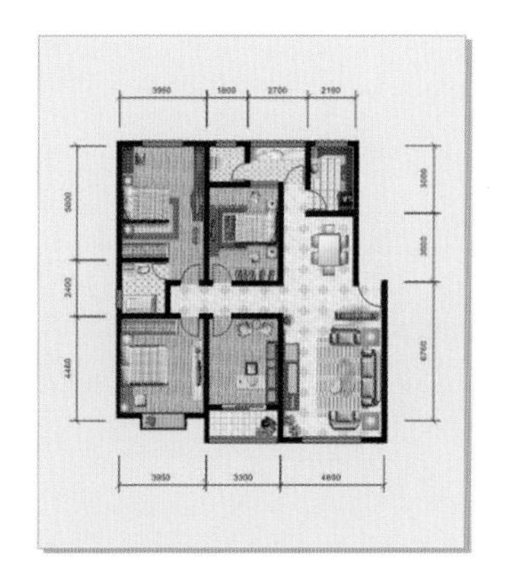

图 7.74　室内平面效果图

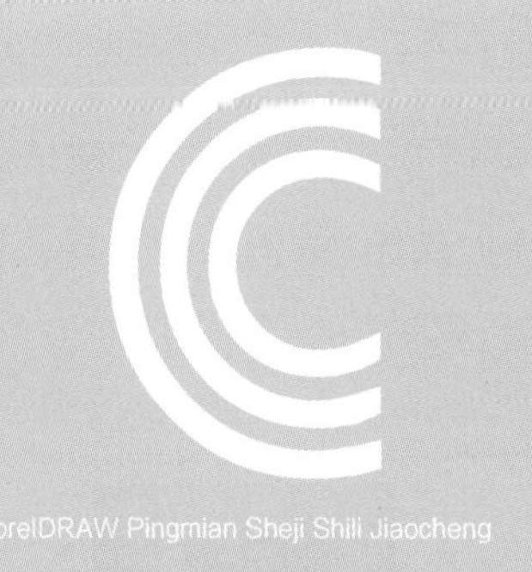

CorelDRAW Pingmian Sheji Shili Jiaocheng

项目八
年历设计

目标任务

主要学习在 CorelDRAW 中，综合运用“基本形状”工具、“贝塞尔工具”、“形状工具”、“艺术笔工具”制作月历背景。选择“文本”→“制表位”命令添加月历，使用“文本工具”调整、修改月历的日期，并组合出年历效果。

项目重点

项目重点是使用“贝塞尔工具”“形状工具”“艺术笔工具”制作月历背景图形，使用“文本”→“制表位”命令制作月历。

任务一
设计理论要点

一、年历的种类

年历从画面种类上分，有摄影年历、仿真年历，仿真年历又分为仿真油画年历、仿真水彩画年历、仿真国画年历等。从画面内容上分，有风景年历、实物年历、大事纪实年历等。从形状上分，有挂历、吊历、三角年历等。年历由于市场大、普及率高，不失为一种很好的广告载体。

二、年历的设计形式

随着时代的发展，尽管日历的品种增多，花样也不断翻新，但仍旧保持着古老的格局。其设计形式如下：楷体年历设计、黑体年历设计、仿宋体年历设计、美术体年历设计。

三、年历设计、印刷制作的流程

年历设计、印刷制作的流程主要是针对客户进行，需要客户提供对年历的相关要求：

(1)需要客户明确年历所要展示的主题，从而更准确地把握年历设计的目的和整体风格。需要客户提供所要展示的图片和相关的文字介绍，以及企业标识、与企业相关的一些图像元素。

(2)对年历印刷制作的外在形式的要求，客户需要提供对纸张的要求。一般使用 157 克铜版纸，客户自行选择覆膜，可采用亚光和高光两种形式。

(3)选好纸张的同时需要确定年历的张数，一般使用 13 页，也有的使用 7 页。使用 13 页的背面一般有记事本的功能，也有企业的相关介绍，由客户根据自己的需要来决定。

(4)客户需要提供年历设计、印刷制作的总数。年历设计、印刷制作遵循一定的流程，可以减少因双方沟通不足而影响整个工作进程的可能性，待双方沟通完成后，年历设计、印刷单位提供年历初稿，与客户进一步沟通，双方意见达成一致，最后定稿。在年历批量印刷之前，设计师应该提供彩色样本给客户做最后的确认。

任务二
案例流程图与制作步骤

一、案例流程图

年历设计流程图如图 8.1 所示。

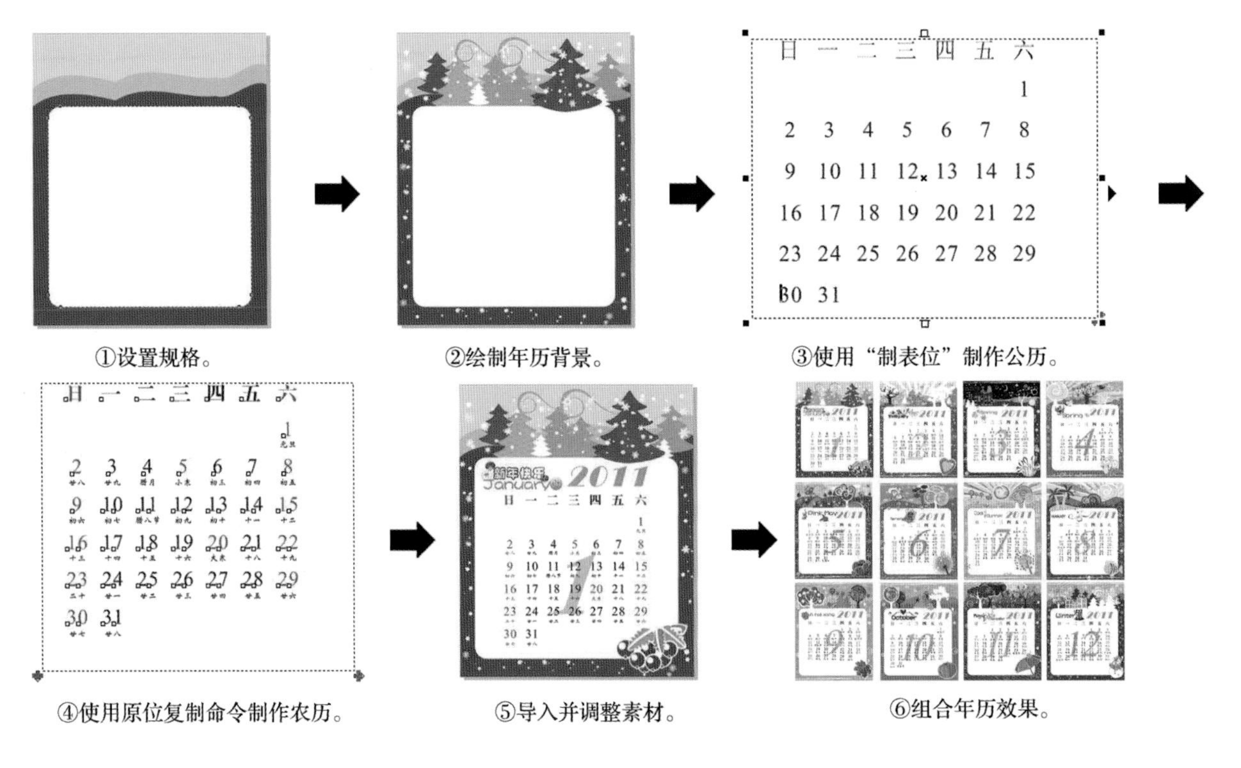

图 8.1　年历设计流程图

二、制作步骤

1. 绘制年历背景

(1)打开 CorelDRAW X4 软件，新建一个 A4 页面。分别在标准属性栏中的纸张宽度和高度框中设置数值 285 mm、345 mm，按下"Enter"键。效果如图 8.2 所示。

(2)双击“矩形工具”，创建与页面等大的矩形。选择“均匀填充”工具或按下“Shift＋F11”组合键，弹出“均匀填充”对话框，设置颜色值为C0、M20、Y5、K0，单击“确定”按钮，矩形被填充。效果如图8.3所示。

(3)再次双击“矩形工具”，创建与页面等大的矩形。单击属性栏中的“转换为曲线”，按下“Shift＋Page Up”组合键，将其放置在页面的上方。选择“形状工具”，在矩形框上方合适的位置双击鼠标，增加新节点。单选节点，并调整节点位置。效果如图8.4所示。

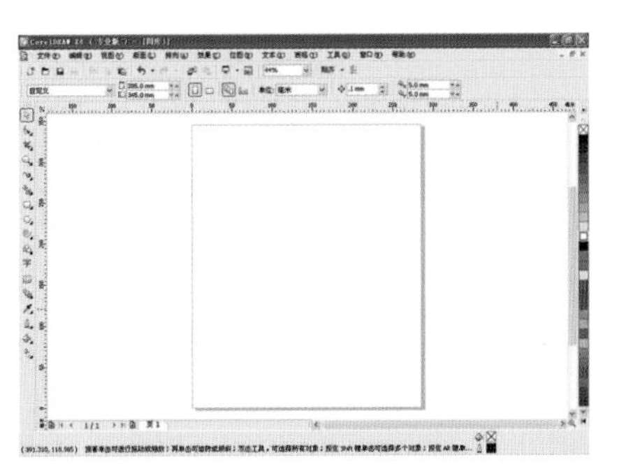

图8.2　设置文件规格

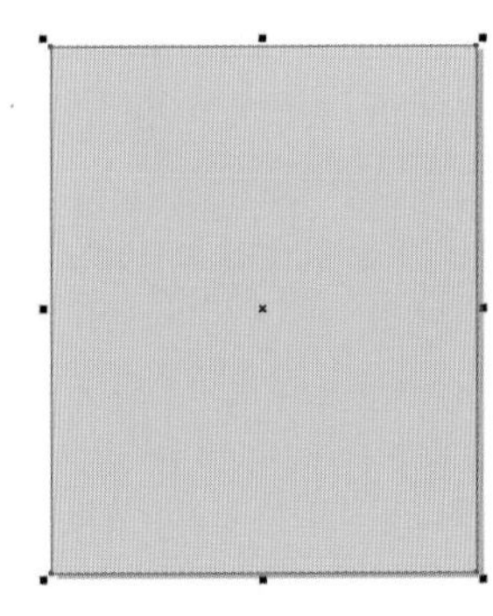

图8.3　填充效果

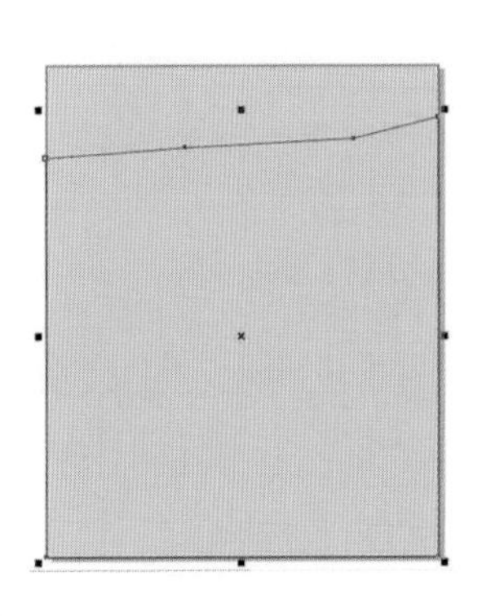

图8.4　为矩形框增加节点

(4)使用“形状工具”，圈选矩形框上方所需的节点，如图8.5所示。单击属性栏中的“转换直线为曲线”按钮。使用“形状工具”，单击所需线段，当光标变为形状时，拖曳出曲线，如图8.6所示。

(5)在直线转折较大的地方，单击所需节点，当光标变为形状时，拖曳节点控制滑杆，调整曲线平滑度。效果如图8.7所示。

图8.5　圈选节点

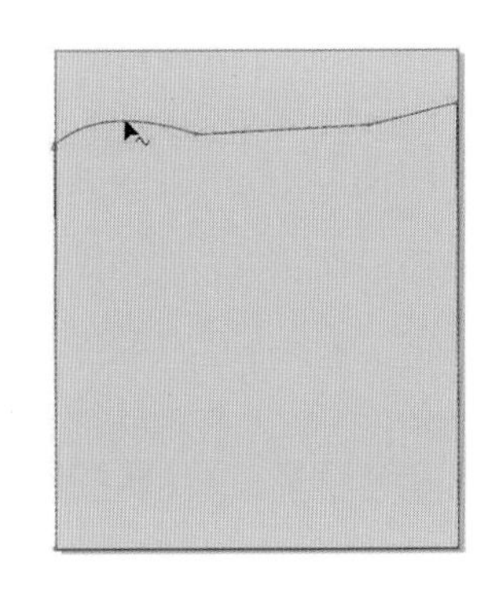

图8.6　调整曲线

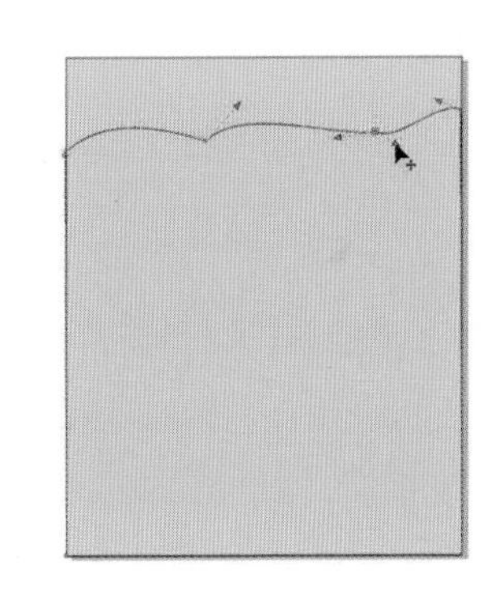

图8.7　调整曲线平滑度

(6)选择“均匀填充”工具，弹出“均匀填充”对话框，设置颜色值为C0、M55、Y5、K0，单击“确定”按钮，图形被填充。使用“挑选工具”，单击填充图形，按下数字键盘上的“＋”键1次，原位复制图形，选择“形状工具”，再次圈选上方所需的节点，移到合适的位置。填充颜色值为C15、M90、Y90、K5，效果如图8.8所示。

(7)双击“挑选工具”，选择全部图形，右键单击颜色面板上的“无填充”，清除轮廓线。单击“矩形工具”，绘制一个矩形。分别设置属性栏中的对象大小框的宽度为248 mm、高度为238 mm，按下“Enter”键。设置边角圆滑度框的数值为12，按下“Enter”键。将其填充白色并清除轮廓线。效果如图8.9所示。

(8)选择“贝塞尔工具”,在适当的位置连续单击鼠标绘制闭合线段。效果如图 8.10 所示。与步骤(4)、(5)相同,使用“形状工具”,将直线转换为曲线,调整曲线平滑度。效果如图 8.11 所示。

图 8.8　调整节点位置

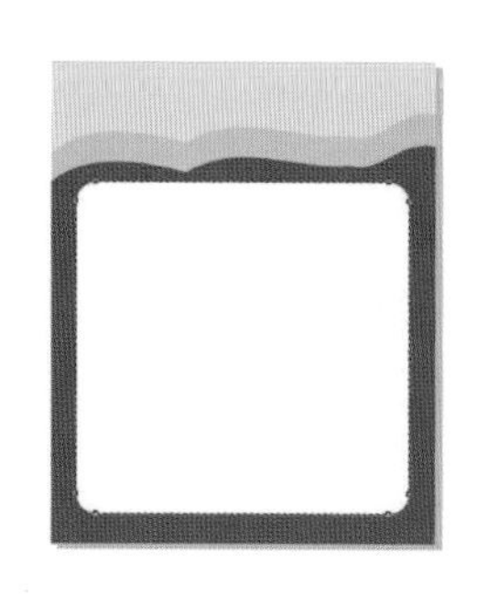
图 8.9　绘制圆角矩形

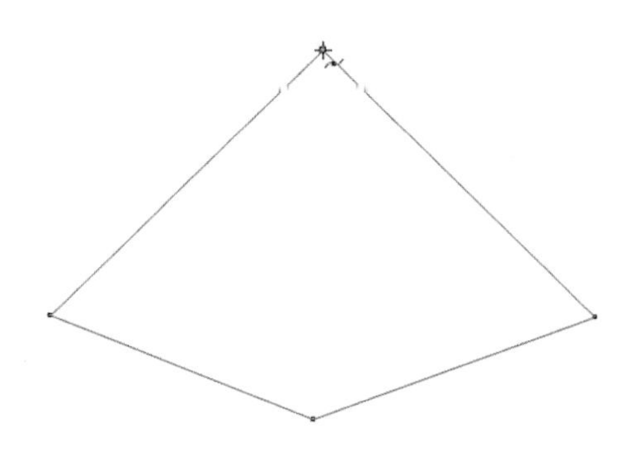
图 8.10　绘制闭合线段

(9)选择“均匀填充”工具,弹出“均匀填充”对话框,设置填充颜色值为 C0、M50、Y30、K0,并清除轮廓线。选择“挑选工具”,按下数字键盘上的“+”键 1 次,原位复制出图形。将复制图形缩小后移至该图形上方,如图 8.12 所示。

(10)选择“交互式调和工具”,单击鼠标左键不放,由下至上拖曳鼠标,如图 8.13 所示。将属性栏中的步长或调和形状之间的偏移量框的数值设为 2,按下“Enter”键。圣诞树效果如图 8.14 所示。

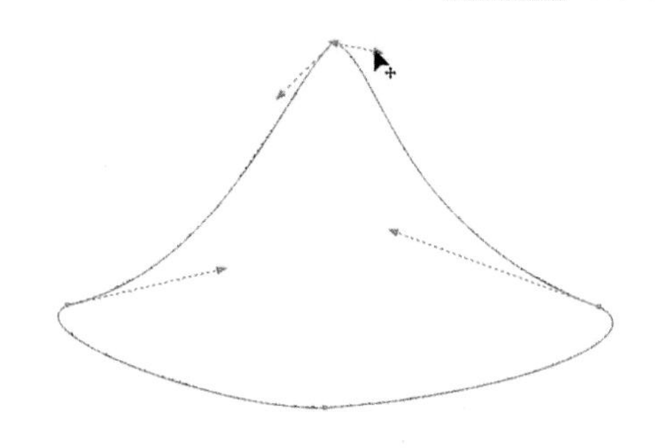
图 8.11　调整曲线平滑度

图 8.12　复制图形

图 8.13　使用“交互式调和工具”

(11)选择“挑选工具”,单击圣诞树图形。按住鼠标左键向右拖曳并在合适的位置上单击鼠标右键,复制出新的圣诞树图形,为其填充颜色 C70、M30、Y95、K10。使用相同的方法,再复制出其他圣诞树图形,分别填充白色和颜色 C35、M0、Y65、K0。调整每个圣诞树的位置、大小。效果如图 8.15 所示。

(12)选择“艺术笔工具”,单击属性栏上的“喷涂”按钮,分别设置喷涂对象大小框的数值为 20、70。单击“喷涂文件列表”下拉按钮,选择雪花图形,设置喷涂对象间距框的数值为 30 mm,按下“Enter”键。在合适的位置上拖曳鼠标,雪花效果如图 8.16 所示。

图 8.14　圣诞树效果

图 8.15　复制圣诞树图形并填充

图 8.16　喷涂效果

(13)再次选择“艺术笔工具”，单击属性栏上的“预设”按钮，设置艺术笔工具宽度框 6.0 mm 的数值为 6 mm。再单击“预设笔触列表”下拉按钮，选择需要的笔触，如图 8.17 所示。单击并拖曳鼠标，绘制如图 8.18 所示的图形。

提示：在“艺术笔工具”属性栏中，单击 “预设”按钮，然后在“预设笔触列表”下拉选项表中选择需要的笔触，如果已选择曲线，则曲线直接转换为需要的笔触。

(14)选择“挑选工具”，选择该图形，为其填充颜色 C35、M0、Y65、K0，将其复制并移到画面上方合适的位置。效果如图 8.19 所示。

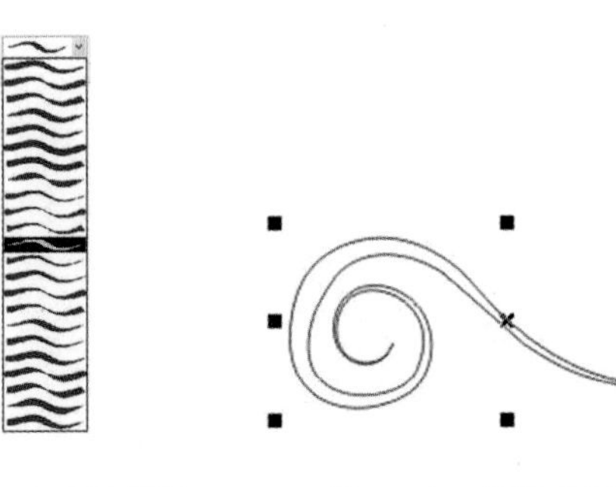

图 8.17　选择笔触　　图 8.18　笔触绘制效果

图 8.19　复制笔触效果

(15)执行“文件”→“保存”命令，弹出“保存绘图”对话框，将当前图像命名为“年历设计”，保存为 CDR 格式，版本为 14.0 版本，单击“保存”按钮，将文件保存。

2. 制作月历

(1)选择“文本工具”字，在页面上单击并拖曳出段落文本框，单击“从上部的顶部到下部的底部的高度”下拉按钮 48 pt，设置文字大小为 48 pt。在段落文本框中输入日期并划分周次，如图 8.20 所示。

(2)执行“文本”→“制表位”命令，弹出“制表位设置” 对话框，单击“全部移除”按钮，清除默认制表位数值，如图 8.21 所示。

(3)设置“制表位位置”框中的数值为 30 mm。单击“添加”按钮 7 次，制表位数值以 30 mm 依次递增添加到制表位列表中。单击文本“对齐”选项框，分别为每项制表位选择“中”对齐方式，如图 8.22 所示，单击“确定”按钮。

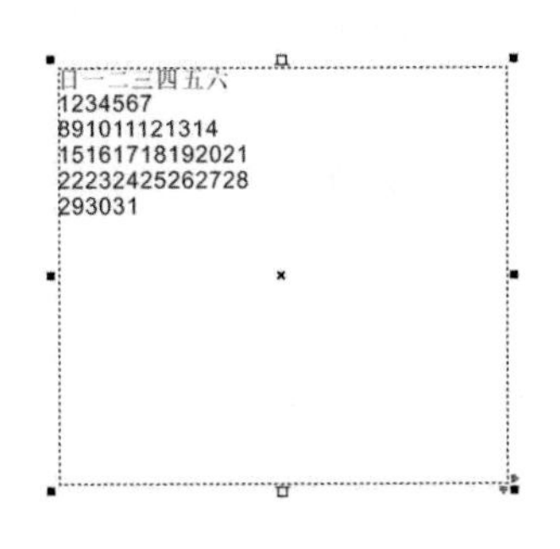

图 8.20　输入段落文字

图 8.21　清除默认制表位数值

图 8.22　制表位设置

(4)在段落文本框中，将光标插入文字“日”之前，按下“Tab”键一次，光标将文字“日”向右推移 30 mm，按下键盘向右移动方向键“→”一次，光标向右移动至文字“一”前，再次按下“Tab”键一次，光标将文字“一”向右推移 30 mm，如图 8.23 所示。使用相同的方法，完成文字“二”至数字“31”的操作。文字按照制表位的设置自动居中排列。效果如图 8.24 所示。

(5)使用“形状工具”，向下拖曳段落文本框左下方的“手动调整行宽” 按钮，调整文本的行间距。效果如图 8.25 所示。

图 8.23　光标向右推移　　图 8.24　文字居中排列　　图 8.25　调整文本的行间距

(6)选择“文本工具”字，将光标插入数字“1”之前，按下“Tab”键 6 次，光标将数字“1”向右推移至文字“六”的下方，如图 8.26 所示。

(7)接着按下键盘向右移动方向键“→”一次，光标向右移动至数字“2”前，按下“Enter”键一次，效果如图 8.27 所示。

(8)再次将光标插入数字“8”之前，按下“Backspace”键两次，如图 8.28 所示。接着按下“Tab”键一次，效果如图 8.29 所示。

图 8.26　推移文本效果　　图 8.27　按下回车键效果　　图 8.28　按下“Backspace”键效果

(9)使用相同的方法，完成数字“9”至数字“31”的操作。依次将数字推移到相应的位置上。操作步骤与步骤(6)至(8)相同。效果如图 8.30 所示。

(10)按下空格键，将工具转换为“挑选工具”，按下数字键盘上的“+”键 1 次，原位复制出月历副本，在属性栏中设置其文字大小为 20 pt。再次单击 “形状工具”，向下拖曳段落文本框左下方的“手动调整行宽”按钮，调整文本的行间距。效果如图 8.31 所示。

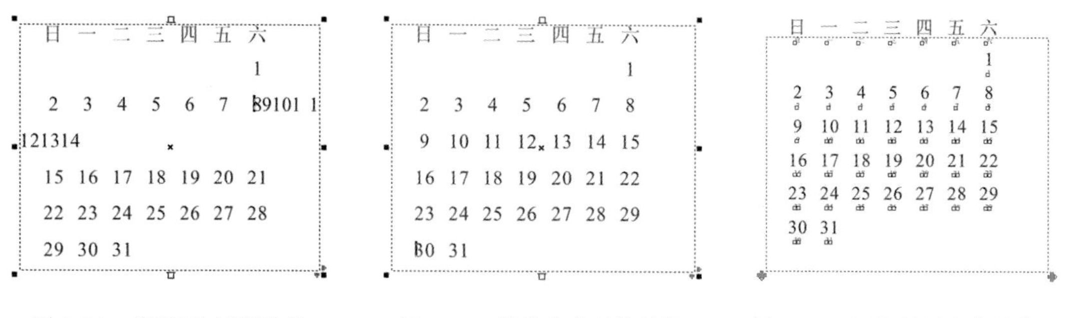

图 8.29　按下“Tab”键效果　　图 8.30　推移文字最终效果　　图 8.31　调整月历文字的位置

(11)选择“文本工具”字,选择月历副本文字“日”到“六”,按下“Delete”键,删除文字,如图 8.32 所示。再次选择月历副本数字“1”,将其内容输入为 “元旦”, 如图 8.33 所示。使用相同的方法,依次将月历副本数字进行修改,将农历字体设置为“华文新魏”。效果如图 8.34 所示。

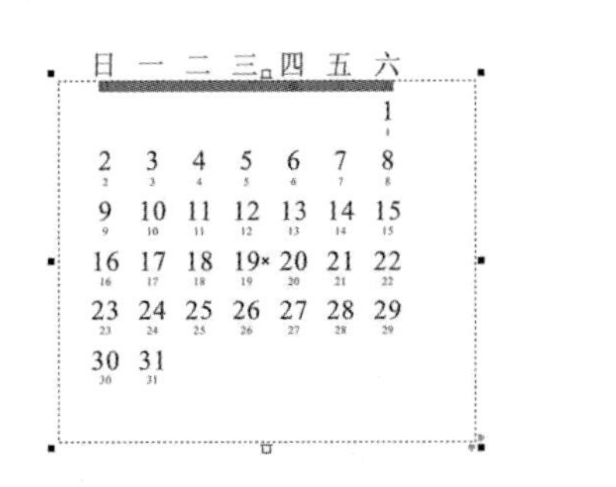

图 8.32　删除文字

图 8.33　修改月历文字

图 8.34　农历文字效果

(12)选择“形状工具”,圈选月历文字“日”到“六”的节点,在属性栏“字体列表”框将字体设置为“文鼎 CS 大宋”,如图 8.35 所示。使用相同的方法,圈选月历文字“日”和数字“2”“9”“16”“23”“30”的节点,并填充颜色 C0、M100、Y100、K0,如图 8.36 所示。

(13)使用相同的方法,圈选公历所需的文字节点,并为其填充红色,如图 8.37 所示。

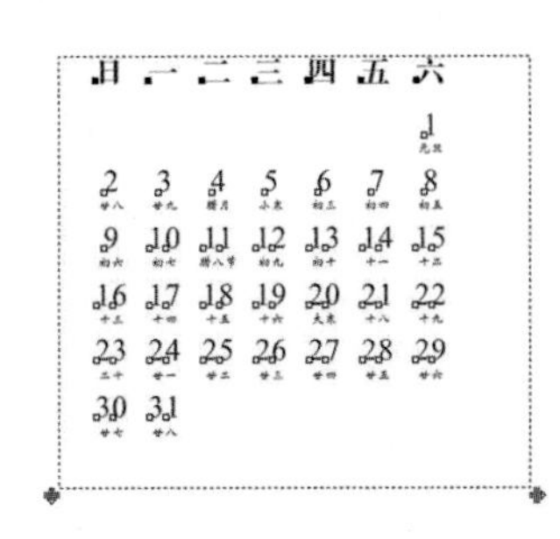

图 8.35　设置字体

图 8.36　设置文字颜色

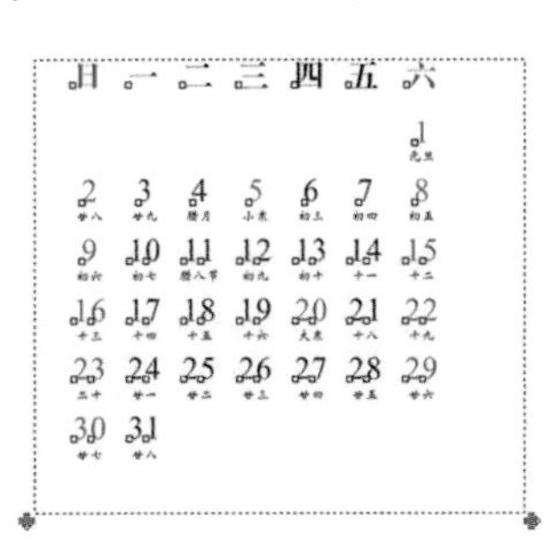

图 8.37　设置其他文字颜色

(14)选择“挑选工具”,圈选农历所需的文字,将其填充为红色。接着同时圈选公历与农历文本框,按下“Ctrl+G”组合键,将文字群组,如图 8.38 所示。

(15)选择“文本工具”字,在页面中输入文字“1”。选择“挑选工具”,在属性栏中选择合适的字体并设置文字的大小,填充颜色 C0、M30、Y30、K0。再次单击文字,使其处于旋转状态,向右拖曳上边中间的倾斜控制手柄到合适的位置,释放鼠标左键,将文字倾斜。效果如图 8.39 所示。

(16)选择“挑选工具”,将数字“1”移动到月历的中心位置,按下“Ctrl+Page Down”组合键,将其放置在月历的下方,并组合到月历背景中。效果如图 8.40 所示。

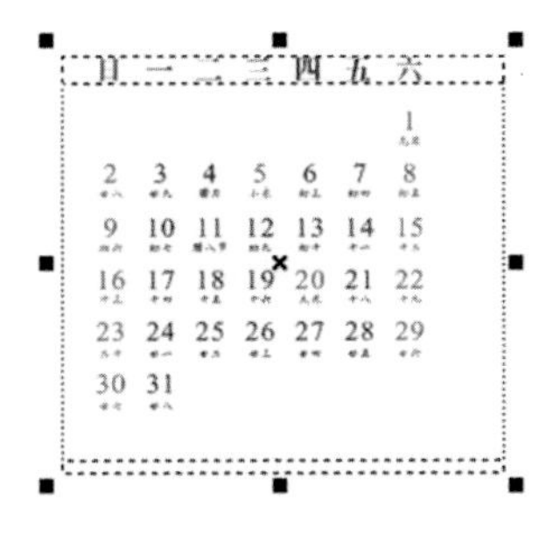

图 8.38　群组文字对象

图 8.39　倾斜文字

图 8.40　组合效果

(17)执行“文件”→“保存”命令,将当前图像保存。

3. 导入素材文件

(1)按下属性栏中的“导入”按钮,弹出“导入”对话框。选择“第八章年历素材”,单击 “水果. cdr”文件,如图 8.41 所示,其他选项设置均为默认,单击“导入”按钮 导入 。在页面中单击,导入素材文件,调整其位置、大小。效果如图 8.42 所示。

图 8.41　导入“水果”素材

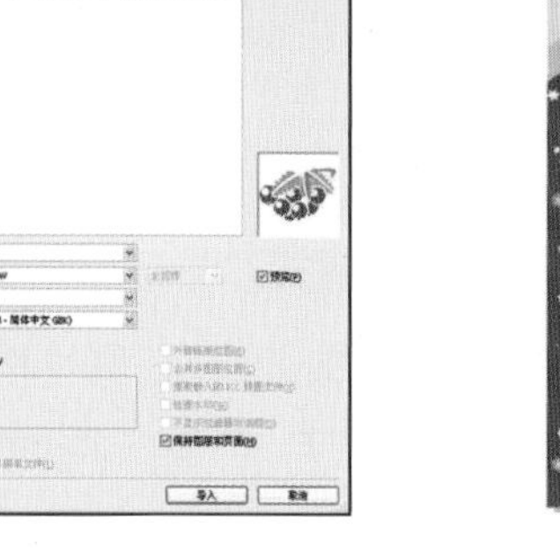

图 8.42　素材组合效果

(2)使用相同的方法,导入“新年快乐. psd”文件,调整其位置、大小。效果如图 8.43 所示。

(3)选择“文本工具”字,在页面中输入文字“2011”。选择“挑选工具”,在属性栏中选择合适的字体并设置文字的大小,填充颜色 C0、M50、Y100、K0。再次单击文字,使其处于旋转状态,向右拖曳上边中间的倾斜控制手柄到适当的位置,释放鼠标,使文字倾斜。调整其大小、位置。效果如图 8.44 所示。

图 8.43　素材组合效果

图 8.44　输入文字效果

(4)使用相同的方法,制作出其他月份的月历及其背景,最终效果如图 8.45 所示。

图 8.45　年历最终效果

(5)执行“文件”→“保存”命令,将当前图像保存。

练习题

年历设计

要点提示：在CorelDRAW中,设置月历规格,使用“基本形状”工具、“贝塞尔工具”、“形状工具”绘制花、小鸟等图形;执行“文本”→“制表位”命令,制作月历,将绘制的图形组合到月历中。年历效果如图8.46所示。

图8.46 年历效果

CorelDRAW Pingmian Sheji Shili Jiaocheng

项目九
舞台展板设计

目标任务

主要学习在 CorelDRAW X4 中，通过综合运用“基本形状”工具、“贝塞尔工具”、“形状工具”、“交互式立体化工具”、“交互式阴影工具”、“交互式填充工具”等制作文字特效及舞台背景。

项目重点

项目重点是使用旋转再制命令，制作旋转复制图形，使用“贝塞尔工具”和“形状工具”绘制装饰图案，使用“交互式立体化工具”等制作主题文字效果，使用“文本工具”和“形状工具”调整文字属性。

任务一 设计理论要点

在展板设计中，文字不仅仅是信息的载体，也是版面的主要部分，是传达信息的重要方式，能快速地吸引观众的视线。设计师通过对字体的编排和创意设计，可创作出千变万化的版面样式。以文字为主要元素的设计是一种富有感染力的表现手法，字体设计成为现代设计语言的表现形式。在展板设计中，文字的形态主要体现在字体、字号、色彩、装饰、编排等方面。

一、字体

字体的选择和应用，需根据版面整体的设计构思和内容而定。需注意以下几方面：

(1)字体设计应统一于版面的整体设计风格。

(2)在同一版面中，字体的种类不宜过多，否则会使版面显得杂乱无章和风格不统一。

(3)装饰性字体一般用于版面中的主标题或广告语，不宜使用在正文较多的文字信息处。

(4)手写书法字体极具文字个性，强调版面的视觉冲击力。

(5)在版面设计中，同时使用中文和英文字体时，应注意不同字体的字号差异，力求主次分明、先后有序。

二、字号

字号是指版面中字体的大小，字号的大小对比、编排对于视觉的感染力作用很大。字体大小的变化对于突出主题思想和强化版面效果都起到非常重要的作用。字号设计能增强版面美感，强化设计主题，提高版面的视觉冲击力。

三、色彩

色彩具有丰富的视觉联想，能吸引观众的视线并影响其情感。在版面的字体设计中，色彩的正确使用可使作品整体效果光彩夺目。

文字的色彩和版面其他图形元素的颜色相互搭配，可对比强烈也可和谐浪漫，恰当的色彩运用可烘托主题，传达美的信息。

四、装饰

在文字基本形态基础上，为字体添加装饰或进行变形处理，使字体形态具有图案化或图形化的装饰效果。文字装饰方法有以下几种：

(1)为文字加上边框线。

(2)在文字内填入纹样或肌理。

(3)给文字做立体效果或加上投影等。

变形处理方法有：压扁、拉长、倾斜、加粗、波浪形、透视、球面化处理等。变形可利用计算机图形软件的功能来实现。

五、编排

版面文字的编排是设计的重要部分，文字可根据版面主题的需要，采用富有创意的编排形式，使版面形式富于变化、生动活泼。文字排列的基本方式有左右对齐、居中对齐、左边对齐、右边对齐、文字绕图排列、文字沿曲线排列、自由排列等。具体编排如下：

(1)左右对齐方式适用于报刊和图书的版面，能使版面空间充分地被利用，扩大信息量。

(2)居中对齐方式适用于较少的文字内容，如诗歌、通知、邀请函等版面。

(3)左边对齐方式是在阅读文字时让视觉最感舒适的样式。读者可以沿着左边的垂直线找到每行文字的开头，而右边的空白处易使段落显得清晰。

(4)右边对齐方式适用于少量文字的排列，如标题、目录、图注等，因为每一行的起始部分不整齐，增加了阅读的难度。

(5)文字绕图排列方式适用于版面中图片和文字混合编排，图片的边缘不规则，文字也不规则地绕图排列，使版面显得生动而活泼、亲切而自然。

(6)文字沿曲线排列方式适用于版面中的标题或少量文字，文字沿着指定的曲线有序排列，显得版面灵活而醒目。

(7)自由排列方式最具有时代感，为文字在版面中的编排提供了更多的形态，如文字的透叠排列、文字的适形排列、文字的打散排列、文字的形象排列，等等。

任务二
案例流程图与制作步骤

一、案例流程图

舞台展板设计流程图如图 9.1 所示。

①设置规格及制作舞台背景。 ②设计与制作主题文字效果。 ③导入素材并调整素材。

④制作辅助背景展板。

⑤调整主次背景展板效果。

图 9.1 舞台展板设计流程图

二、制作步骤

1. 绘制舞台背景

(1)打开 CorelDRAW X4 软件,新建一个 A4 页面。进入绘图窗口,如图 9.2 所示。

(2)在标准属性栏中分别设置纸张宽度和高度框 的数值为 1400 mm、400 mm,按下“Enter”键。效果如图 9.3 所示。

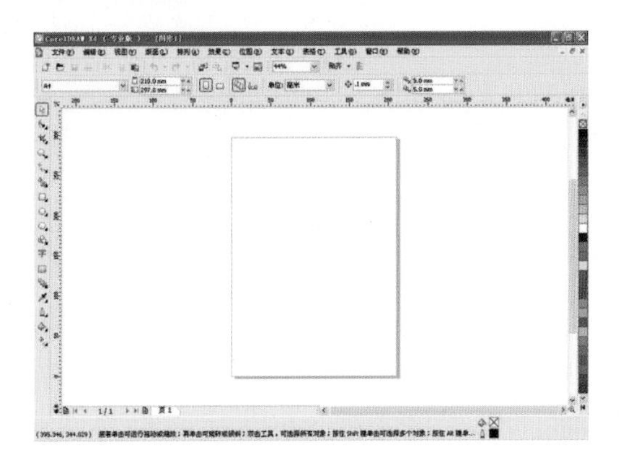

图 9.2 新建文件

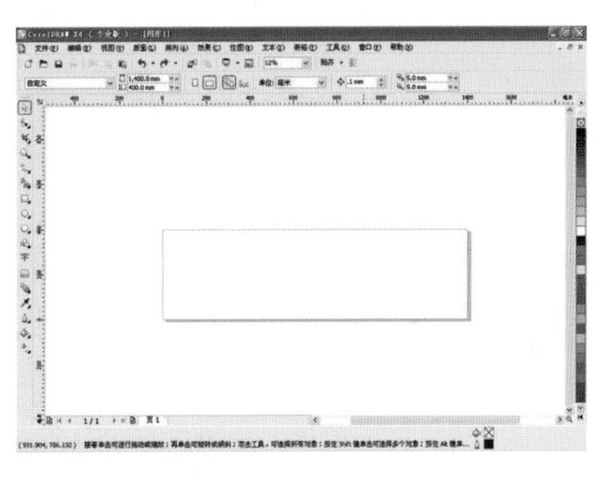

图 9.3 设置文件规格

(3)双击“矩形工具” ,得到与页面等大的矩形。选择“渐变填充”工具 或按下“F11”键,弹出“渐变填充”对话框,选择“双色”单选项,设置“从” 选项颜色值为 C0、M40、Y20、K0,“到” 选项颜色值为 C0、M0、Y100、K0,其他选项设置均为默认,如图 9.4 所示。单击“确定”按钮,效果如图 9.5 所示。

(4)单击“矩形工具” ,绘制矩形。分别设置属性栏中的对象大小框 的数值为 14.5 mm、185 mm,按下“Enter”键,如图 9.6 所示。

(5)单击属性栏上的“转换为曲线”按钮 ,执行“效果”→“添加透视”命令,按下“Shift+Ctrl”组合键,同时单击左下角的控制点并向右拖曳到合适的位置,释放鼠标,如图 9.7 所示。

(6)按下空格键,将光标转换为“挑选工具” ,再次单击图形,使其处于旋转状态。按下“Ctrl”键的同时向下拖曳旋转中心点到合适的位置,如图 9.8 所示。

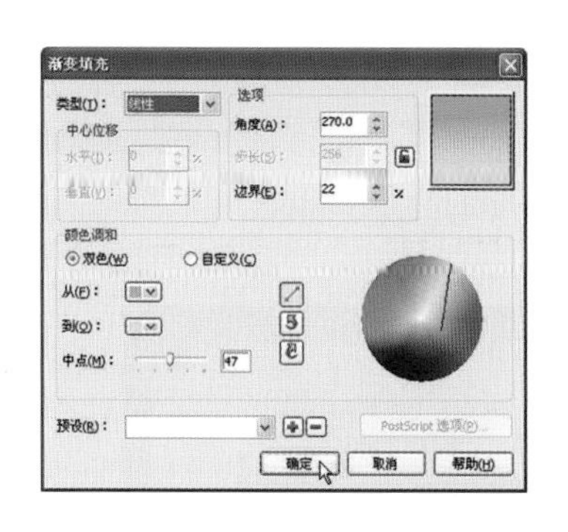

图 9.4　设置“渐变填充”对话框

图 9.5　渐变填充效果

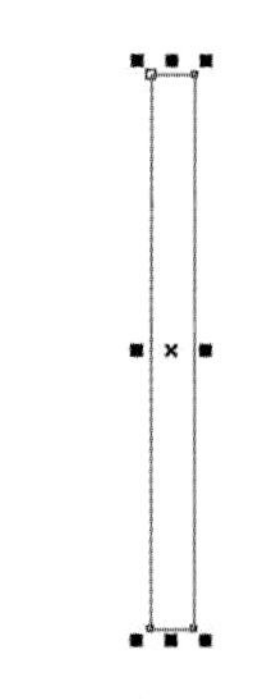

图 9.6　绘制矩形

(7)执行“排列”→“变换”→“旋转”命令,弹出旋转卷帘窗,设置旋转“角度”值为 7.5 度,其他选项均为默认设置,如图 9.9 所示。连续多次单击“应用到再制”按钮,得到多个旋转再制图形。效果如图 9.10 所示。

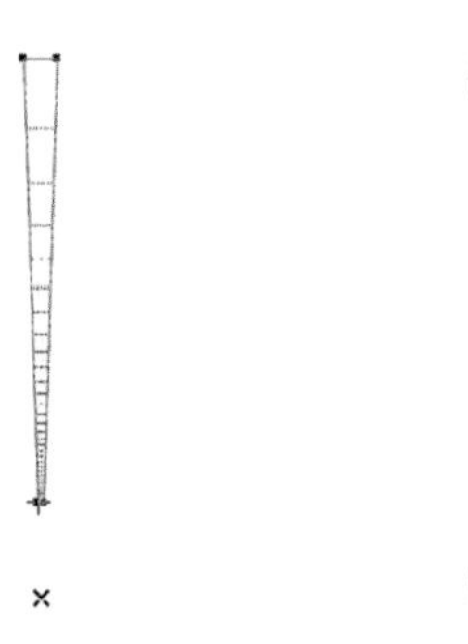

图 9.7　添加透视效果

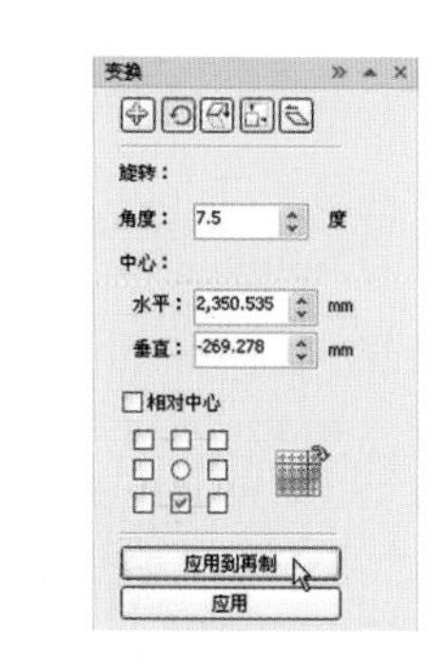

图 9.8　向下拖曳旋转中心点

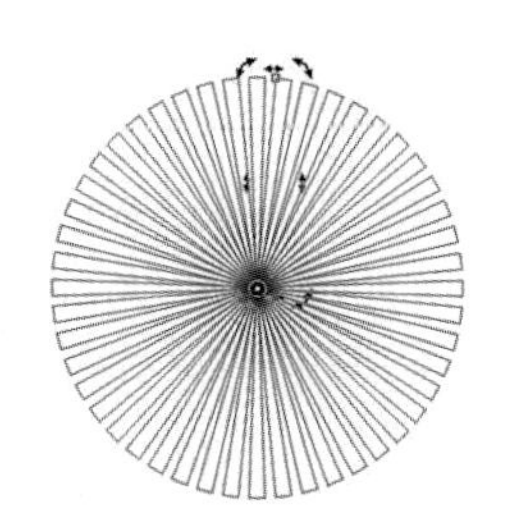

图 9.9　旋转卷帘窗

图 9.10　旋转再制图形

(8)选择“挑选工具”,圈选全部再制图形,单击属性栏上的“焊接”按钮,为其填充白色。并在属性栏中的轮廓宽度框设置数值为“无”。按下“P”键,图形对齐页面中心。效果如图 9.11 所示。

(9)选择“挑选工具”,调整图形的宽度,使其充满整个矩形。选择“交互式透明工具”,设置属性栏中的“透明度类型”为“射线”。在“透明中心点”设置数值为 10,按下“Enter”键。效果如图 9.12 所示。

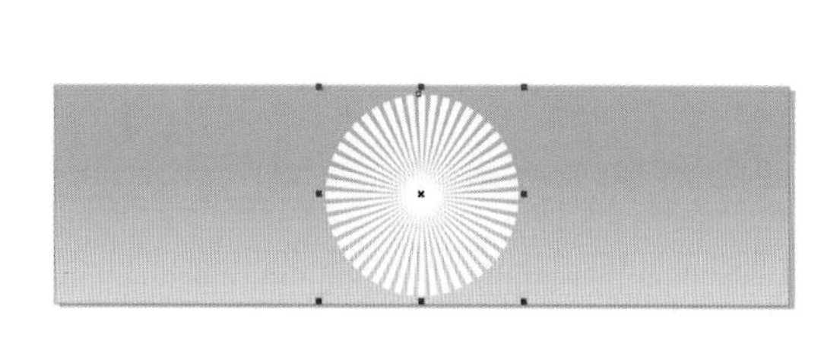

图 9.11　使图形对齐页面中心

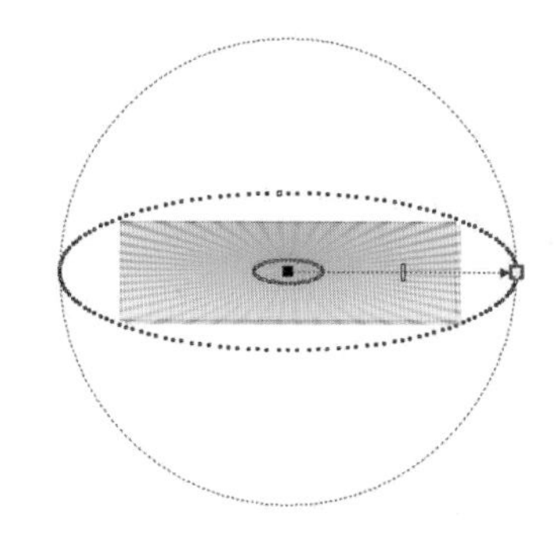

图 9.12　设置透明度属性

(10)执行“效果”→“图框精确剪裁”→“放置在容器中”命令,当光标变为➡形状时,在背景图像上单击鼠标,如图 9.13 所示。剪裁效果如图 9.14 所示。

图 9.13　图框精确剪裁命令

图 9.14　图框精确剪裁效果

(11)执行“文件”→“保存”命令,弹出“保存绘图”对话框,将当前图像命名为“舞台美术设计”,保存为 CDR 格式,版本为 14.0 版本,其他选项均为默认设置,单击“保存”按钮,如图 9.15 所示。

2. 绘制主题文字图形

图 9.15　保存文件

(1)选择“文本工具”,输入文字“湖岸”。在属性栏中选择字体为“文鼎特粗宋简”,并调整文字的大小,如图 9.16 所示。

(2)选择“挑选工具”,双击该文字,使其处于旋转状态,将光标放置于上边中间的控制手柄处,向右拖曳到合适的位置,释放鼠标,将文字倾斜。效果如图 9.17 所示。

(3)按下“Ctrl+Q”组合键,将文字转换为曲线。选择“形状工具”,圈选需要删除的节点,按下“Delete”键,将节点删除。效果如图 9.18 所示。

图 9.16　输入文字　　图 9.17　倾斜文字　　图 9.18　删除节点

(4)选择“贝塞尔工具”,在适当的位置连续单击鼠标左键,绘制直线闭合图形。效果如图 9.19 所示。

(5)选择“形状工具”,单击属性栏中的“选择全部节点”按钮,再单击“转换直线为曲线”按钮。使用鼠标单击所需的线段,当光标变为形状时,拖曳出曲线,如图 9.20 所示。在直线转折较大的地方,使用鼠标单击节点,当光标变为形状时,拖曳控制手柄调整曲线的平滑度,如图 9.21 所示。使用相同的方法,调整其他曲线的平滑度,波浪效果如图 9.22 所示。

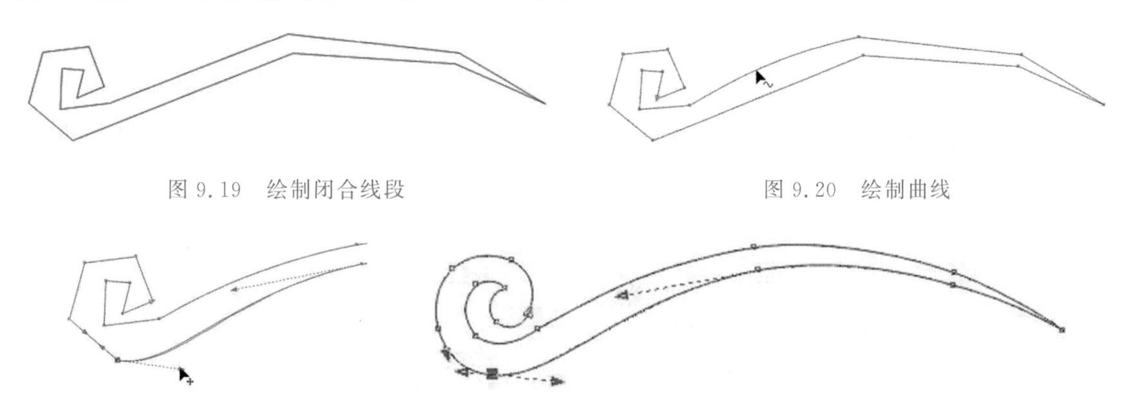

图 9.19　绘制闭合线段　　图 9.20　绘制曲线

图 9.21　调整曲线滑杆　　图 9.22　绘制波浪效果

(6)选择“挑选工具”，选择波浪图形，并填充黑色。按住鼠标左键向右拖曳并在合适的位置上单击鼠标右键，复制出波浪图形副本，接着单击“垂直镜像”按钮和“水平镜像”按钮各一次，并将两个波浪图形连接起来。效果如图 9.23 所示。

(7)选择“挑选工具”，圈选两个波浪图形，单击“焊接”按钮，效果如图 9.24 所示。按下数字键盘上的“＋”键两次，原位复制出两个波浪图形副本。

图 9.23　连接波浪图形　　　　图 9.24　焊接波浪图形

(8)选择“挑选工具”，单击波浪图形，将其拖曳到相应的位置上，调整其大小、方向、位置。圈选两个图形，单击“焊接”按钮，将文字与图形焊接起来，效果如图 9.25 所示。

(9)选择“挑选工具”，再次单击两个波浪图形副本，分别将其拖曳到相应的位置上。分别调整波浪图形副本的大小、方向、位置。组合效果如图 9.26 所示。

图 9.25　焊接文字与波浪图形　　　　图 9.26　组合效果

(10)选择“文本工具”字，输入文字“音乐奇幻之旅”，选择“挑选工具”，选择字体为“文鼎特粗黑简”，并调整文字的大小，如图 9.27 所示。

(11)执行“效果”→“添加透视”命令或按下“Shift＋Ctrl”组合键，同时单击左上角的控制点，向右拖曳到合适的位置。效果如图 9.28 所示。

图 9.27　输入文字　　　　图 9.28　添加透视效果

(12)按下“Ctrl＋I”组合键，弹出“导入”对话框。选择“第九章舞美素材”→“翅膀.cdr”文件，单击“导入”按钮导入，在页面中单击，打开素材文件。调整其位置、大小。效果如图 9.29 所示。

(13)按下“Ctrl＋I”组合键，弹出“导入”对话框。选择“第九章舞美素材”→“音符.cdr”文件，单击“导入”按钮导入，在页面中单击，打开素材文件。将全部素材组合到文字图形中。全面调整主题文字图形之间的位置、大小和方向等组合关系。效果如图 9.30 所示。

图 9.29　导入素材　　　　图 9.30　素材组合效果

(14)选择“挑选工具”，圈选主题文字图形，填充颜色C0、M0、Y100、K0。按住鼠标左键向右下方移动，在合适的位置上单击鼠标右键，复制出主题文字图形副本，如图9.31所示。

(15)使用“交互式立体化工具”，选择主题文字图形中的音符图形，对其单击并拖曳鼠标得到立体化效果，如图9.32所示。单击属性栏上的“立体化类型”下拉按钮，选择如图9.33所示的类型。单击“立体化颜色”按钮，弹出“颜色”对话框，单击“使用递减的颜色”选项，设置“从”选项颜色值为C0、M100、Y100、K0，“到”选项颜色值为C0、M100、Y100、K70，如图9.34所示。

图9.31 复制组合图形

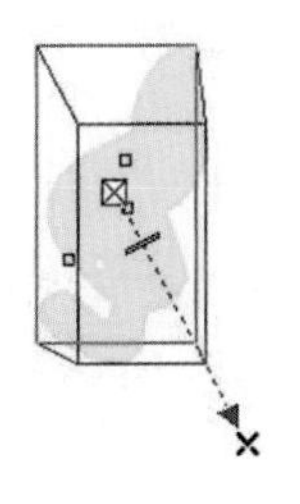
图9.32 使用“交互式立体化工具”

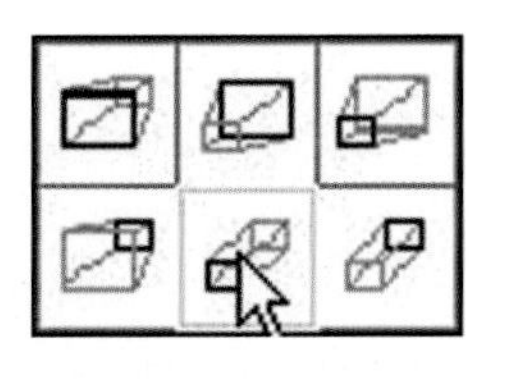
图9.33 选择立体化类型

(16)保持音符图形为立体化的选择状态，将光标移至其消失点的位置拖曳鼠标，调整其立体化厚度。效果如图9.35所示。

(17)使用“交互式立体化工具”，单击“湖岸”图形，按下“Shift+Page Up”组合键，将其放到其他图形的上方。接着单击“复制立体化属性”按钮，当光标变为➡形状时，在音符的立体面上单击，如图9.36所示。调整其消失点的位置。效果如图9.37所示。

图9.34 设置立体化颜色

图9.35 调整立体化效果

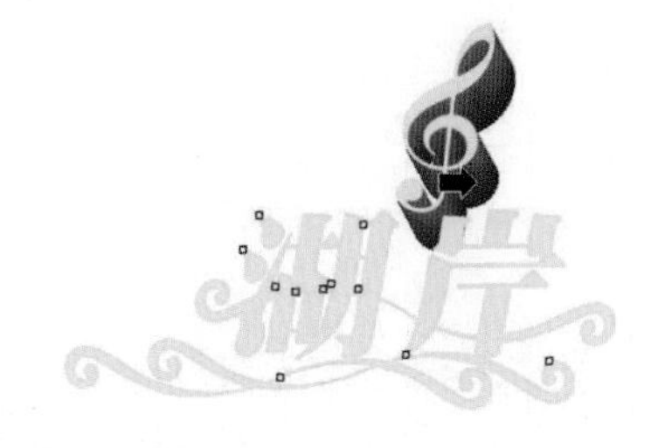
图9.36 复制立体化属性

(18)使用相同的方法，复制出其他文字、图形的立体化造型，并调整消失点的位置和图形之间的前后关系。效果如图9.38所示。

(19)再次使用“交互式立体化工具”，单击文字“音乐奇幻之旅”，选择“轮廓笔”工具，弹出“轮廓笔”对话框，单击“颜色”选项，设置颜色值为C0、M100、Y100、K0，输入线型宽度为1.3 mm，单击“后台填充”选项，再单击“按图像比例显示”选项，其他选项设置均为默认，如图9.39所示。按下“确定”按钮。立体化描边效果如图9.40所示。

(20)选择“挑选工具”，圈选全部立体化文字图形，按下“Ctrl+G”组合键，群组该图形。选择“交互式阴影工具”，单击属性栏上的“预设”列表框，设置下拉选项为“中等辉光”，如图9.41所示。单击“阴影的不透明度”框，输入数值80，按下“Enter”键。单击“阴影羽化”框，输入数值5，按下“Enter”键。再次单击“阴影羽化方向”按钮，选择“向外”，单击“阴影颜色”下拉选项框，设置颜色值为C10、M0、Y0、K0。效果如图9.42所示。

图 9.37　复制立体化属性效果　　图 9.38　交互式立体化效果

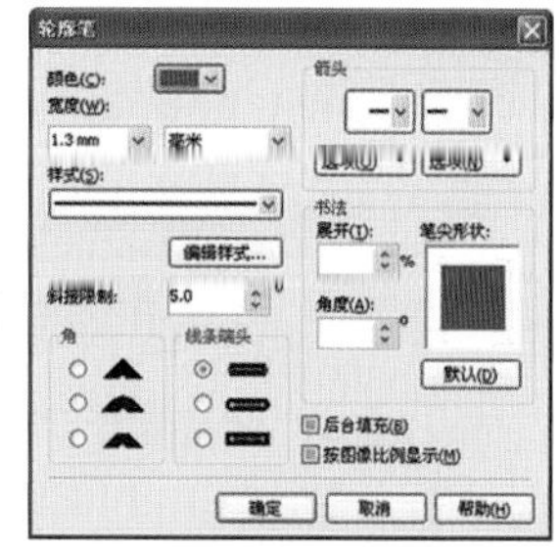

图 9.39　设置“轮廓笔”对话框

图 9.40　立体化描边效果

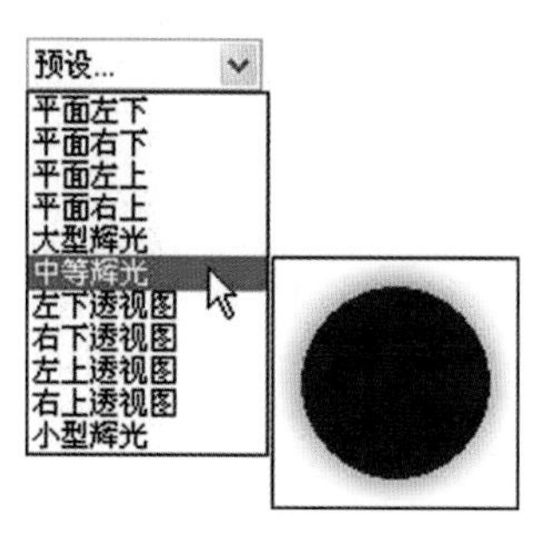

图 9.41　设置“中等辉光”

图 9.42　设置阴影效果

(21)选择“挑选工具”，单击主题文字图形副本。选择“轮廓笔”工具，弹出“轮廓笔”对话框，单击“颜色”选项，设置颜色值为 C0、M100、Y100、K0，输入线型宽度为 2.5 mm，单击“后台填充”选项，再单击“按图像比例显示”选项，其他选项设置均为默认，如图 9.43 所示。按下“确定”按钮。效果如图 9.44 所示。

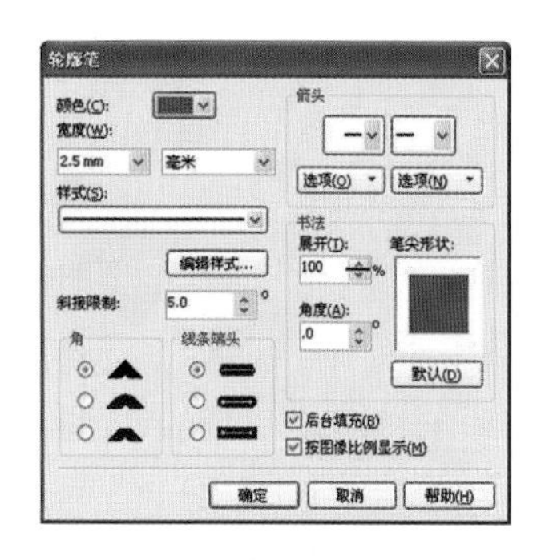

图 9.43　设置“轮廓笔”对话框

图 9.44　轮廓效果

(22)选择“挑选工具”，将其移入立体主题文字图形上方，使其重叠对齐。再次圈选主题文字图形，按下“Ctrl+G”组合键，群组图形。按下“P”键，使其对齐页面中心。效果如图 9.45 所示。

图 9.45　对齐页面中心

(23)执行“文件”→“保存”命令，将当前图像保存。

3. 组合素材图像

(1)按下“Ctrl+I”组合键，弹出“导入”对话框。选择“花纹. psd”素材文件，单击“导入”按钮 导入 ，在页面中单击，打开素材文件。调整其位置、大小。效果如图 9.46 所示。

(2)执行“效果”→“图框精确剪裁”→“放置在容器中”命令，当光标变为➡形状时，在背景对象上单击，将花纹图形置入图框中，效果如图 9.47 所示。

(3)按下“Ctrl”键并单击背景对象，在容器框的内部调整置入图形的位置和大小，单击界面左下方的“完成编辑对象”按钮[完成编辑对象]，返回工作区。效果如图 9.48 所示。

图 9.46 导入素材文件

图 9.47 素材置入图框

(4)按下属性栏中的“导入”按钮，弹出“导入”对话框。选择“第九章舞美素材”→“音乐气泡. psd”文件，单击“导入”按钮[导入]，在页面中单击，打开素材图片。单击属性栏上的“取消群组”按钮，调整素材之间的位置、大小和方向。效果如图 9.49 所示。

(5)使用相同的方法，导入“第九章舞美素材”文件夹中的“蝴蝶. psd”“麦克风. psd”“星光. psd”等素材，将其逐一添加到文件中。使用“挑选工具”，调整各素材之间的位置、方向、大小。效果如图 9.50 所示。

图 9.48 组合效果

图 9.49 导入素材文件

(6)选择“矩形工具”，绘制矩形。设置宽度和高度框的数值为 200 mm、300 mm，按下“Enter”键，如图 9.51 所示。

(7)保持矩形激活状态，使用“挑选工具”，按下“Shift”键的同时单击背景图形。接着单击“对齐和分布”按钮，弹出“对齐和分布”对话框，设置左、下对齐方式，按下“Enter”键。效果如图 9.52 所示。

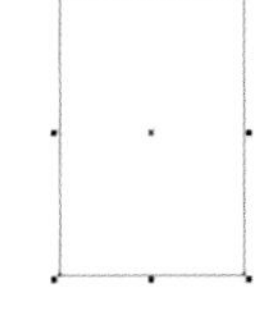

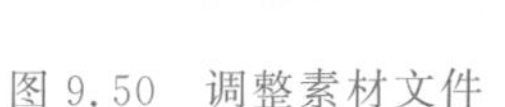

图 9.50 调整素材文件　　图 9.51 绘制矩形　　图 9.52 设置对齐方式

(8)单击属性栏中的“导入”按钮，弹出“导入”对话框。选择“第九章舞美素材”→“歌者. cdr”文件，单击“导入”按钮[导入]，在页面中单击，打开素材图片。设置填充颜色值为 C0、M100、Y0、K0，单击属性栏上的“取消群组”按钮，再单击“焊接”按钮，使用“挑选工具”，将其移入矩形中。效果如图 9.53 所示。

(9)选择“交互式透明工具”，按下“Ctrl”键，对其单击并由上至下拖曳鼠标到合适的位置，线性透明效果如图 9.54 所示。

(10)选择“轮廓笔”工具，弹出“轮廓笔”对话框，单击“颜色”选项，设置颜色为白色，输入线型宽度为15 mm，其他选项设置均为默认，按下“确定”键，如图 9.55 所示。效果如图 9.56 所示。

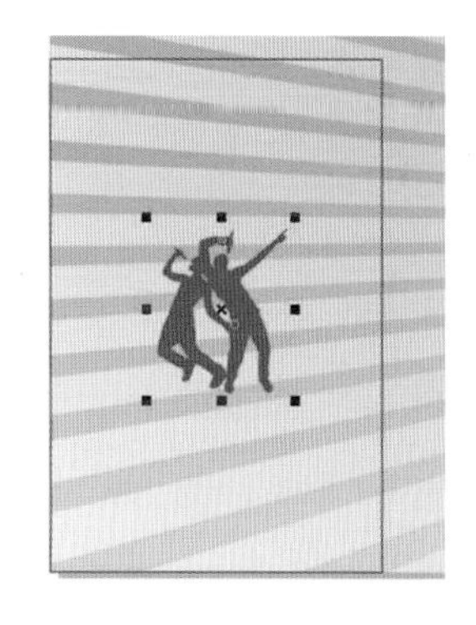

图 9.53　导入素材图片

图 9.54　线性透明效果

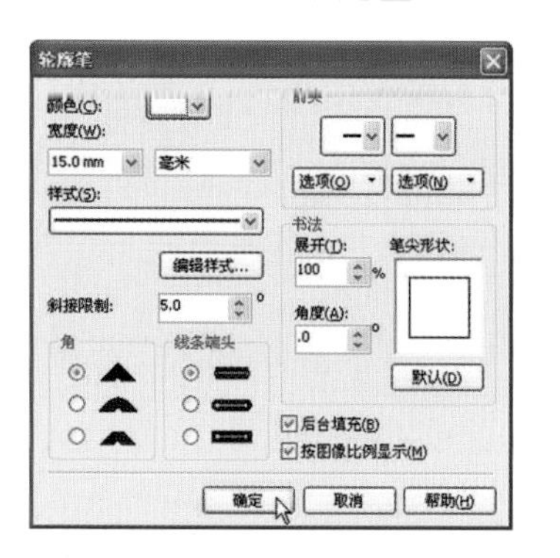

图 9.55　设置轮廓笔

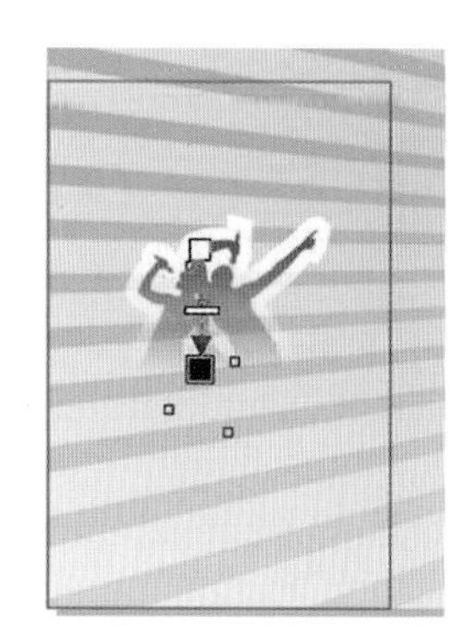

图 9.56　添加轮廓效果

(11)按下属性栏中的“导入”按钮，弹出“导入”对话框。选择“第九章舞美素材”→“挥手.cdr”素材文件，单击“导入”按钮，在页面中单击，打开素材图片。

使用相同的方法，操作步骤与步骤(8)、(9)相同，调整素材的位置、方向、大小。效果如图 9.57 所示。

(12)选择“椭圆形工具”，按下“Ctrl”键，单击并拖曳鼠标，绘制正圆形。设置填充颜色值为 C0、M100、Y0、K0。使用相同的方法，再绘制一个较大的红色正圆形。选择“挑选工具”，将两个圆形同时选取，按下“E”键，将两个圆形水平居中对齐。效果如图 9.58 所示。

(13)使用“交互式调和工具”，单击左边小圆，不放鼠标左键，并向右边大圆拖曳鼠标，如图 9.59 所示。

图 9.57　添加并调整素材

图 9.58　水平居中对齐

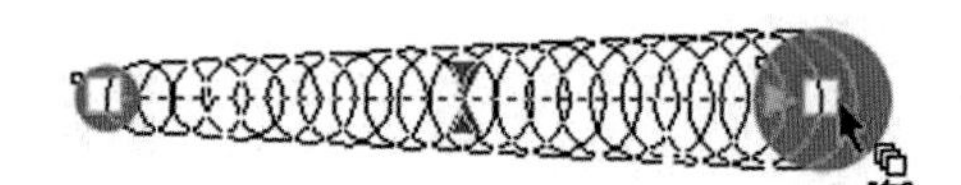

图 9.59　使用“交互式调和工具”

(14)设置属性栏中的“步长或调和形状之间的偏移量”框的数值为 4，按下“Enter”键。效果如图 9.60 所示。

(15)选择“挑选工具”，执行“排列”→“打散调和群组”命令，单击属性栏上的“焊接”按钮。再次单击该图形，使其处于旋转状态。按下“Ctrl”键并将光标放置在旋转位置处“”，向下拖曳鼠标至 90°的位置，释放鼠标，如图 9.61 所示，图形旋转 90°。

(16)保持图形处于旋转状态，拖曳其旋转中心点到适当的位置，如图 9.62 所示。按下“Ctrl”键不放并将光标放置在旋转位置处“”，向右旋转并拖曳鼠标至 15°位置，单击鼠标右键，即可手动旋转复制出另一组图形，如图 9.63 所示。接着按下“Ctrl+D”组合键多次，图形被旋转复制。效果如图 9.64 所示。

图 9.60　调和效果　　图 9.61　旋转 90°　　图 9.62　移动中心点的位置

(17)选择"挑选工具"，圈选全部复制对象，单击属性栏上的"焊接"按钮，并将其移入矩形框中，调整图形的位置、大小。效果如图 9.65 所示。

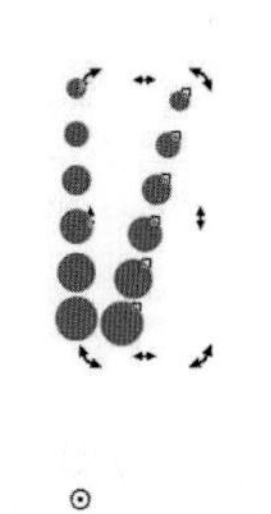

图 9.63　手动旋转复制图形

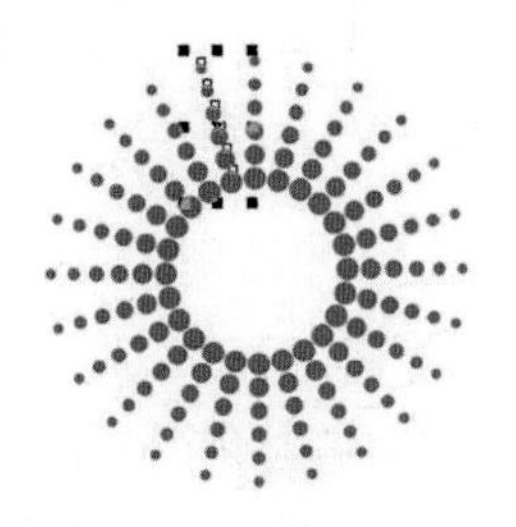

图 9.64　旋转复制图形

图 9.65　组合图形

(18)选择"文本工具"字，输入文字"第 22 届校园歌手大赛总决赛"，设置字体为"文鼎新艺体简"，选择"形状工具"，圈选文字"22"，在其属性栏上设置字体为"Impact"，将光标插入"第 22 届"后，按下"Enter"键，单击字体属性栏上文字居中选项，效果如图 9.66 所示。

(19)再次单击文字，使其处于旋转状态，向右拖曳上边中间的控制手柄到合适的位置，释放鼠标，使文字倾斜。效果如图 9.67 所示。

(20)按下"Ctrl＋K"组合键，将文字拆分为上下两组。使用"挑选工具"，单击文字"校园歌手大赛总决赛"，再次按下"Ctrl＋K"组合键，将文字拆分为单独的字。使用"挑选工具"，分别选取单个文字，调整每个文字的位置、大小。效果如图 9.68 所示。

图 9.66　文字居中效果　　图 9.67　倾斜文字　　图 9.68　调整文字位置、大小

(21)选择"挑选工具"，圈选全部文字，执行"排列"→"转换为曲线"命令或按下"Ctrl＋Q"组合键，将文字转为曲线。单击属性栏上的"焊接"按钮，并将其移入矩形框中，调整组合文字的位置、大小。效果如图 9.69 所示。

(22)选择"轮廓笔"工具，弹出"轮廓笔"对话框，单击"颜色"选项，设置颜色为白色，输入线型宽度为 6 mm，其他选项均为默认设置，如图 9.70 所示。按下"确定"按钮，效果如图 9.71 所示。

(23)选择"挑选工具"，圈选矩形框内的全部图形，按下"Ctrl＋G"组合键，群组全部图形。按下数字键盘上的"＋"键 1 次，原位复制出矩形副本，将其拖曳到右边相应的位置上，按下"Shift"键不放，再单击背景图形。单击属性栏上的"对齐和分布"按钮，设置右、下对齐方式。效果如图 9.72 所示。

图 9.69　组合文字效果

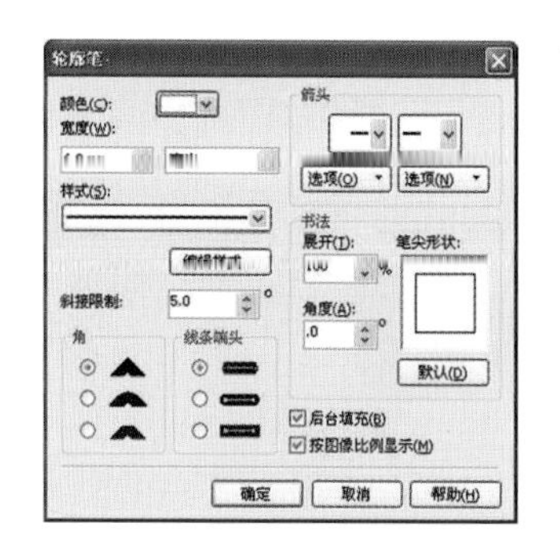

图 9.70　设置轮廓笔

图 9.71　添加文字轮廓效果

(24)选择“多边形工具”，按下“Ctrl”键，单击并拖曳鼠标，绘制正五边形，如图 9.73 所示。

(25)选择“形状工具”，单击并向下拖曳五边形左上方的节点到合适的位置，释放鼠标，如图 9.74 所示。

图 9.72　复制矩形图形

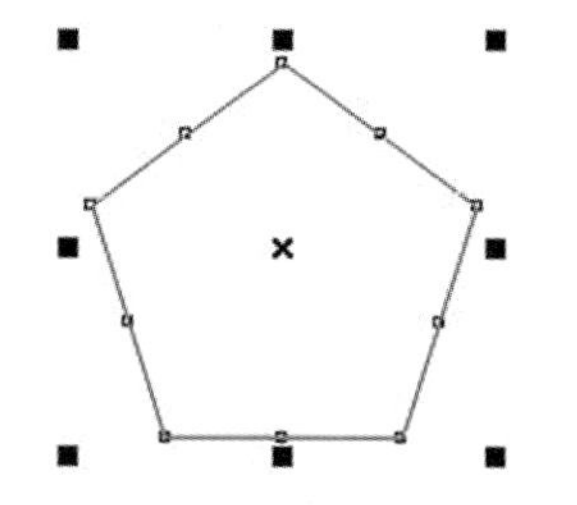

图 9.73　绘制正五边形

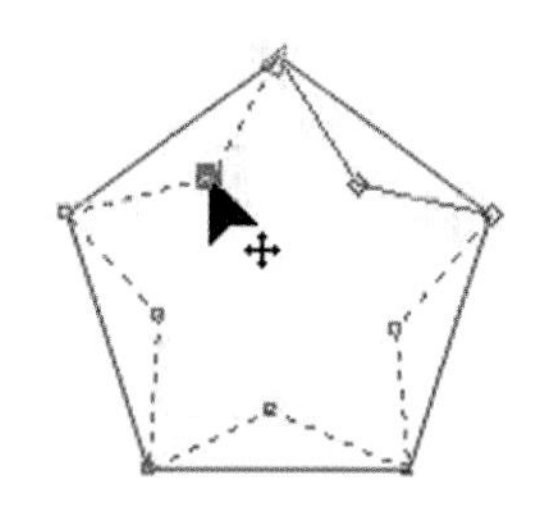

图 9.74　调整节点位置

(26)选择“轮廓笔”工具，弹出“轮廓笔”对话框，单击“颜色”选项，设置颜色值为 C0、M0、Y100、K0，输入线型宽度为 20 mm，其他选项均为默认设置，按下“确定”按钮，如图 9.75 所示。按下数字键盘上的“+”键 1 次，原位复制出星形副本，将其拖曳到相应的位置上，填充颜色 C40、M0、Y100、K0。使用“挑选工具”，调整星形的位置、方向、大小。接着圈选两个星形图形，按下“Ctrl+G”组合键，将其群组，如图 9.76 所示。

(27)再次复制出另一组星形，分别设置轮廓线颜色值为 C0、M60、Y100、K0 和 C40、M0、Y0、K0。再分别将两组星形拖曳到舞台背景的左下方和右上方。效果如图 9.77 所示。

图 9.75　设置“轮廓笔”对话框

图 9.76　群组星形

图 9.77　调整星形位置

(28)执行“文件”→“保存”命令，将当前图像保存。

4. 调整组合效果

(1)按下属性栏中的“导入”按钮，弹出“导入”对话框。选择“第九章舞美素材”→“学院标志. cdr”素材文件，单击“导入”按钮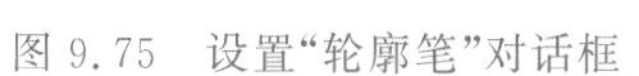，在页面中单击，打开标志图形。调整标志的位置、大小。效果如图 9.78

所示。

(2)选择“文本工具”字，输入文字“广西机电职业技术学院”，设置字体为“文鼎 CS 行楷”，字体大小为 85 pt，为其填充颜色 C100、M100、Y0、K0。选择“轮廓笔”工具，弹出“轮廓笔”对话框，单击“颜色”选项，设置颜色为白色，输入线型宽度为 4 mm，单击圆角选项，其他选项均为默认设置，按下“确定”按钮，如图 9.79 所示。效果如图 9.80 所示。

图 9.78 导入标志图形

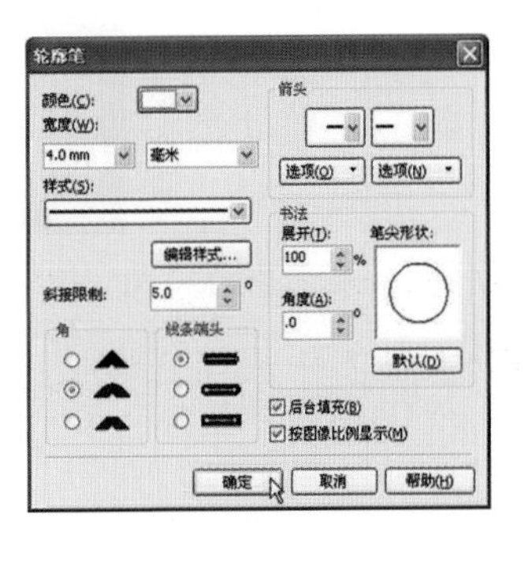

图 9.79 设置轮廓笔

(3)使用相同的方法，输入主办方和承办方的文字信息，设置字体、字号及其颜色。选择“形状工具”，使用圈选的方法选取上下两行文字的首字节点，按下“Ctrl”键，将其向左拖曳到适当的位置。效果如图 9.81 所示。

图 9.80 添加文字轮廓效果

图 9.81 调整文字效果

(4)执行“工具”→“选项”命令，弹出“选项”对话框，单击“工作区”的“＋”键，弹出下一级目录，单击“编辑” 选项，取消选择“新的图框精确剪裁内容自动居中”复选框，单击“确定”按钮，如图 9.82 所示。

(5)选择“挑选工具”，单击左侧的矩形背景，按下“Ctrl＋U”组合键，取消群组。单击发光背景图形，按下数字键盘上的“＋”键两次，原位复制出两个背景图形副本。

(6)使用“挑选工具”，单击背景图形副本，执行 “效果”→“图框精确剪裁” →“放置在容器中”命令，当光标变为➡形状时，在左侧的矩形背景框上单击鼠标，如图 9.83 所示。对发光背景进行原位剪裁，无须做进一步调整。

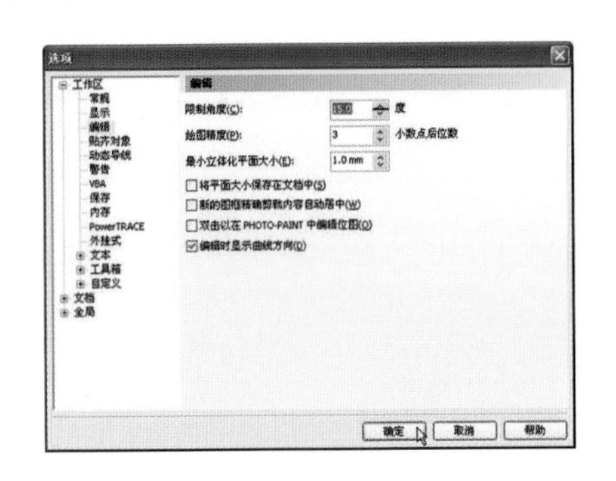

图 9.82 设置“选项”对话框

图 9.83 剪裁矩形背景框

(7)保持矩形背景框为选择状态，右键单击颜色面板上的“无填充”☒，清除轮廓线。使用“挑选工具”

,再次圈选矩形框内的全部图形,按下"Ctrl+G"组合键,再次群组图形。

(8)使用相同的方法,操作步骤与步骤(6)、(7)相同,得到右侧矩形背景。

(9)单击"矩形工具",绘制一个矩形。为其填充黑色。按下"Shift+Page Down"组合键,将其放置在最底层。调整左、右侧的矩形背景位置、大小。最终效果如图 9.84 所示。

图 9.84　最终效果

(10)执行"文件"→"保存"命令或按下"Ctrl+S"组合键,将当前图像保存。

练习题

舞台展板设计

要点提示:在 CorelDRAW 中,使用"矩形工具"设置页面规格。导入素材文件,执行"效果"→"图框精确剪裁"→"放置在容器中"命令,对图像进行剪裁。通过排列组合,调整舞台背景。设计、制作主题文字效果,使用"形状工具"调整文字的位置、方向、大小等。使用"贝塞尔工具"和"形状工具"绘制标志及装饰图案。调整主次背景关系,效果如图 9.85 所示。

图 9.85　舞台展板效果

CorelDRAW Pingmian Sheji Shili Jiaocheng

项目十

书籍封面设计

目标任务

主要学习在CorelDRAW中制作书籍封面，添加标题文字并制作立体效果。通过对图形的设计和相关文字的合理排版制作书籍封面效果。

项目重点

项目重点是使用“形状工具”和“变换”→“旋转”命令产生光芒效果，使用“插入条形码”命令创建条形码，使用立体化工具绘制封面标题文字，使用“文本工具”排列其他文字信息。

任务一 设计理论要点

图形、文字和色彩是封面设计的三要素。设计师根据书的不同性质、用途和读者，将三者有机地结合起来，表现出书籍的丰富内涵，并以一种传递信息和美感的形式呈现给读者。

一、图形

封面上的图形包括摄影图片、插图和图案，有写实的，有抽象的，还有写意的。具体的写实手法在少儿的知识读物、通俗读物和某些文艺、科技读物的封面设计中应用较多。有些科技、政治、教育等方面的书籍封面设计，有时很难用具体的形象去提炼表现，可以运用抽象的表现形式，使读者能够意会到其中的含义，得到精神享受。文学书籍封面图形一般使用写意的手法。中国画的写意手法，着重于抓住形和神的表现，以简练的手法获得具有气韵的情调和感人的联想。那些写意的中外古今图案，在体现民族风格和时代特点上也起着很大的作用。

二、文字

封面上的文字内容主要包括书名(丛书名、副书名)、作者名、出版社名称、书号、定价、责任编辑等。

在设计过程中，为了丰富画面，可重复书名，加上拼音或外文书名，或目录和适量的广告语。有时出于画面的需要，在封面上也可以不安排作者名和出版社名，而让它们出现在书脊和扉页上，封面只留下不可缺少的书名。

三、色彩

封面色彩处理应考虑内容的需要，用不同色彩对比的效果来表达不同的内容和思想。在对比中求统一协调，以间色互相配置为宜，使对比色统一于协调之中。书名的色彩如纯度不够，就不能产生显著夺目的效果，可使用装饰性的色彩表现，增强书名在版面中的重要性和观赏性。

色彩配置上除了协调外，还要注意色彩的对比关系，包括色相、纯度、明度的对比。封面上没有色相冷暖对比，就会感到缺乏生气；封面上没有明度深浅对比，就会感到沉闷而透不过气；封面上没有纯度鲜明对比，就会感到古旧和平俗。我们要在封面色彩设计中掌握明度、纯度、色相的对比关系，同时用这三者关系去认识和寻找封面产生弊端的缘由，以便提高色彩修养。

任务二
案例流程图与制作步骤

一、案例流程图

书籍封面设计流程图如图 10.1 所示。

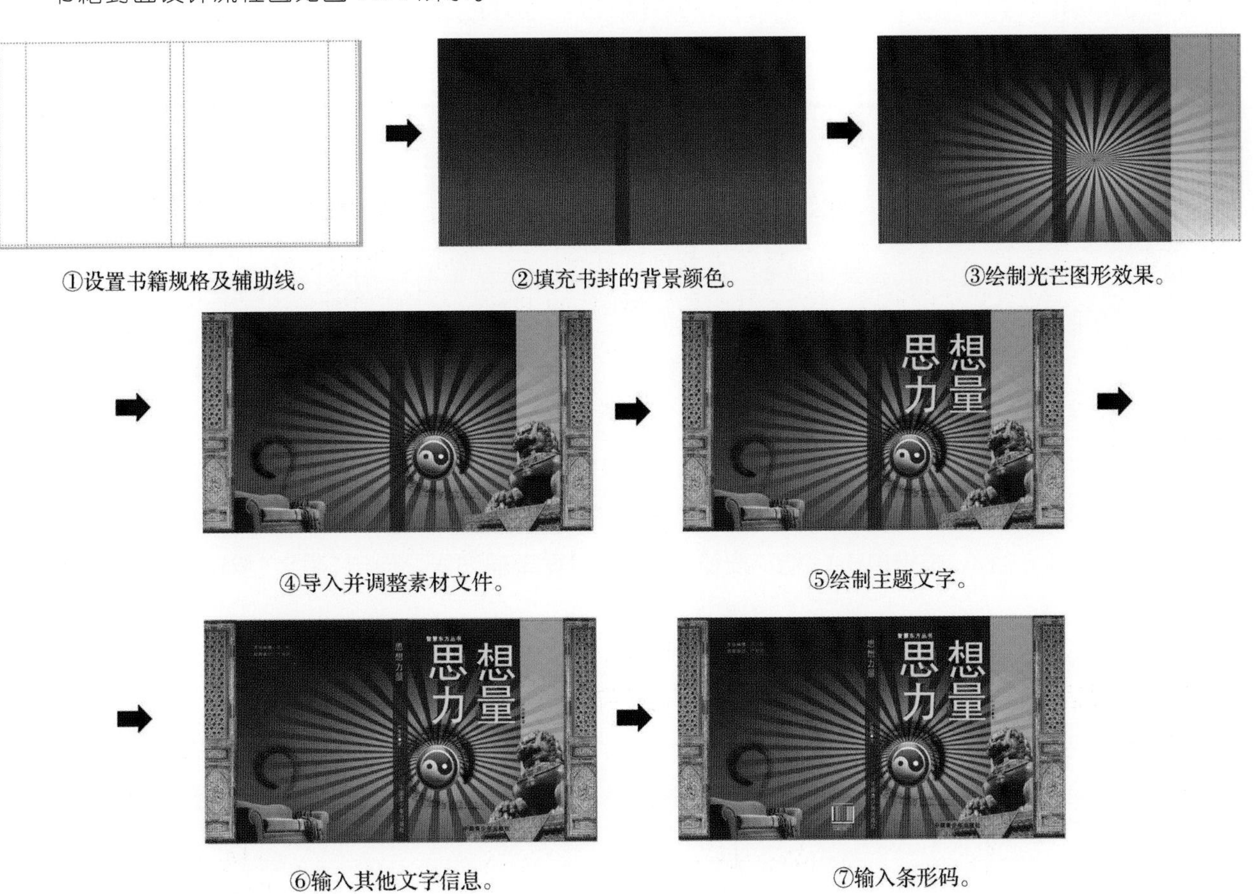

图 10.1　书籍封面设计流程图

二、制作步骤

1. 设置封面规格

(1)打开 CorelDRAW X4 软件,执行"文件"→"新建"命令或按下"Ctrl+N"组合键,新建一个 A4 页面。分别设置属性栏中的纸张宽度和高度框 的数值为 526 mm、291 mm,按下"Enter"键,效果如图 10.2 所示。

(2)选择"挑选工具" ,在页面垂直标尺处拖曳出辅助线,在合适的位置释放鼠标,效果如图 10.3 所示。

(3)保持辅助线为选择状态,在属性栏的"对象位置"框 中输入数值 3.0 mm,按下"Enter"键。使用相同的方法设置第二根辅助线,在属性栏的"对象位置"框中输入数值 523.0 mm,按下"Enter"键。然后在水平标尺处分别拖曳出两条水平辅助线,设置数值为 3.0 mm、288.0 mm,效果如图 10.4 所示。

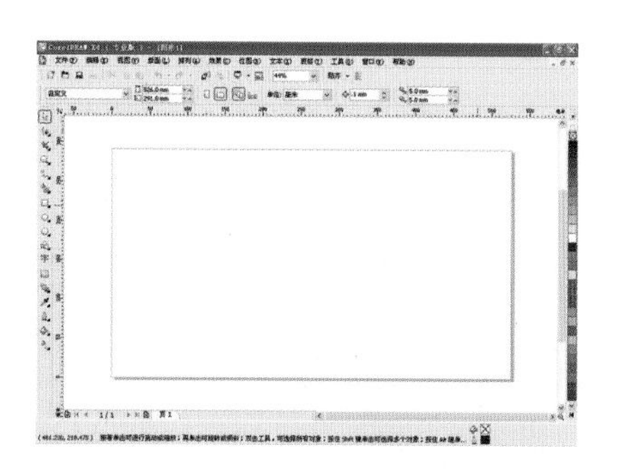
图 10.2 设置文件规格

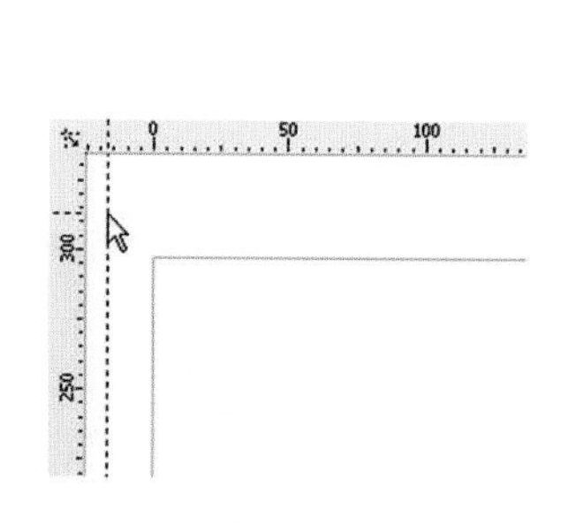

图 10.3 拖曳辅助线

图 10.4 设置出血位

提示:出血位又称裁切位,是裁切的预留位置(超出成品尺寸的部分)。比如我们常看到的印刷品,图文是满版的,如果成品尺寸是 210 mm×285 mm,制作的时候不能将该尺寸设置为成品尺寸,否则裁切的时候会因为裁不准而留下白边。因此制作的时候,应该在成品尺寸四周多设 3 mm ,即 216 mm×291 mm,超出部分就叫出血位。

(4)单击属性栏中的"选项" 按钮或按下"Ctrl+J"组合键,打开"选项"对话框,单击"文档"的"+"键,弹出下一级目录,单击"辅助线",打开"垂直"对话框。在"垂直" 标尺中添加垂直辅助线,依次输入 43、253、273、480,如图 10.5 所示,重复单击"添加"按钮,完成添加垂直辅助线。单击"确定"按钮。效果如图 10.6 所示。

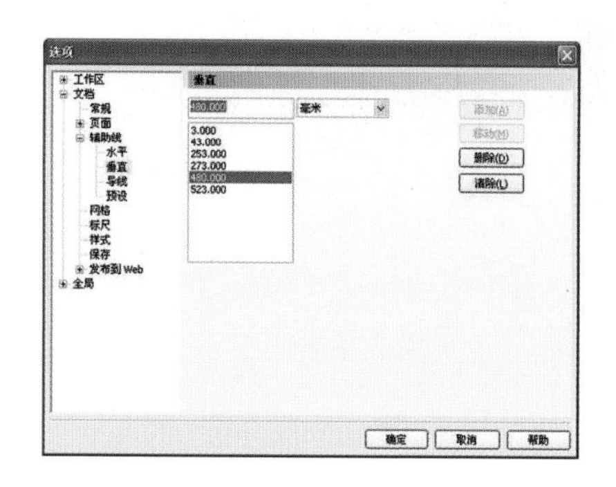

图 10.5 添加垂直辅助线

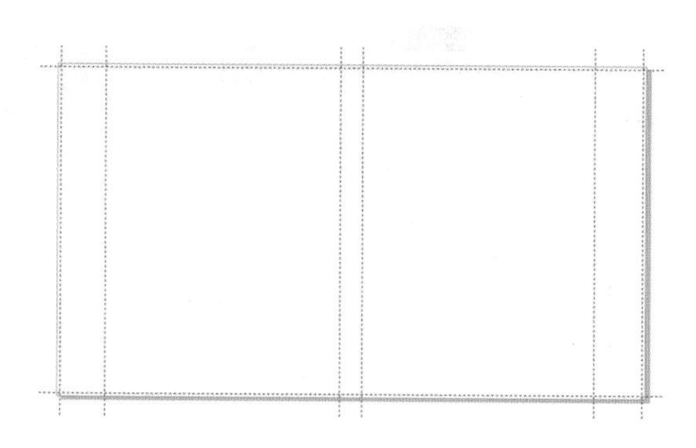
图 10.6 添加辅助线效果

2. 设置封面色彩

(1)双击"矩形工具"，得到与页面等大的矩形，效果如图 10.7 所示。

(2)选择"填充"工具，单击"渐变填充"或按下"F11"键，弹出"渐变填充"对话框，选择"双色"选项，设置"从"选项颜色值为 C0、M100、Y100、K80，"到"选项颜色值为 C0、M100、Y100、K0，其他选项设置均为默认，如图 10.8 所示。单击"确定"按钮，矩形被填充，效果如图 10.9 所示。

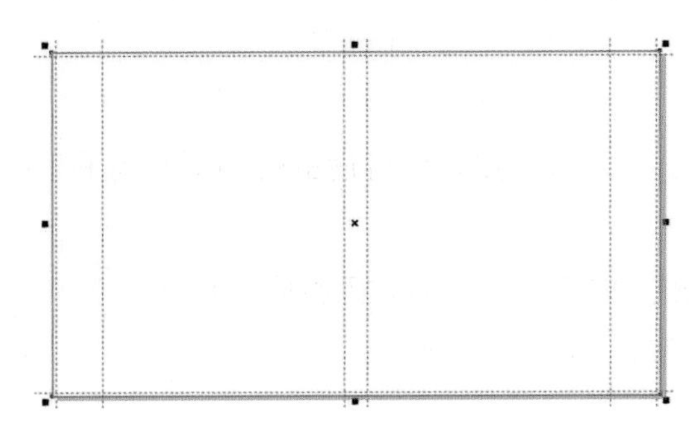

图 10.7 绘制矩形

图 10.8 "渐变填充"对话框

(3)选择"矩形工具"，在页面绘制矩形，调整其大小并移动到页面中心位置。选择"填充"工具，单击"均匀填充"按钮 均匀填充...，弹出"均匀填充"对话框。设置填充颜色值为 C0、M100、Y100、K60，单击"确定"按钮。书脊效果如图 10.10 所示。

图 10.9 渐变填充效果

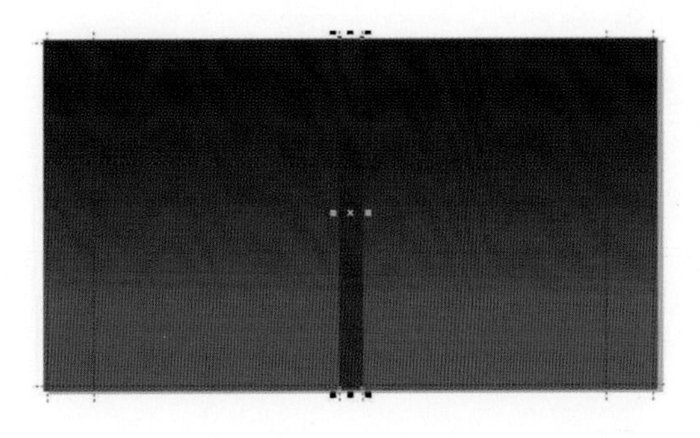

图 10.10 填充书脊效果

(4)选择"矩形工具"，在页面右侧绘制矩形。选择"填充"工具，单击"渐变填充"，弹出"渐变填充"对话框。选择"双色"选项，设置"从"选项颜色值为白色，"到"选项颜色值为 C40、M0、Y100、K0，其他选项设置均为默认，如图 10.11 所示。单击"确定"按钮，填充矩形，效果如图 10.12 所示。

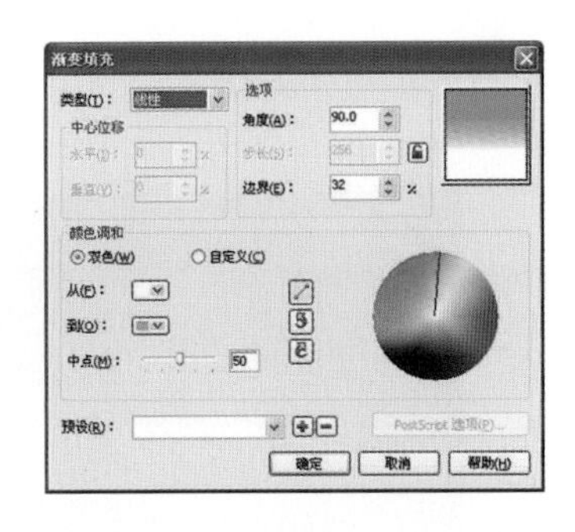

图 10.11 "渐变填充"对话框

图 10.12 填充矩形

(5)执行"文件"→"导入"命令或按下标准栏中的"导入"按钮，弹出"导入"对话框。选择"第十章书籍素材"→"底纹.jpg"文件,单击"导入"按钮[导入],在页面中单击打开导入文件。按下"P"键,将导入文件对齐页面中心,效果如图 10.13 所示。

(6)保持底纹文件为激活状态,选择"交互式透明工具",设置属性栏中的"透明度类型"框[标准]为"标准","透明度操作"框[减少]为"减少",设置"开始透明度"框[50]为"50",按下"Enter"键。效果如图 10.14 所示。

图 10.13　导入底纹文件

图 10.14　底纹透明效果

3. 制作光芒效果

(1)选择"矩形工具",绘制矩形,调整其大小、位置。选择"填充"工具,单击"均匀填充"按钮[均匀填充...],弹出"均匀填充"对话框,设置颜色值为 C0、M0、Y100、K0,单击"确定"按钮。效果如图 10.15 所示。

(2)执行"排列"→"转换为曲线"命令或按下"Ctrl+Q"组合键,将矩形转换为曲线。选择"形状工具",圈选右下角的节点并将其向上方移动,将矩形调整为三角形。效果如图 10.16 所示。

图 10.15　绘制矩形并填充

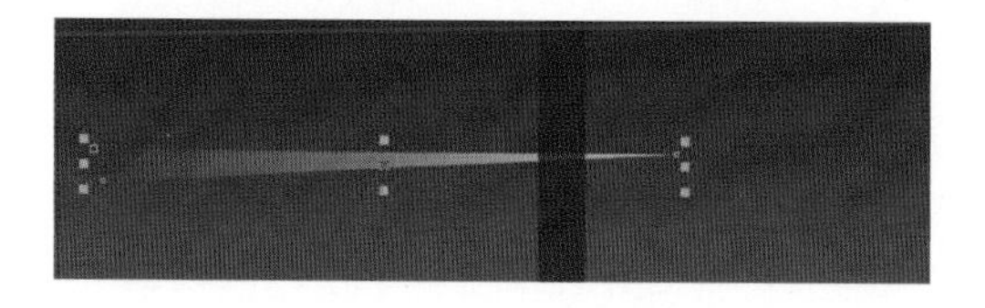

图 10.16　三角形效果

(3)选择"交互式透明工具",从右至左单击鼠标并拖曳到合适的位置,释放鼠标,为其添加透明效果,如图 10.17 所示。

(4)执行"排列"→"变换"→"旋转"命令,弹出旋转卷帘窗。设置旋转"角度"为 10 度,设置"相对中心"位置为"右下",其他选项设置均为默认,如图 10.18 所示。单击"应用到再制"按钮 35 次,图形旋转复制,效果如图 10.19 所示。

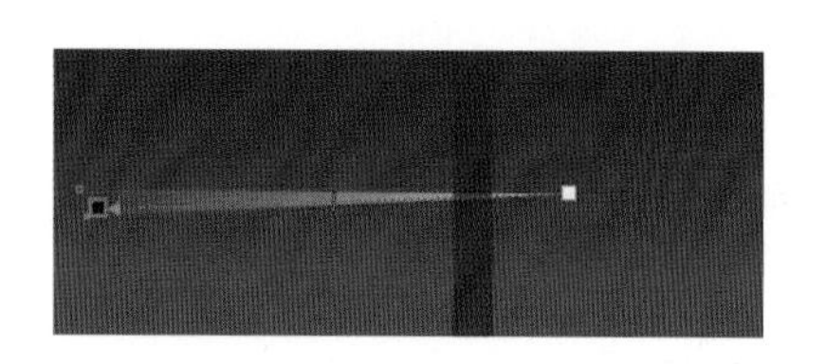

图 10.17　添加透明效果

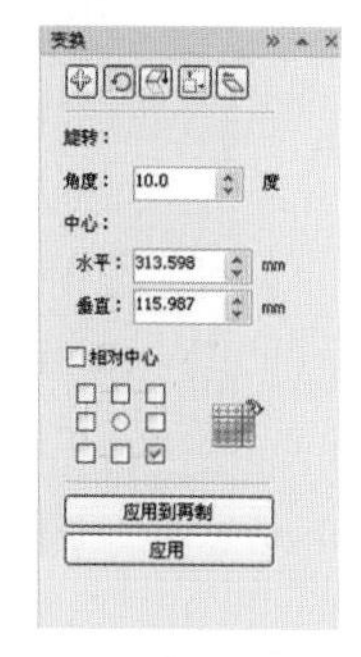

图 10.18　设置旋转卷帘窗

图 10.19　旋转再制图形

(5)选择“挑选工具”，圈选全部再制图形，单击属性栏中的群组按钮或按下“Ctrl+G”组合键将其组合。接着调整其在封面的位置和大小，效果如图 10.20 所示。

4. 导入素材图片

(1)执行“文件”→“导入”命令或按下标准栏中的“导入”按钮，弹出“导入”对话框。按下“Ctrl”键，分别选择“第十章书籍素材”→“水墨.cdr”“沙发.psd”文件，单击“导入”按钮，在页面中连续单击，打开导入文件，分别调整导入文件的位置、大小。

(2)选择“挑选工具”，单击水墨图形，按下数字键盘上的“+”键 1 次，原位复制出水墨图形副本，并将其拖曳到封底合适的位置上，单击属性栏中的“水平镜像”按钮，调整其位置、大小。效果如图 10.21 所示。

图 10.20　调整光芒图形效果

图 10.21　复制素材文件

(3)按下标准栏中的“导入”按钮，弹出“导入”对话框。选择“第十章书籍素材”→“太极.cdr”文件，在页面中单击，打开素材文件。调整素材位置、大小，如图 10.22 所示。

(4)选择“椭圆形工具”，按下“Ctrl”键，单击并拖曳鼠标，在太极图形上方绘制正圆形，效果如图 10.23 所示。

(5)选择“挑选工具”，单击太极图形。执行“效果”→“图框精确剪裁”→“放置在容器中”命令，当光标变为➡形状时，在正圆形轮廓线上单击鼠标，如图 10.24 所示，将太极图形置入正圆形中，效果如图 10.25 所示。保持图形为选择状态，右键单击颜色面板上的“无填充”☒，清除轮廓线。

图 10.22　导入太极素材

图 10.23　绘制正圆形

图 10.24　“图框精确剪裁”命令

图 10.25　剪裁效果

(6)按下标准栏中的“导入”按钮，弹出“导入”对话框。按下“Ctrl 键”，分别选择“第十章书籍素材”→“石狮.psd”“门.jpg”文件，单击“导入”按钮，在页面中连续单击，打开导入文件，分别调整素材的位置、大小。效果如图 10.26 所示。

(7)选择“挑选工具”，单击门素材，按下数字键盘上的“+”键 1 次，原位复制出门副本，并将其拖曳到封面右边勒口位置上，单击属性栏中的“水平镜像”按钮，效果如图 10.27 所示。

图 10.26　调整素材位置　　图 10.27　素材置于右边勒口

5. 标题及条形码制作

(1)选择“文本工具”字，在页面中输入主题文字“思想力量”，在属性栏中选择字体为“黑体”，设置文字大小为“160 pt”，效果如图 10.28 所示。

(2)选择“交互式立体化工具”，对其单击并拖曳鼠标到合适的位置，释放鼠标，效果如图 10.29 所示。

(3)单击“立体化颜色”按钮，弹出“颜色”对话框，单击“使用递减的颜色”选项，设置“从”选项颜色值为 C100、M100、Y0、K0，“到”选项颜色值为 C0、M100、Y100、K0，如图 10.30 所示。效果如图 10.31 所示。

图 10.28　设置字体、字号　　图 10.29　立体化效果　　图 10.30　设置立体化颜色

(4)选择“文本工具”字，在页面书脊上方输入“思想力量”，为其设置字体、字号。单击属性栏中的“将文本更改为垂直方向”按钮，将文字垂直排列。使用相同的方法，输入作者、出版社等文字内容，选择“挑选工具”，圈选书脊中的文字内容，按下“E”键，将文字居中对齐。效果如图 10.32 所示。

(5)选择“文本工具”字，在封面、封底处输入相应的文字信息，调整其位置、大小。效果如图 10.33 所示。

图 10.31　立体化效果　　图 10.32　垂直居中对齐文字　　图 10.33　输入其他文字

(6)执行“编辑”→“插入条形码”命令，弹出“条码向导”对话框，单击“从下列行业标准格式中选择一个”下拉按钮，选择“EAN-13”，在“输入 12 个数字”框中输入数字“978719781230”，如图 10.34 所示。单击“下一步”按钮，弹出如图 10.35 所示的对话框，选项设置均为默认，再次单击“下一步”按钮，接着弹出如图 10.36 所示的对话框，选项设置均为默认，单击“完成”按钮。效果如图 10.37 所示。

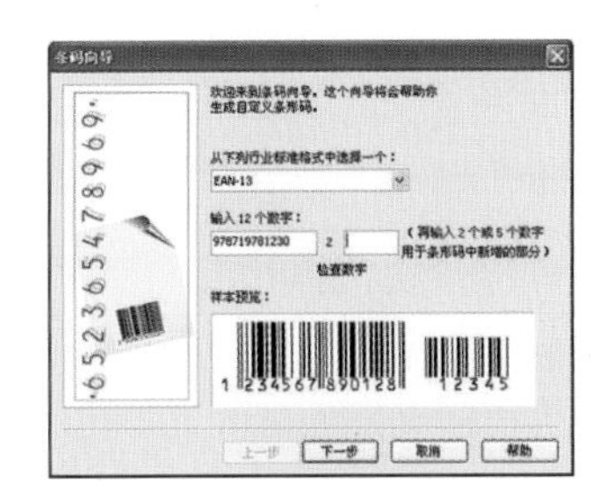
图 10.34　设置行业标准格式

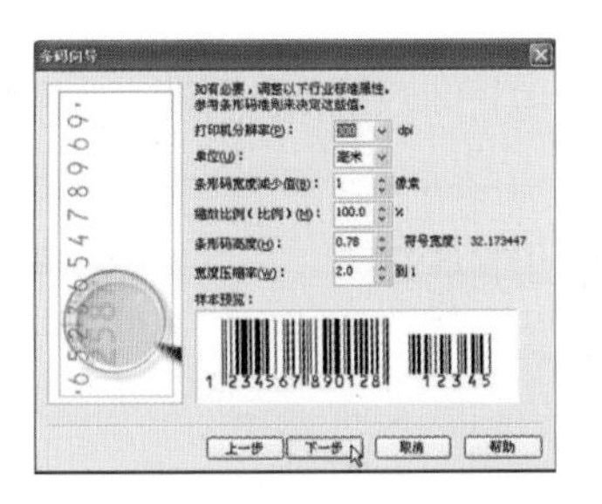
图 10.35　单击“下一步”按钮

图 10.36　封面“完成”按钮

(7)选择“文本工具”字，输入书号及其他相关文字信息，调整文字的位置、大小。效果如图 10.38 所示。

(8)执行“文件”→“保存”命令或按下“Ctrl+S”组合键，将当前图像保存。最终效果如图 10.39 所示。

图 10.37　条形码效果

图 10.38　输入书号、定价

图 10.39　封面最终效果图

练习题

书籍封面设计

要点提示：在 CorelDRAW 中，使用辅助线设置书籍封面规格。使用“贝塞尔工具”绘制电影胶片的效果，使用“形状工具”调整胶片轮廓。执行“变换”→“位置”命令，复制出胶片效果，将标题文字的“视”字做变形处理。使用“轮廓笔”工具添加箭头。使用“文本工具”添加相关文字信息。使用“插入条形码”命令制作条形码。效果如图 10.40 所示。

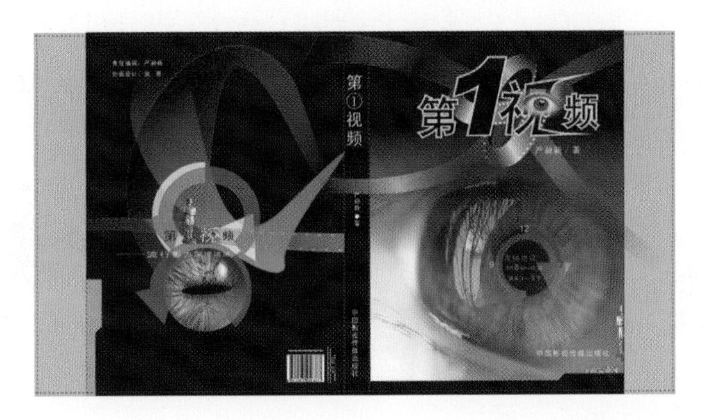

图 10.40　书籍封面

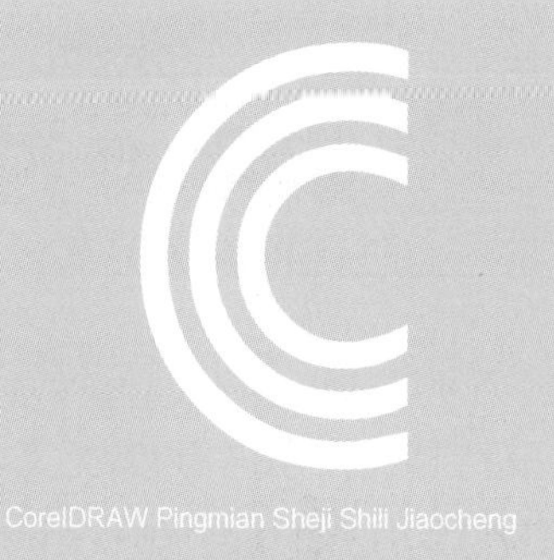

项目十一

海报招贴设计

目标任务

主要学习在 CorelDRAW X4 中使用“基本形状”工具与“渐变填充”工具设计海报招贴。

项目重点

项目重点是学会制作海报背景，并配合海报风格使用合适的字体、色彩。

任务一
设计理论要点

海报招贴是广告艺术中比较大众化的一种体裁，用来完成一定的宣传任务，或是为报道、广告、劝喻、教育等目的服务。在我国，用于公益或文化宣传的招贴，称公益招贴或文化招贴，也可简称为宣传画；用于商品宣传的招贴，则称为商品广告招贴或商品宣传画。在国外某些国家通称为广告画，如商品广告、文化广告、艺术广告和公共广告等。

一、海报招贴的内容

1. 一目了然，简洁明确

为了使人在一瞬间、一定距离外能看清楚所要宣传的事物，在设计中往往采取一系列假定手法，突出重点，删去次要的细节甚至背景，还可以把不同时间、不同空间发生的活动组合在一起。也经常运用象征手法，启发人们的联想。

2. 以少胜多，以一当十

招贴画属于“瞬间艺术”。要做到在有限的时空下让人过目难忘、回味无穷，就需要做到“以少胜多，以一当十”。招贴艺术通常从生活的某一侧面而不是一切侧面来再现现实。在选择设计题材的时候，选择最富有代表性的现象或元素，就可以产生“言简意赅”的好作品。有时尽管构图简单，却能够表现出吸引人的意境，达到了情景交融的效果。

3. 表现主题，传达内容

设计理念必须成功地表现主题，清楚地传达海报的内容信息，才能使观众产生共鸣。因此设计者在构思时，一定要了解海报的内容，才能准确地表达主题的中心思想，在此基础之上，才能有的放矢地进行创意表现。

二、海报招贴的特点

1. 尺寸大

海报招贴张贴于公共场所，会受到周围环境和各种因素的干扰，所以必须以大画面及突出的形象和色彩展现在人们面前。其画面尺寸有全开、对开、长三开及特大画面(八张全开)等。

2. 远视强

为了给来去匆忙的人们留下视觉印象，除了尺寸大之外，招贴设计还要充分体现定位设计的原理。以突出的商标、标志、标题、图形，或对比强烈的色彩，或大面积的空白，或简练的视觉流程使海报招贴成为视觉焦点。招贴可以说具有广告典型的特征。

3. 艺术性高

就招贴的整体而言，它包括商业招贴和非商业招贴两大类。其中，商业招贴的表现形式以具有艺术表现力的摄影、造型写实的绘画或漫画形式为主，给消费者以真实感人的画面和富有幽默情趣的感受。而非商业招贴，内容广泛、形式多样，艺术表现力丰富。特别是文化艺术类的招贴画，根据广告主题可以充分发挥想象力，尽情施展艺术手段。许多追求形式美的画家都积极投身到招贴画的设计中，并且在设计中用自己的绘画语言，设计出风格各异、形式多样的招贴画。

任务二 案例流程图与制作步骤

一、案例流程图

海报招贴设计流程图如图 11.1 所示。

①设置海报规格及制作渐变底纹。

②制作海报底纹图形。

③设计海报主题文字效果。

④导入并调整素材。

⑤海报设计最终效果。

图 11.1 海报招贴设计流程图

二、制作步骤

1. 制作背景

(1)打开 CorelDRAW X4 软件,按下"Ctrl+N"组合键,新建一个页面。设置属性栏的纸张宽度和高度框 600.0 mm 900.0 mm 中的数值为 600 mm、900 mm,按下"Enter"键,如图 11.2 所示。

(2)双击"矩形工具",得到一个与页面尺寸相同的矩形,单击"填充"工具,选择"渐变填充"样式,或按下"F11"键,弹出"渐变填充"对话框,单击鼠标左键,选择渐变填充类型 类型(T): 射线 为射线。"颜色调和"选择"自定义"选项,在"位置"选项分别添加 0、19%、54%、65%、75%、100%几个位置点,单击右下角的"其它"按钮,分别设置位置点的颜色值为 C20、M100、Y100、K0,C0、M100、Y100、K0,C0、M20、Y100、K0,C0、M0、Y60、K0,C0、M0、Y20、K0,C0、M0、Y0、K0。其他选项的设置均为默认,如图 11.3 所示。单击"确定"按钮,效果如图 11.4 所示。

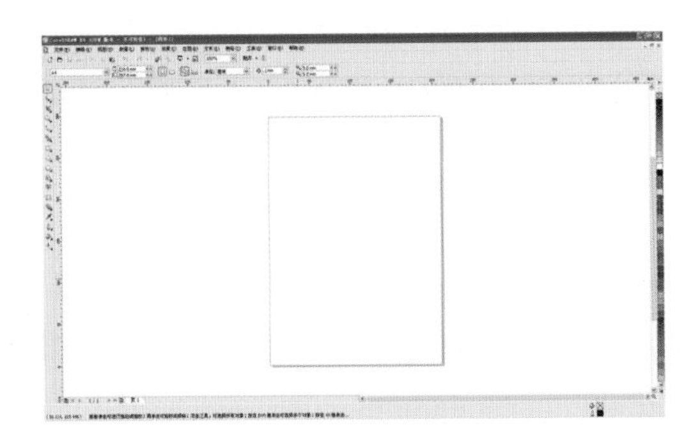

图 11.2 新建文件

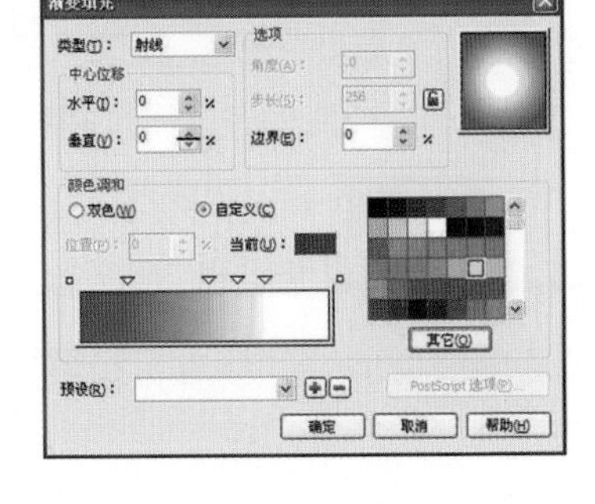

图 11.3 设置"渐变填充"对话框

图 11.4 渐变填充效果

(3)选择"矩形工具",绘制矩形,如图 11.5 所示;按下"Ctrl+Q"组合键,将矩形转换为曲线。选择"形状工具",双击矩形右上角节点,删除矩形节点,如图 11.6 所示。

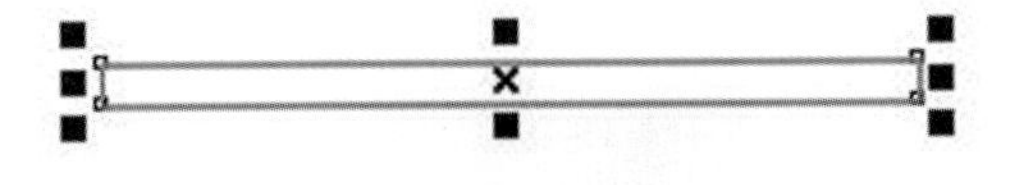

图 11.5 绘制矩形

图 11.6 删除矩形节点

(4)选择"形状工具",圈选矩形全部节点,单击鼠标右键,弹出选项面板,单击"到曲线"选项,如图 11.7 所示。单击鼠标左键,选择其中的线段,当光标变为状态时,拖曳出曲线到合适位置,效果如图 11.8 所示。

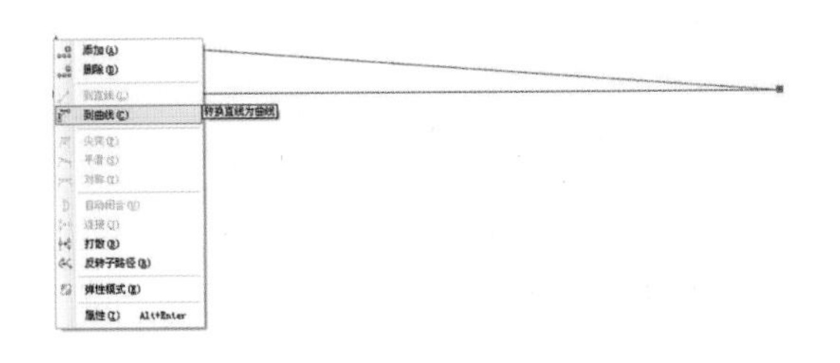

图 11.7 转换直线为曲线

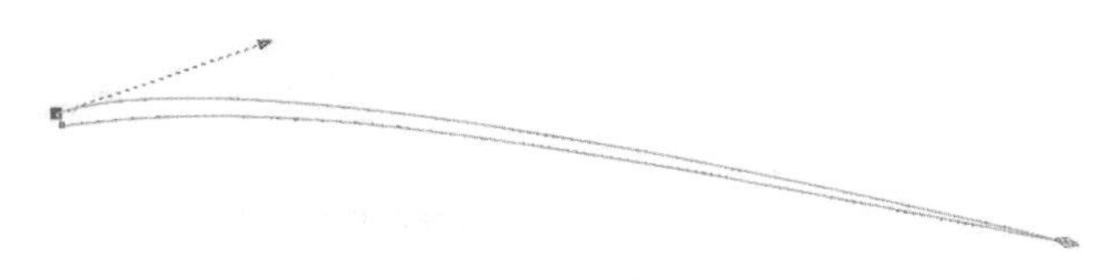

图 11.8 调整曲线滑杆效果

(5)选择“挑选工具”，单击“填充”工具，选择“渐变填充”样式，或按下“F11”键，弹出“渐变填充”对话框，单击鼠标左键，选择渐变填充类型为线性。“颜色调和”选择“自定义”选项，在“位置”选项分别添加 0、48%、100%几个位置点，单击右下角的“其它”按钮，分别设置这几个位置点的颜色值为 C0、M20、Y100、K0，C4、M5、Y93、K0，C0、M0、Y0、K0，其他选项的设置均为默认，如图 11.9 所示。单击“确定”按钮，效果如图 11.10 所示。

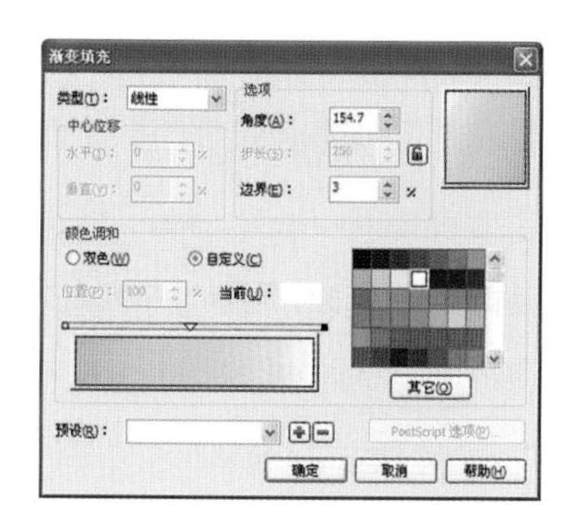

图 11.9　设置“渐变填充”对话框

图 11.10　渐变填充效果

(6)保持图形的选择状态，执行“排列”→“变换”→“旋转”命令，弹出旋转卷帘窗，设置旋转“角度”值为 18.3 度。选择“相对中心”位置为左上，其他选项均为默认设置，如图 11.11 所示。连续单击“应用到再制”按钮，得到多个旋转再制图形，效果如图 11.12 所示。

(7)选择“挑选工具”，圈选全部再制图形，按下“Ctrl+G”组合键，群组所有对象。选择“交互式透明工具”，在属性栏中设置“透明度类型”为“标准”，设置“开始透明度”选项数值为“50”，按下“Enter”键。效果如图 11.13 所示。

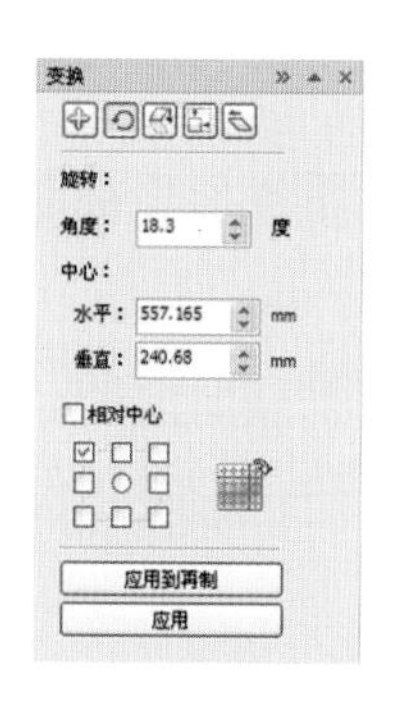

图 11.11　设置旋转卷帘窗

图 11.12　旋转再制图形

图 11.13　设置图形透明效果

(8)选择“挑选工具”，圈选旋转再制图形，按下数字键盘上的“+”键，原位复制出原大旋转再制图形，在属性栏上设置“缩放”选项值为 130%，旋转 7.6°，如图 11.14 所示。按下“Enter”键，效果如图 11.15 所示。

(9)选择“挑选工具”，圈选放射图形，单击属性栏群组按钮，将图形群组，执行“效果”→“图框精确剪裁”→“放置在容器中”命令，当光标变为➡形状时，在背景对象上单击鼠标左键，将图形置入背景中。按住“Ctrl”键不放并单击背景对象，进入容器内编辑内容，调整图形大小至合适位置，单击工作页面左下角“完成编辑对象”按钮。效果如图 11.16 所示。

1,122.805 mm 130.0 % 7.6 °
1,110.725 mm 130.0 %

图 11.14 图形缩放及旋转设置

图 11.15 复制缩放图形效果 图 11.16 图形剪裁效果

(10)选择“椭圆形工具”，按住“Ctrl”键不放，单击并拖曳鼠标左键，绘制正圆形。使用相同的方法，再绘制一个较小的正圆形，如图 11.17 所示。

(11)选择“挑选工具”，同时圈选两个正圆形，按下“C”键，将两个正圆形垂直居中对齐，再按下“E”键，将两个正圆形水平居中对齐，效果如图 11.18 所示；单击属性栏上的“移除前面对象”按钮，得到圆圈图形，效果如图 11.19 所示。

(12)用相同的方法绘制一个直径比圆圈小的正圆形，选择“挑选工具”，同时圈选小正圆形与圆圈，分别按下“C”键、“E”键，将选取对象垂直、水平居中对齐。保持图形的选择状态，单击属性栏上的“焊接”按钮。效果如图 11.20 所示。

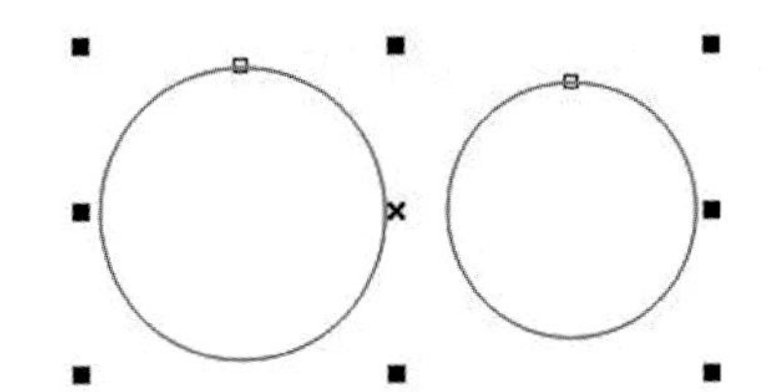

图 11.17 绘制两个正圆形

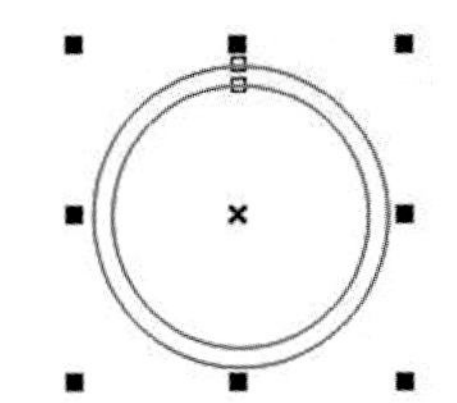

图 11.18 图形居中对齐

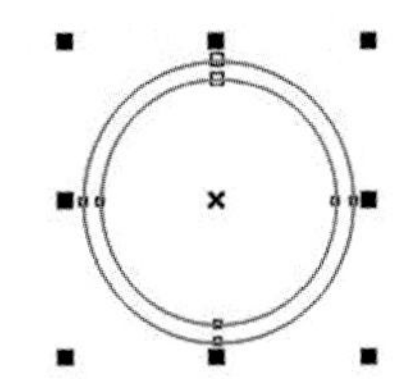

图 11.19 移除前面对象效果

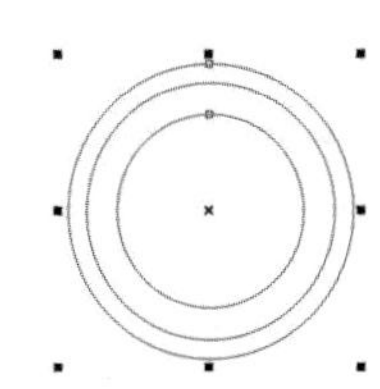

图 11.20 绘制圆形效果

(13)选择“挑选工具”，选择刚制作好的图形，按下数字键盘上的“+”键 4 次，原位复制出 4 个图形，并将其拖曳到相应的位置上，调整位置、大小。效果如图 11.21 所示。

(14)选择“挑选工具”，圈选全部图形，单击“填充”工具，选择“渐变填充”样式，弹出“渐变填充”对话框。设置“颜色调和”为“自定义”选项，在“位置”选项上分别添加 0、66%、100%几个位置点，单击右下角的“其它”按钮，分别设置位置点的颜色值为 C0、M0、Y60、K0，C0、M0、Y0、K0，C0、M0、Y0、K0，其他选项设置均为默认，如图 11.22 所示。单击“确定”按钮，效果如图 11.23 所示。

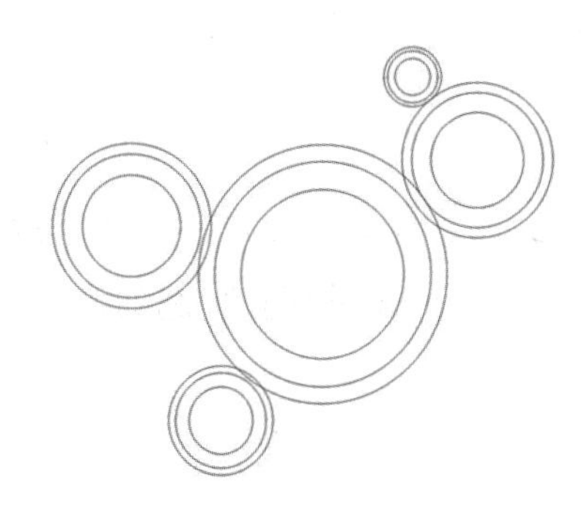

图 11.21 组合图形效果

(15)使用相同的方法，与步骤(9)相同，将所绘制好的图形置入背景中，调整图形的位置、大小。效果如图 11.24 所示。

(16)选择“多边形工具”中的“星形工具”，按住“Ctrl”键绘制一个五角星图形，如图 11.25 所示。

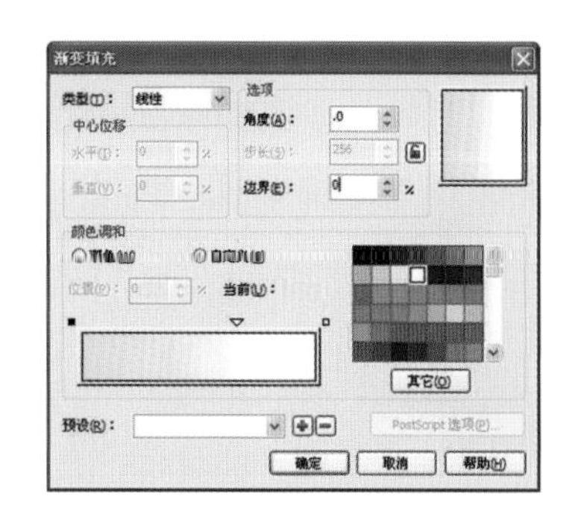

图 11.22　设置“渐变填充”对话框　　图 11.23　渐变填充颜色效果　　图 11.24　置入调整图形效果

(17)保持五角星的选择状态,单击“填充”工具,选择“渐变填充”样式,弹出“渐变填充”对话框,单击鼠标左键,选择渐变填充类型为射线。“颜色调和”选择“自定义”选项,在“位置”选项分别添加 0 、49%、72%、100%几个位置点,单击右下角的“其它”按钮,分别设置位置点的颜色值为 C36、M100、Y96、K2,C24、M100、Y97、K2,C16、M100、Y98、K1,C0、M100、Y100、K0,其他选项设置均为默认,如图 11.26 所示。单击“确定”按钮,效果如图 11.27 所示。

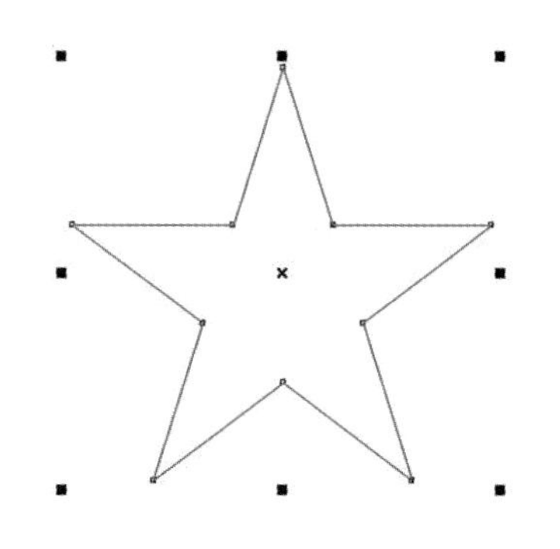

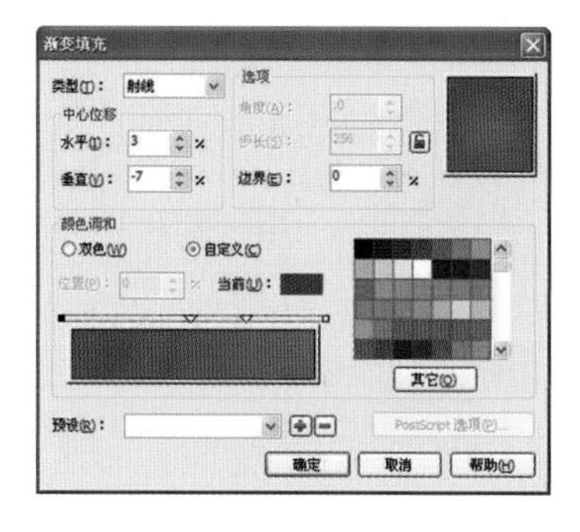

图 11.25　绘制五角星　　图 11.26　设置“渐变填充”对话框　　图 11.27　渐变填充效果

(18)选择“挑选工具”,选择五角星,按下数字键盘中的“+”键一次,原位复制出一个相同的五角星图形。在属性栏上设置“缩放”选项值为 120%,按下“Enter”键。

(19)保持五角星为选择状态,单击“填充”工具,选择“渐变填充”样式,弹出“渐变填充”对话框。设置“颜色调和”为“自定义”选项,在“位置”选项分别添加 0、5%、10%、13%、20%、29%、32%、37%、46%、52%、59%、71%、78%、83%、87%、92%、100%等位置点,单击右下角的“其它”按钮,分别设置这些位置点的颜色值为 C0、M20、Y100、K0,C0、M0、Y40、K0,C0、M40、Y80、K0,C0、M40、Y80、K0,C0、M0、Y40、K0,C0、M20、Y100、K0,C0、M0、Y20、K0,C0、M18、Y89、K0,C0、M40、Y80、K0,C0、M0、Y20、K0,C0、M20、Y100、K0,C0、M0、Y20、K0,C0、M40、Y80、K0,C0、M0、Y20、K0,C0、M10、Y20、K0,C0、M40、Y80、K0,C0、M0、Y40、K0,其他选项设置均为默认,如图 11.28 所示。单击“确定”按钮,效果如图 11.29 所示。

(20)选择“挑选工具”,选取渐变填充五角星,执行“排列”→“顺序”→“向后一层”命令,效果如图 11.30 所示。

(21)选择“挑选工具”,同时圈选两个五角星图形,按下“Ctrl+G”组合键,群组两个五角星图形。按下数字键盘上的“+”键多次,原位复制出多个五角星图形,并将其拖曳到相应的位置上,全面调整五角星图形的位置、大小和方向。效果如图 11.31 所示。

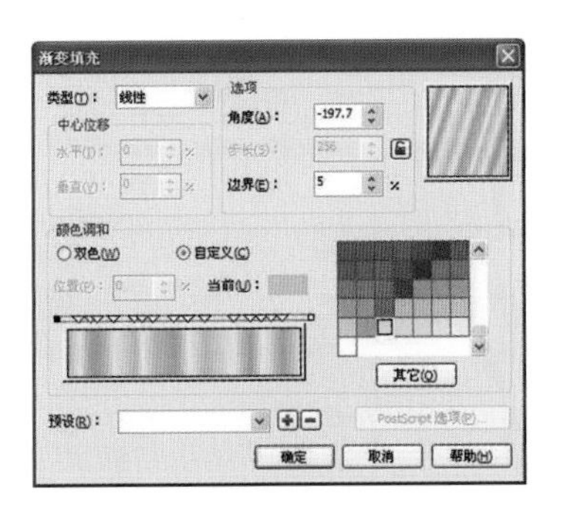

图 11.28 设置"渐变填充"对话框

图 11.29 渐变填充效果

图 11.30 五角星图形效果

(22)使用相同的方法,与步骤(9)相同,将所绘制好的组合图形置入背景中,调整其位置、大小。效果如图 11.32 所示。

(23)执行"文件"→"保存"命令,弹出"保存绘图"对话框,将当前图像命名为"海报招贴设计",保存为 CDR 格式,版本为 14.0 版本,其他选项设置均为默认,单击"保存"按钮,如图 11.33 所示。

2. 添加文字信息

(1)选择"文本工具"字,在页面中输入文字"魅力",按下"Enter"键,再输入文字"变身"。选择"挑选工具",在属性栏上选择字体为"方正美黑简体",并设置文字大小,如图 11.34 所示。

图 11.31 组合效果

图 11.32 置入图片

图 11.33 保存文件

图 11.34 设置文字属性

(2)按下"Ctrl+Q"组合键,将文字转换为曲线。选择"轮廓笔"工具,弹出"轮廓笔"对话框,设置轮廓宽度为 30 mm,单击"颜色"→"其它"选项,设置色彩值为 C60、M90、Y90、K20,其他选项设置均为默认,如图 11.35 所示。单击"确定"按钮,效果如图 11.36 所示。

(3)保持文字选择状态,按下数字键盘上的"+"键,原位复制一个"魅力变身",填充颜色值为 C0、M0、Y100、K0。在属性栏 "选择轮廓宽度"中选择 "无"选项。效果如图 11.37 所示。

(4)单击"填充"工具,选择"渐变填充"样式,弹出"渐变填充"对话框。设置"角度"选项为"63.4","颜色调和"选择"自定义"选项,在"位置"选项分别添加 0、5%、10%、13%、20%、29%、32%、37%、46%、52%、59%、71%、78%、83%、87%、92%、100%等位置点,单击右下角的"其它"按钮,分别设置位置点的颜色值为 C0、M20、Y100、K0,C0、M0、Y40、K0,C0、M40、Y80、K0,C0、M40、Y80、K0,C0、M0、Y40、K0,C0、M20、Y100、K0,C0、M0、Y20、K0,C0、M18、Y89、K0,C0、M40、Y80、K0,C0、M0、Y20、K0,C0、M20、Y100、K0,C0、M0、Y20、K0,C0、M40、Y80、K0,C0、M0、Y20、K0,C0、M10、Y20、K0,C0、M40、Y80、K0,C0、M0、Y40、K0,其他选项设置均为默认,如图 11.38 所示。单击"确定"按钮,效果如图 11.39 所示。

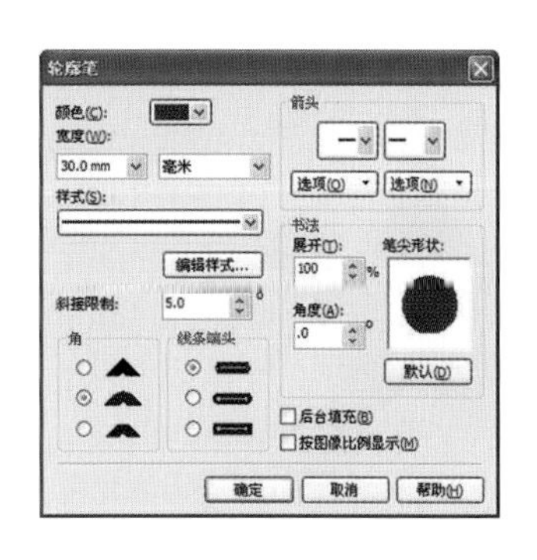
图 11.35　设置“轮廓笔”对话框

图 11.36　文字轮廓效果

图 11.37　设置复制文字轮廓线

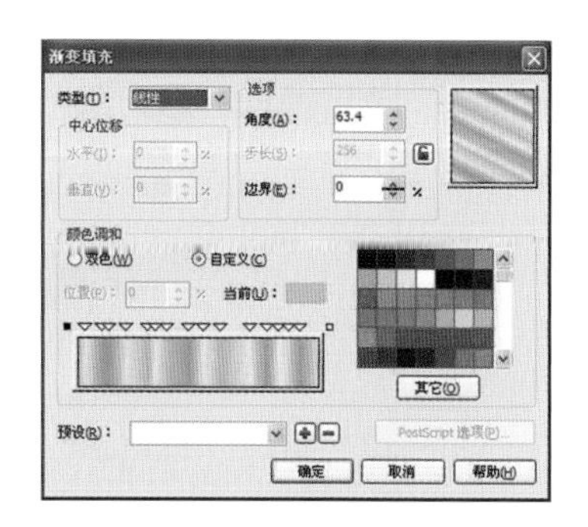
图 11.38　设置“渐变填充”对话框

(5)选择“挑选工具”，圈选“魅力变身”字样所有对象，按下“Ctrl＋G”组合键，将其群组，并拖曳到海报背景的相应位置上，调整其位置、大小。效果如图 11.40 所示。

(6)按下“Ctrl＋I”组合键，弹出“导入”对话框。选择“第十一章海报设计素材”→“装饰花纹. cdr”文件，单击“导入”按钮，在页面中单击，打开素材文件，并将其拖曳到相应的位置上，调整装饰花纹图形的位置、大小。效果如图 11.41 所示。

图 11.39　填充颜色效果

图 11.40　调整位置效果

图 11.41　导入素材效果

(7)选择“文本工具”，在页面中单击，输入文字“魔幻圣诞行”，在属性栏上选择字体为“汉仪中圆简”，并设置文字大小，如图 11.42 所示。选择“形状工具”，单击“魔幻圣诞行”，拖曳右下角箭头“”，如图 11.43 所示。

(8)选择“挑选工具”，保持图形选择状态，填充颜色 C0、M0、Y0、K0。选择“轮廓笔”工具，弹出“轮廓笔”对话框，设置“颜色”为“红”，“宽度”为 1.5 mm，其他选项均为默认，单击“确定”按钮，文字轮廓被填充，效果如图 11.44 所示。调整“魔幻圣诞行”的位置、大小。效果如图 11.45 所示。

魔幻圣诞行

图 11.42　字体效果

魔幻圣诞行

图 11.43　调整字间距

魔幻圣诞行

图 11.44　文字填充效果

(9)选择“矩形工具”，在页面拖曳鼠标绘制矩形，如图 11.46 所示。按下“Ctrl＋Q”组合键，将其转换为曲线，选择“形状工具”，通过直线转换为曲线、移动节点位置的方法，调整图形形状，效果如图 11.47 所示。

图 11.45 调整文字位置

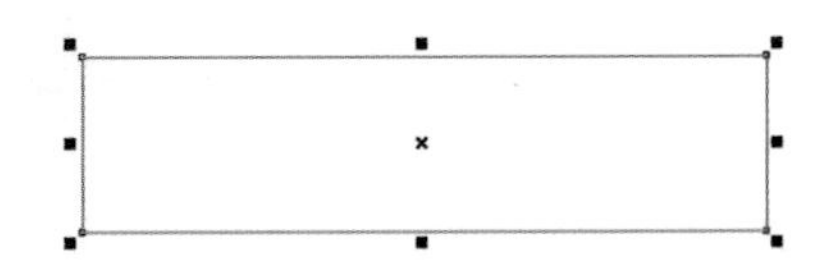
图 11.46 绘制矩形

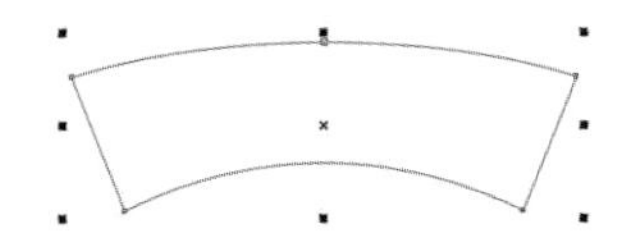
图 11.47 调整矩形效果

(10)保持选择图形状态，填充颜色 C0、M100、Y100、K0。效果如图 11.48 所示。

(11)选择“文本工具”字，在页面单击，输入文字“花车巡游”，选择“挑选工具”，在属性栏上设置字体为“微软雅黑粗体”，并设置文字大小，如图 11.49 所示。

(12)执行“文本”→“使文本适合路径”命令，将文字移至矩形框上，如图 11.50 所示。按下“Ctrl＋Q”组合键，将文字转化为曲线，效果如图 11.51 所示。将其填充为白色，如图 11.52 所示。选择“挑选工具”，圈选文字“花车巡游”和矩形，按下“Ctrl＋G”组合键，群组对象，并将其拖曳到适当的位置，调整大小。效果如图 11.53 所示。

图 11.48 填充效果

花车巡游

图 11.49 文字输入

图 11.50 置入文字

图 11.51 调整位置

花车巡游

图 11.52 填充文字效果

图 11.53 文字组合效果

(13)选择“文本工具”字，在页面单击，输入文字“2010 年 10 月 16 日”。在属性栏上选择字体为“汉仪中圆简”，并设置文字大小。选择“形状工具”，单击“2010 年 10 月 16 日”，拖曳右下角箭头“”，调整文字间距，如图 11.54 所示。填充颜色 C0、M10、Y40、K0，效果如图 11.55 所示。

(14)选择“文本工具”字，在页面中分别输入文字“乘上”“美丽大巴”“让你从头到脚”“实现”“魅力转身”，在属性栏上设置字体为“汉仪中圆简”，并设置文字大小，填充颜色 C0、M10、Y40、K0，如图 11.56 所示。

(15)选择“轮廓笔”工具，弹出“轮廓笔”对话框，设置轮廓宽度为 2 mm，其他数值均为默认，单击“确定”按钮，效果如图 11.57 所示。

图 11.54　调整文字间距　　　　图 11.55　文字填充效果

(16)选择“挑选工具”，圈选“2010 年 10 月 16 日”“乘上”“美丽大巴”“让你从头到脚”“实现”“魅力转身”，按下“Ctrl+G”组合键，群组对象，并将其拖曳到适当的位置，调整大小。效果如图 11.58 所示。

图 11.56　组合文字效果　　　　图 11.57　设置文字轮廓效果　　　　图 11.58　组合效果

(17)选择“文件”→“保存”命令，将当前图像保存。

练习题

海报设计

要点提示：在 CorelDRAW 中，设置海报规格，使用“基本形状”工具制作海报底纹图形。设计海报主题文字效果，导入并组合素材。效果如图 11.59 所示。

图 11.59　海报设计效果

CorelDRAW Pingmian Sheji Shili Jiaocheng

项目十二

POP广告设计

目标任务

主要学习在 CorelDRAW X4 中，综合运用“基本形状”工具、“贝塞尔工具”、“形状工具”制作 POP 造型。

项目重点

项目重点是使用“基本形状”工具、“形状工具”制作 POP 造型及标志图形。选择旋转再制命令复制图形，使用“焊接”命令绘制发光图形。

任务一
设计理论要点

POP 是 point of purchase 的英文缩写，中文译为“购买点”。凡在消费者购买商品的销售点展示的广告统称 POP 广告。其主要商业用途是刺激引导消费和活跃卖场布景气氛，起到了视觉传达的效果。设计师应根据零售商店经营商品的特色(如经营档次)、零售店的知名度、各种服务状况以及顾客的心理特征与购买习惯，力求设计出最能打动消费者的 POP 广告。

一、POP 广告的分类

(1)标志类。

标志类 POP 广告的作用是使消费者识别销售店址，并招引人们进入商店内，如店牌、旗帜、招牌等装饰物，旨在提高销售店的知名度。

(2)指示类。

指示类 POP 广告是帮助消费者找到商品，在商店门前或商品旁边并直接指向商品的 POP 广告。

(3)随商品进货类。

这类 POP 广告一般是由商品生产厂家印制，随产品一同销售出厂。到货后，销售店即将这类宣传品张贴或悬挂，立即进行宣传。

二、POP 广告的时效性

POP 广告在使用过程中的时效性及周期性很强。按照不同的使用周期，可把 POP 广告分为三大类型，即长期 POP 广告、中期 POP 广告和短期 POP 广告。

1. 长期 POP 广告

长期 POP 广告主要包括门面招牌 POP 广告、柜台及企业形象 POP 广告。这些 POP 广告成本高、使用周期比较长。因为一个企业和一个产品的生命周期一般都超过一个季度，所以对企业形象及产品形象进行宣传的 POP 广告属于长期 POP 广告类型。

2. 中期 POP 广告

中期 POP 广告是指使用周期为一个季度左右的 POP 广告类型。其主要包括季节性商品的广告、以季节为周期的商场 POP 等。如服装、空调、电冰箱受使用时间的限制的 POP 广告以及橱窗(在使用周期内随着商品更换)等，使用周期在一个季度左右。

3. 短期 POP 广告

短期 POP 广告是指使用周期在一个季度以内的 POP 广告类型，如柜台 POP 展示卡、展示架以及商店的大减价、大甩卖招牌等。

三、POP 广告的制作

POP 广告有平面的(张贴式)、立体的(放置式)、半立体折叠的(悬挂式)和电动的，等等，其尺寸大小、样式形式、功能作用等变化万千。POP 广告的设计制作要注意以下几点：

(1)POP 广告的边框、插图、色彩、文字等应取材于商品的外形和颜色，绝不可脱离商品。商店 POP 广告要突出店名、店标，专业商店还要突出专业商品的特点。

(2)除依照商品设计外，还要考虑制作材料、印刷工艺等。POP 广告的设计制作要充分考虑店内的空间、光线、照明等环境因素。

(3)有很大一部分 POP 广告是随商品走的，所以要考虑季节性、时间性，以尽量不占用包装盒的有效容积为好。

(4)POP 广告的形式有户外招牌、展板、橱窗海报、店内台牌、价目表、吊旗，甚至是立体卡通模型，等等。

任务二
案例流程图与制作步骤

一、案例流程图

POP 广告设计流程图如图 12.1 所示。

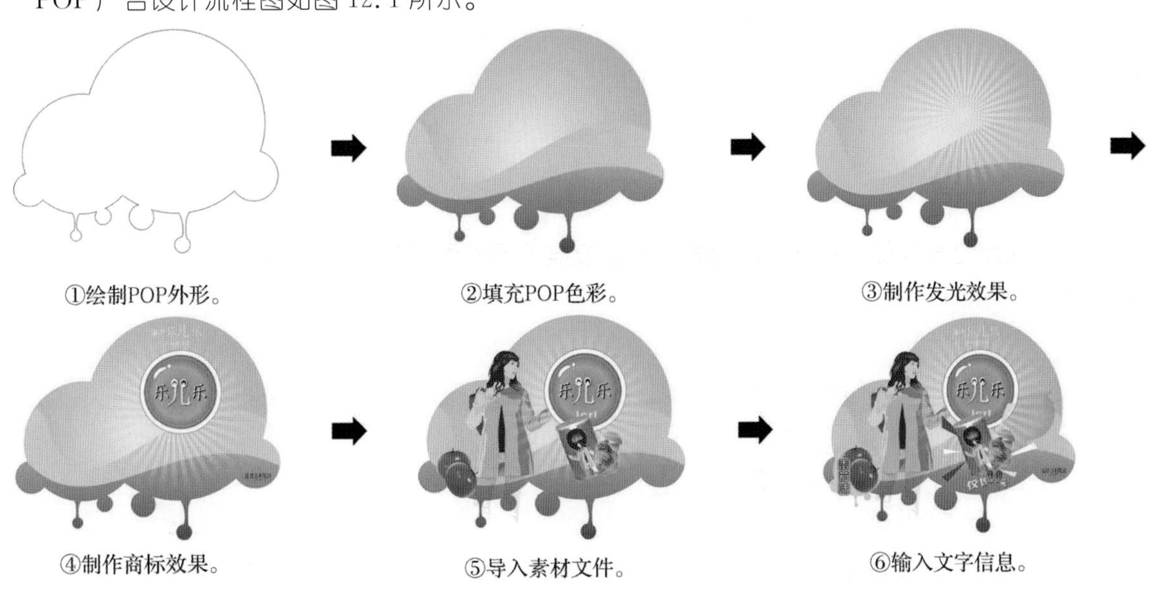

图 12.1　POP 广告设计流程图

二、制作步骤

1. 绘制 POP 广告外形

(1)打开 CorelDRAW X4 软件,选择"文件"→"新建"命令,新建一个 A4 页面。单击属性栏中的"单位"框 单位:米 ,设置为"米",分别设置属性栏中的纸张宽度和高度框 的数值为 3.0 m、2.5 m,按下"Enter"键确认,如图 12.2 所示。

(2)选择"椭圆形工具" ,按下"Ctrl"键,单击并拖曳鼠标,绘制一个正圆形,使用相同的方法,绘制其他几个大小不等的正圆形,如图 12.3 所示。

(3)双击"挑选工具" ,全选所有圆形,单击属性栏上的"焊接" 按钮 ,效果如图 12.4 所示。

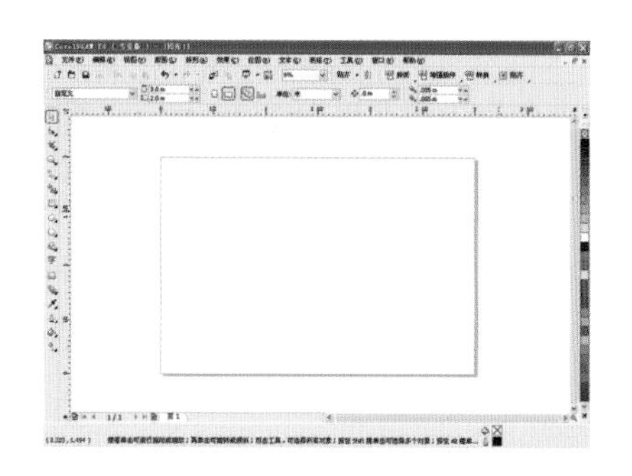

图 12.2　设置文件规格

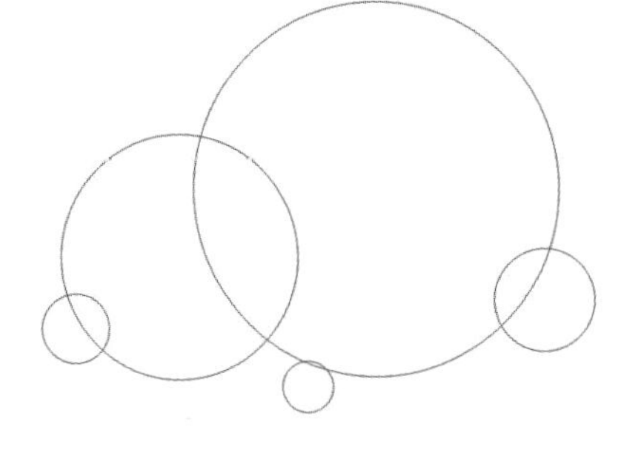

图 12.3　绘制多个正圆形

图 12.4　焊接圆形效果

(4)选择"矩形工具" ,绘制长方形。调整其位置、大小。效果如图 12.5 所示。

(5)执行"排列"→"转换为曲线"命令,将矩形转换为曲线。选择"形状工具" ,单击属性栏中的"选择全部节点"按钮 ,再单击"转换直线为曲线"按钮 ,将光标移动到需要调整的线段上。当光标变为 形状时,拖曳出曲线。效果如图 12.6 所示。

(6)选择"椭圆形工具" ,按下"Ctrl"键,单击并拖曳鼠标,绘制出正圆形,将其移动到合适的位置。效果如图 12.7 所示。

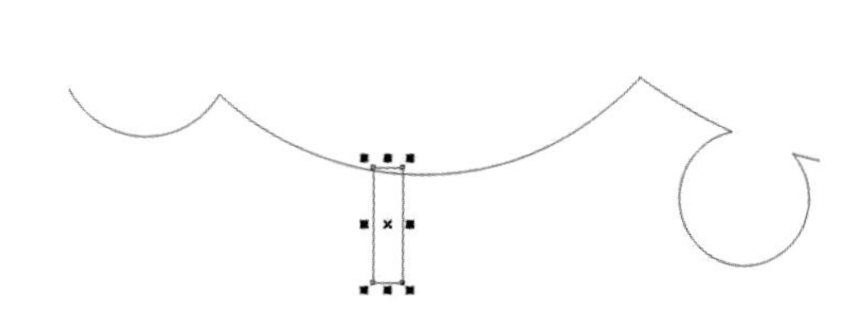

图 12.5　绘制矩形

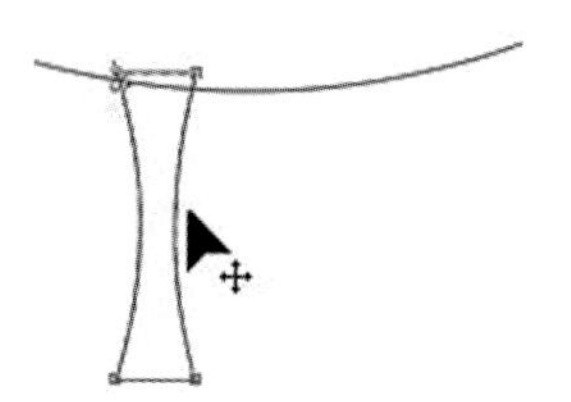

图 12.6　调整矩形效果

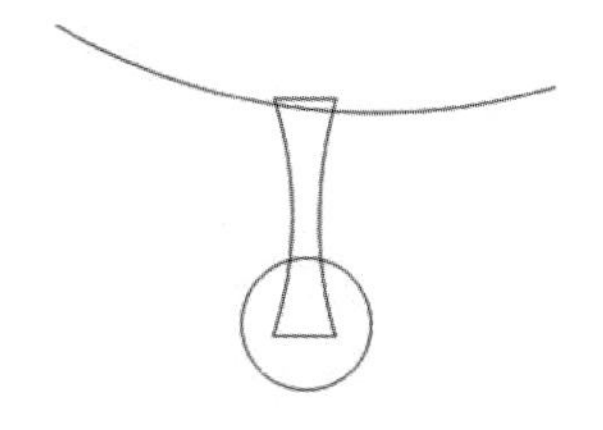

图 12.7　绘制正圆形

(7)选择"挑选工具" ,圈选三个图形,单击属性栏中的"焊接"按钮 ,将图形进行焊接,水滴效果如图 12.8 所示。使用相同的方法,绘制其他水滴效果,如图 12.9 所示。

(8)选择 "填充"工具 ,单击"渐变填充" ,或按下"F11"键,弹出"渐变填充"对话框。选择类型为"射线",单击"双色"选项,设置"从"选项颜色值为 C0、M40、Y60、K0,"到" 选项颜色值为 C0、M0、Y100、K0,其他选项设置均为默认,如图 12.10 所示,单击"确定"按钮。将光标移动到调色板"无填充" 上,单击鼠标右键，清除轮廓线。效果如图 12.11 所示。

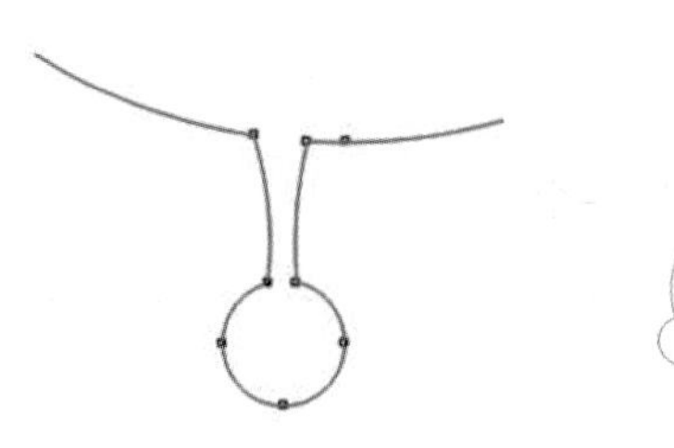

图 12.8 焊接水滴图形

图 12.9 POP 外形

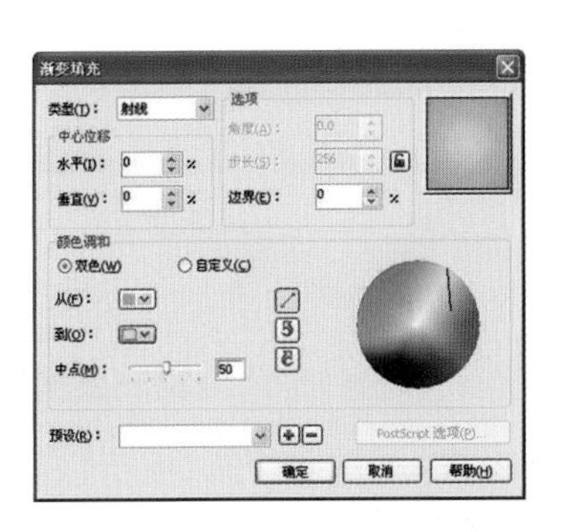

图 12.10 设置“渐变填充”对话框

(9)选择“贝塞尔工具”，在页面合适的位置连续单击鼠标，绘制闭合线段。效果如图 12.12 所示。

(10)选择“形状工具”，单击属性栏中的“选择全部节点”按钮，再单击 “转换直线为曲线”按钮，将光标移动到需要调整的线段上。当光标变为形状时，拖曳出曲线。在直线转折较大的地方，直接单击节点，当光标变为形状时，拖曳节点控制手柄，调整曲线平滑度，效果如图 12.13 所示。

图 12.11 渐变填充效果

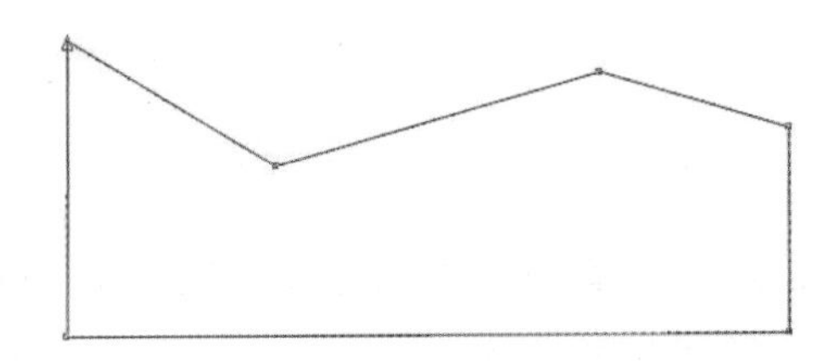

图 12.12 绘制闭合线段

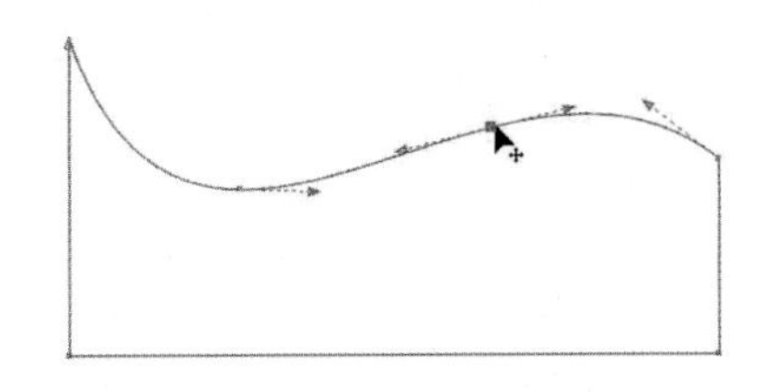

图 12.13 调整曲线效果

(11)选择 “填充”工具，单击“渐变填充”，弹出“渐变填充”对话框，设置“类型”为“线性”，设置“颜色调和”为“双色”选项，设置“从”选项颜色值为 C0、M100、Y0、K0，“到” 选项颜色值为 C0、M20、Y100、K0，其他选项设置均为默认，如图 12.14 所示。单击“确定”按钮，填充效果如图 12.15 所示。

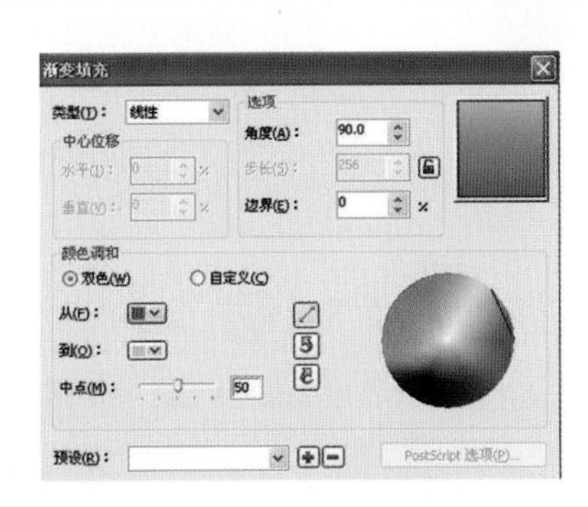

图 12.14 设置“渐变填充”对话框

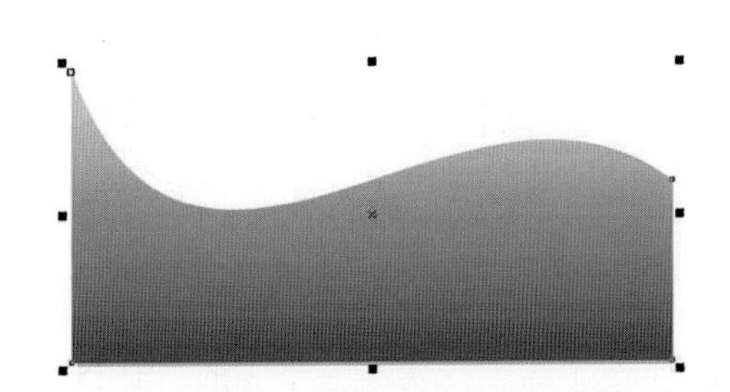

图 12.15 渐变填充效果

(12)使用相同的方法，绘制波浪图形，填充颜色 C0、M20、Y100、K0，效果如图 12.16 所示。

(13)选择 “挑选工具”，圈选两个图形，单击属性栏中的群组按钮或按下“Ctrl+G”组合键，其组合效果如图 12.17 所示。

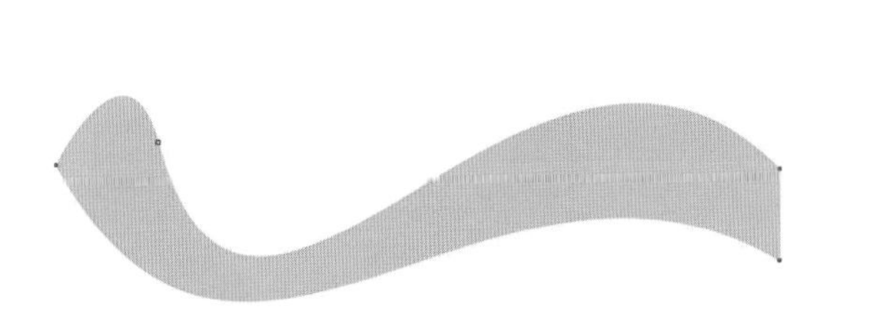

图 12.16　绘制波浪图形

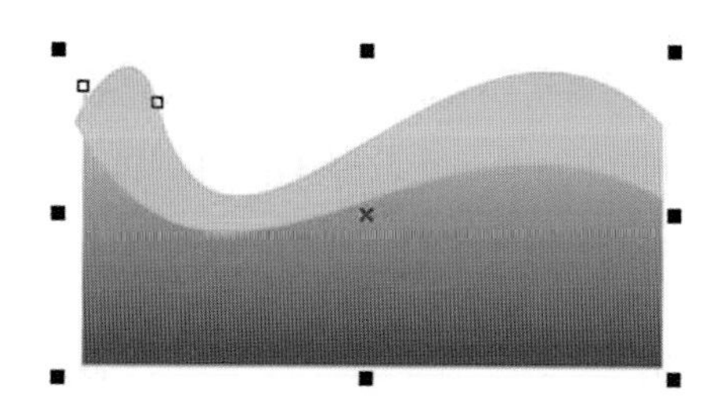

图 12.17　群组图形

(14)保持图形为选择状态,执行“效果”→“图框精确剪裁”→“放置在容器中”命令,当光标变为➡形状时,在 POP 造型轮廓线上单击,如图 12.18 所示。将剪裁的图形置入 POP 造型中。效果如图 12.19 所示。

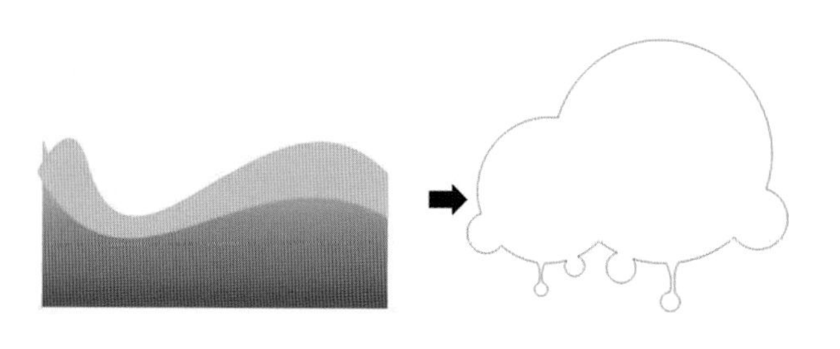

图 12.18　执行“图框精确剪裁”命令

图 12.19　剪裁效果

(15)保持图形为选择状态,将光标移入该图形上方,单击鼠标右键,弹出编辑选项框,执行“编辑内容”命令,选择进入图形编辑区,如图 12.20 所示。将图形向下移动并调整到合适的位置。效果如图 12.21 所示。

(16)单击鼠标右键,执行“结束编辑”命令,如图 12.22 所示。POP 造型效果如图 12.23 所示。

图 12.20　选择“编辑内容”

图 12.21　调整图形位置

图 12.22　执行“结束编辑”命令

2. 绘制发光效果

(1)选择“矩形工具”,绘制矩形,调整其位置、大小。选择“填充”工具,单击“均匀填充”按钮 均匀填充... ,弹出“均匀填充”对话框。设置颜色值为 C0、M0、Y100、K0,单击“确定”按钮,如图 12.24 所示。

(2)执行“排列”→“转换为曲线”命令或按下“Ctrl+Q”组合键,将矩形转换为曲线。选择“形状工具”,单击矩形下方的节点,将矩形调整为三角形。将光标移到调色板“无填充”☒上,单击鼠标右键,清除轮廓线,效果如图 12.25 所示。

图 12.23　POP 造型效果

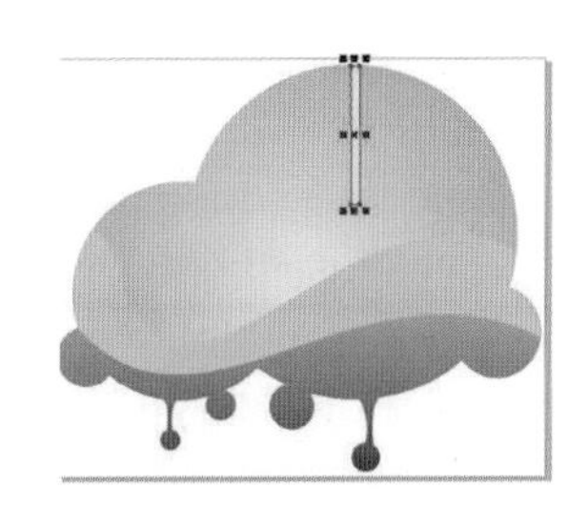

图 12.24　绘制矩形

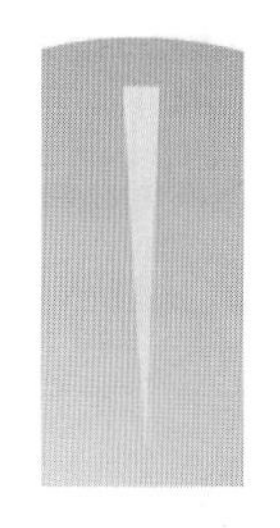

图 12.25　调整矩形为三角形

(3)选择“交互式透明工具”，按下“Ctrl”键，对其单击并向上拖曳鼠标，效果如图 12.26 所示。

(4)执行“排列”→“变换”→“旋转”命令，弹出旋转卷帘窗。设置旋转“角度”为 10 度，设置“相对中心”为中下选项，其他选项设置均为默认，如图 12.27 所示。单击“应用到再制” 按钮 35 次，图形旋转再制，效果如图 12.28 所示。

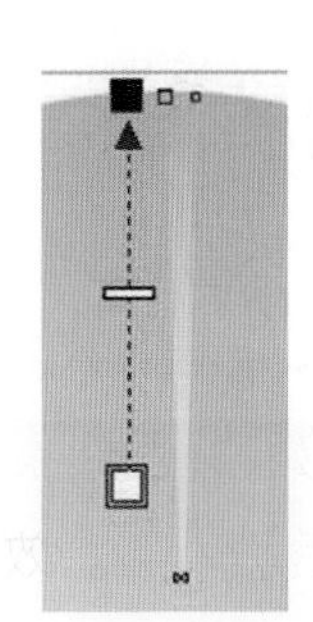

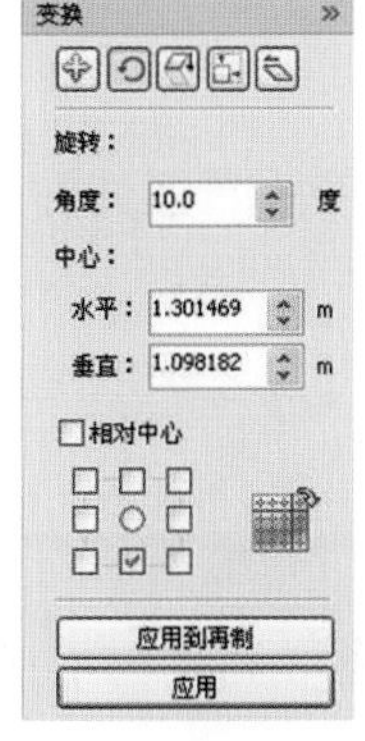

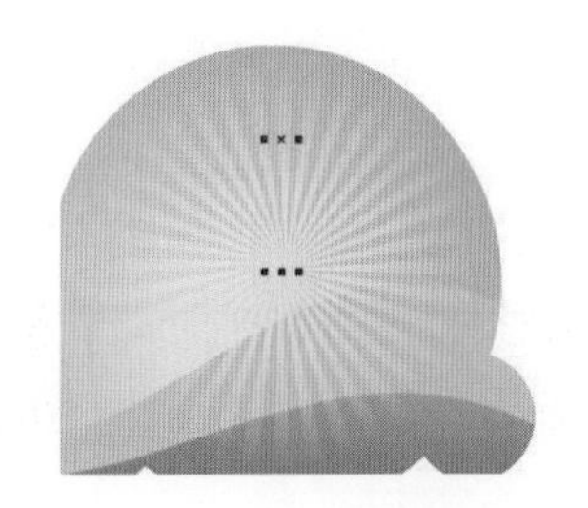

图 12.26　透明渐变效果　图 12.27　设置旋转卷帘窗　图 12.28　旋转再制图形效果

3. 绘制 POP 标志图形

(1)选择“椭圆形工具”，按下“Ctrl”键，单击并拖曳鼠标绘制正圆形。效果如图 12.29 所示。

(2)选择“挑选工具”，为其填充白色。设置属性栏中的“轮廓宽度”框 20.0 mm 的数值为 20 mm，按下“Enter”键确认。为其设置轮廓颜色值为 C0、M100、Y100、K0。效果如图 12.30 所示。接着绘制另一个正圆形，将其对齐大圆中心，效果如图 12.31 所示。

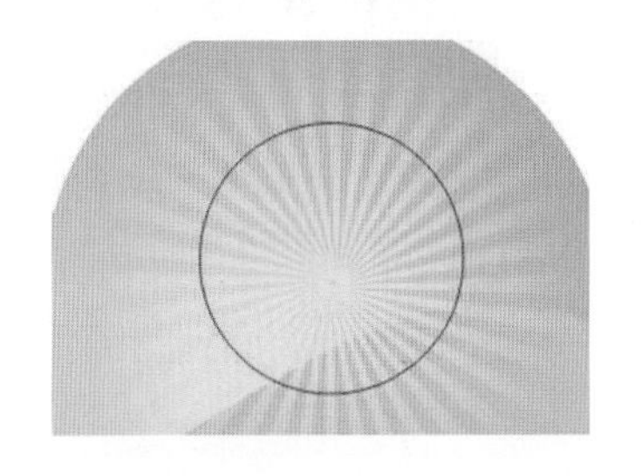

图 12.29　绘制正圆形

图 12.30　填充圆形并设置轮廓

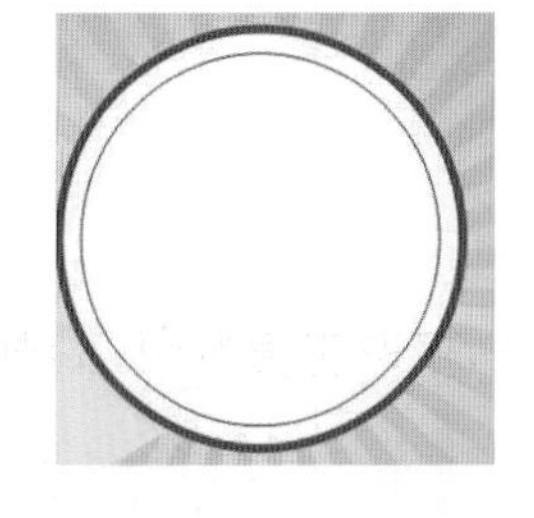

图 12.31　对齐大圆中心

(3)选择“交互式填充工具”，单击属性栏，选择类型为射线，设置 “从”选项颜色值为 C0、M100、Y100、K0，“到” 选项颜色值为 C0、M60、Y100、K0，渐变填充效果如图 12.32 所示。

(4)选择 “交互式填充工具”，在渐变方向线上双击，添加新色标，在属性栏“渐变填充节点颜色”选项框设置填充颜色值为 C0、M40、Y90、K0，效果如图 12.33 所示。

(5)选择“椭圆形工具”，在圆形左上方绘制小圆，填充白色并清除轮廓线，效果如图12.34所示。

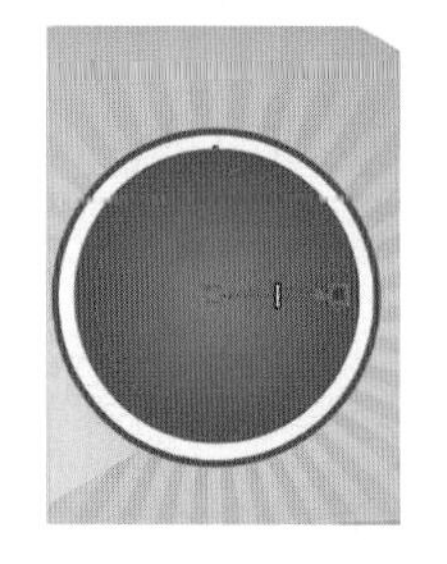
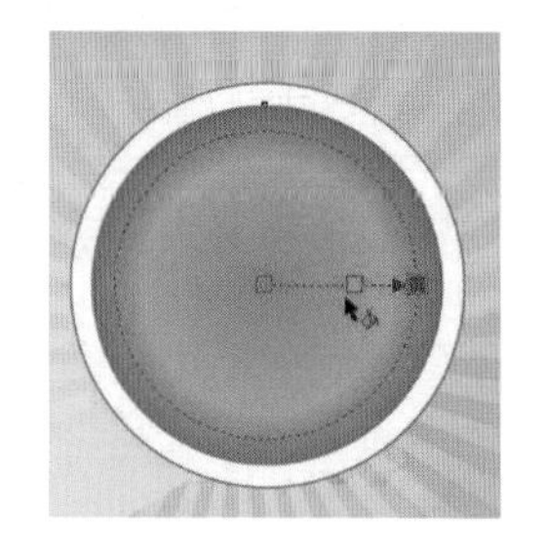
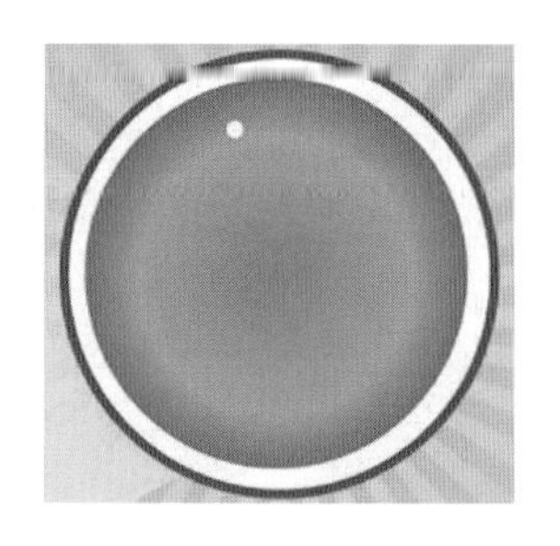

图12.32 渐变填充效果 图12.33 添加新色标 图12.34 绘制小圆

(6)选择“贝塞尔工具”，绘制闭合线段，为其填充白色并清除轮廓线。选择“形状工具”，为其调整曲线平滑度，高光效果如图12.35所示。

(7)选择“文本工具”，输入文字“乐儿乐”。在属性栏中设置字体为“楷体_GB2312”，并调整文字的位置、大小。效果如图12.36所示。

(8)使用“文本工具”，选择“儿”字，在属性栏中设置字体为“楷体_GB2312”，调整其大小。效果如图12.37所示。

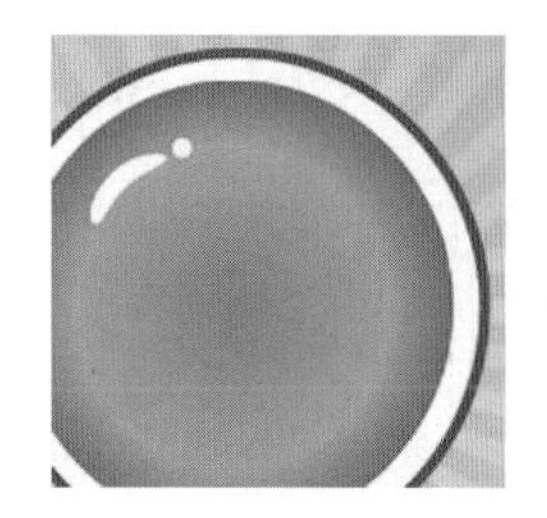

图12.35 高光效果

图12.36 输入文字

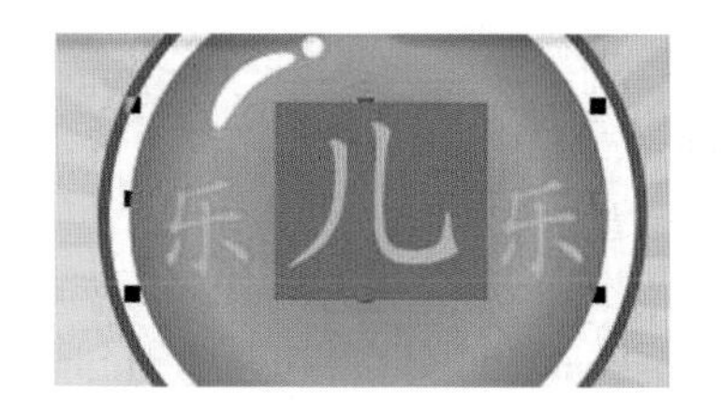

图12.37 设置字体、大小

(9)选择“椭圆形工具”，在“儿”字左上方绘制两个圆形，分别填充白色和黑色，效果如图12.38所示。

(10)选择“挑选工具”，选择黑色圆形，按下小键盘上的“+”键，原位复制出黑色圆形副本，将其填充白色并向下移动到合适的位置。接着按下“Shift”键，单击黑色圆形，再单击属性栏上的“移除前面对象”按钮，修剪效果如图12.39所示。

(11)使用相同的方法，在“儿”字右上角绘制眼睛造型，效果如图12.40所示。

图12.38 绘制两个圆形

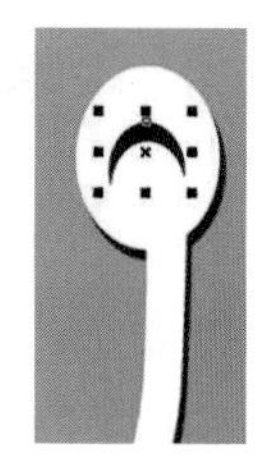

图12.39 修剪效果

图12.40 绘制眼睛效果

4. 导入POP素材

(1)执行“文件”→“导入”命令，或按下标准栏中的“导入”按钮，弹出“导入”对话框。选择“第十二章POP素材”→“人物.cdr”，单击“导入”按钮 导入 ，在页面中单击，打开导入文件，调整其位置、大小。效果如图 12.41 所示。

(2)使用相同的方法，依次导入“第十二章 POP 素材”→“罐头.psd”“薯片.psd”“西红柿.psd”等文件，将素材逐一添加到页面中。调整素材位置、方向、大小，效果如图 12.42 所示。

(3)选择“文本工具”字，输入其他文字信息，分别调整文字的字体、大小、方向、位置。最终效果如图 12.43 所示。

图 12.41 导入素材文件

图 12.42 调整素材效果

图 12.43 POP 最终效果图

(4)执行“文件”→“保存”命令或按下“Ctrl+S”组合键，将当前图像保存。

练习题

POP 广告设计

要点提示：在 CorelDRAW 中，设置 POP 广告规格，使用“交互式变形工具”“交互式填充工具”“形状工具”等进行造型着色，使用变形工具绘制背景的花纹效果，使用“图框精确剪裁”命令把花纹图形置入 POP 造型中，效果如图 12.44 所示。

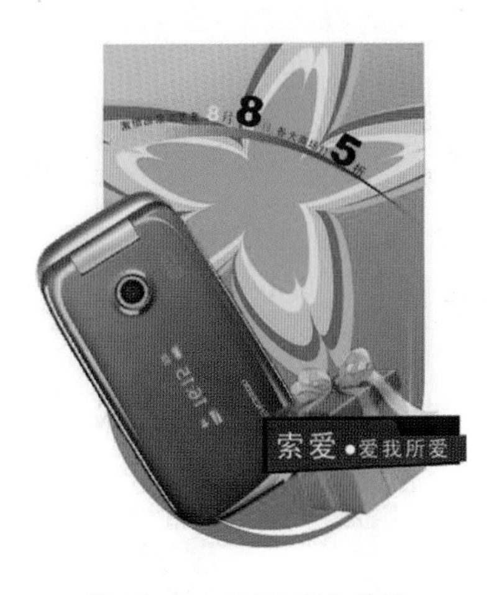

图 12.44 POP 广告效果

参考文献
References

[1] 甘登岱,关方,孙菲. CorelDRAW 平面设计实训教程[M]. 北京:航空工业出版社,2010.

[2] 徐建平,朱萍,田秀霞. CorelDRAW 平面设计案例教程[M]. 北京:航空工业出版社,2010.

[3] 唐文忠. 中文 CorelDRAW X4 应用实践教程[M]. 西安:西北工业大学出版社,2009.

[4] 王艳梅. CorelDRAW 平面设计应用教程[M]. 北京:人民邮电出版社,2009.

[5] 于静,李航. 包装设计[M]. 沈阳:辽宁美术出版社,2009.

[6] 张世卓,于静. VI 设计[M]. 沈阳:辽宁美术出版社,2006.

[7] 谷夫. 商业展板版式设计[M]. 上海:上海大学出版社,2007.

[8] 晓青. Photoshop CS3 中文版实例教程[M]. 北京:人民邮电出版社,2008.